U0683589

推 销 技 术

主　编　田春来
副主编　郭俊辉　李　强

北京理工大学出版社
BEIJING INSTITUTE OF TECHNOLOGY PRESS

内 容 提 要

推销技术是一门实践性和艺术性都较强的课程。本书以国务院印发的《国家职业教育改革实施方案》文件精神为指导，立足高职，以"适用、够用、实用"为原则，以培养应用复合型人才为目标，注重提升学生的创新、创业能力；在编撰体系上采用完整的任务分析、任务学习、任务实施、任务考核的任务驱动模块设计，强调行动导向理论在推销技术课程中的具体应用。本书用任务情景剧剧本取代传统的文字章前导读，随教材配备的二维码立体化学习包更能激发学生主动学习的兴趣。

本书在编写体例上划分为基础篇、实务篇、实战篇。根据推销岗位的核心能力要求，教材分为认识推销、推销职业素养、寻找识别顾客、接近顾客、推销洽谈、处理顾客异议、推销成交及推销实战八个项目，每个项目下设有若干具体子任务，在项目结束阶段还设有高阶任务验收。环环相扣的验收体系设置，更能检验学生掌握理论的情况，也方便教师查漏补缺，进一步提高课堂教学成效，实现讲练同步、理技同行。

本书可作为高等院校的推销技术课程的教学用书，也可以供企业管理人员作为专业培训和自学用书，对有望提高推销技能的读者也非常适用。

版权专有　侵权必究

图书在版编目（CIP）数据

推销技术/田春来主编. —北京：北京理工大学出版社，2020.8
ISBN 978 - 7 - 5682 - 8561 -2

Ⅰ．①推…　Ⅱ．①田…　Ⅲ．①推销　Ⅳ．①F713.3

中国版本图书馆 CIP 数据核字（2020）第 099665 号

出版发行/北京理工大学出版社有限责任公司
社　　址/北京市海淀区中关村南大街5号
邮　　编/100081
电　　话/（010）68914775（总编室）
　　　　　（010）82562903（教材售后服务热线）
　　　　　（010）68948351（其他图书服务热线）
网　　址/http：//www.bitpress.com.cn
经　　销/全国各地新华书店
印　　刷/涿州市新华印刷有限公司
开　　本/787毫米×1092毫米　1/16
印　　张/17.5　　　　　　　　　　　责任编辑/梁铜华
字　　数/445千字　　　　　　　　　　文案编辑/梁铜华
版　　次/2020年8月第1版　2020年8月第1次印刷　责任校对/刘亚男
定　　价/79.00元　　　　　　　　　　责任印制/施胜娟

图书出现印装质量问题，请拨打售后服务热线，本社负责调换

前　言

　　"推销技术"是高职高专市场营销专业的核心课程，为此，我们编写了本书。本书以国务院印发的《国家职业教育改革实施方案》文件精神为指导，立足高职，以"适用、够用、实用"为原则，以培养应用复合型人才为目标，注重提升学生的创新、创业能力；依据高职高专教学的培养目标和"零距离职场化"的人才培养模式，精心设计，使得教学体系更加完善，提高学生的综合素养和操作技能。

　　本书分为三个篇章，即基础篇（项目一、二）、实务篇（项目三～七）、实战篇（项目八），主要具有以下特点：

1. 任务案例情景化，把表演作为课堂教具

　　推销教学秉承着先模仿、再创新，先仿真、再实战的原则，为进一步提升学生的自学能力和创新能力，以适合学生表演的任务情景剧剧本代替传统文字案例导读。让学生表演一方面可以锻炼沟通表达能力，另一方面可以检验学生课前是否做好充分预习。演出剧本也可以由学生根据知识点自行编撰、分角色扮演，本书中的剧本仅作为参考。

2. 理论知识与技能实训同步

　　本书在讲透理论的同时，单独开出篇幅列出课堂内同步实训，技能实训任务分设低阶、中阶、高阶，层层递进、环环相扣，使学生学到的理论知识在实践中得以检验。考核以在组与组之间PK的形式进行，有利于激发学生的学习动力和团队合作精神。

3. 以校企合作为基调，岗位技能考核为主线

　　本书以方便学生"零距离"上岗为核心，以求用最短时间、最大包容度促使学生实现从学生到准职场人士的身份转变；以校企合作为基调订立主体框架，以推销岗位技能要求为主线，密切关联企业供需变化，为提升学生就业竞争力做铺垫。

4. 案例素材丰富

　　丰富的案例素材可以增强学生对理论知识的理解力，也方便广大推销爱好者自学。案例取材来源于企业实例，每个案例都配有案例解读，方便理解。

5. 配备立体化学习包

　　再好的教材也只是理论教科书，想要学好一门课必须关注商场实战。本书配备的二维码立体化学习包涵盖各行各业的实战视频，真实地体现出推销的实用性和艺术性。

　　本书是校企合作的成果。全书由丽水职业技术学院田春来担任主编，北京市工程咨询公司高级经济师郭俊辉、丝绸之路国际总商会副秘书长李强担任副主编，项目八的任务三由郭俊辉、李强共同编写，其余项目由田春来完成。在编写过程中，郭俊辉从企业角度，

李强从商场实战角度提出了很多建设性意见，两位副主编敬业、严谨的工作态度，丰富的职场经验使得本书在原稿的基础上臻于完善。

本书在编撰过程中阅读、参考了大量的推销技术有关著作，参阅、引用、浏览了很多网络资源，由于篇幅有限未能一一列出，望请见谅，在此特向以上所有相关专家学者、同行、朋友表示由衷的感谢。

本书编写前后耗时四年时间，尽管再三修改完善，但由于编者水平有限，书中难免出现疏漏和不足之处，恳请使用本书的师生和读者及时向作者提出宝贵意见（任课教师可以加入全国推销技术授课群互相交流，群号：949354547），以便下次改版时使本书更加完善。

田春来

《推销技术》授课群
群号：949354547

目 录

基 础 篇

实务篇

实 战 篇

基础篇

项目一

认识推销

知识目标

1. 掌握推销的内涵
2. 理解推销的原则与过程
3. 掌握推销的方格理论
4. 灵活运用推销模式

能力目标

1. 提高沟通能力
2. 培养观察能力
3. 具备分类顾客的能力
4. 学会揣摩顾客需求的能力

任务构成

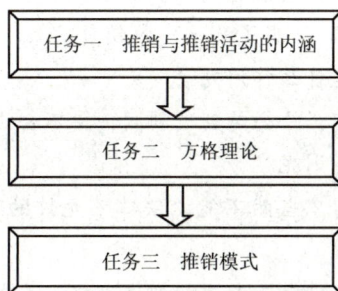

任务一　推销与推销活动的内涵

↓

任务二　方格理论

↓

任务三　推销模式

任务一　推销与推销活动的内涵

~~~~~初阶任务~~~~~

任务情景剧

　　旁白：小张上学期间经常缺课，即使上课也不认真听讲，如今从某高职院校市场营销专业毕业后，一直找不到合适的工作，不是嫌工作太辛苦了，就是嫌弃工资太少了。这不，总算有一家比较知名的大公司发出了面试邀请，以下是面试的场景。

　　面试官："小张你好，欢迎你来我们公司面试，先简要地介绍下自己吧。"

　　小张："我叫张铁军，毕业于××职业技术学院市场营销专业，我的家乡是×省×市，我平时喜欢打网络游戏、看网络小说。"

　　面试官："你应聘的岗位是推销员，那你以前在大学期间有过类似的经历吗？"

　　小张："没，我没做过兼职，我们的推销实训课算不算？"

　　面试官："那你描述下你们的推销实训课都做了什么吧。"

　　小张："我们的推销实训课内容主要就是卖'娃哈哈'饮料，以小组为单位。我们小组获得了总销量的第三名。"

　　面试官露出比较满意的笑脸，接着说："那你简要说下什么是推销吧。"

　　小张："推销就是营销，简单说就是拼命卖东西，通过各种手段把商品销售出去。"

　　面试官："哦，推销活动的三要素有哪些？"

　　小张挠挠头："商品、顾客、（想了又想）推销员。"

　　面试官："那你觉得推销有什么作用呢？"

　　小张："当然是销售商品啊，给公司创造利润，要不企业还怎么生存？！"

　　面试官："那推销有什么原则呢？"

　　小张思考了半天，挠挠头："当然不能卖法律不允许的商品了，还有不能欺骗顾客，要诚信推销。"

　　面试官："好的，小张，我们今天面试就到这里吧，等我们电话通知吧！"

任务描述

　　（1）你觉得小张的自我介绍所说的内容，是企业最想听到的答案吗？

　　（2）假如你是面试官，你会录用小张吗？

　　（3）请对小张回答的问题进行辨析，并修改你认为不完善的地方。

任务学习

一、推销的内涵

（一）推销的含义

所谓推销，即推销＝推＋销，是指推销员在借助外力作用的情况下（推荐、游说），把商品销售出去。在特定的场合或特定的环境下，推销员通过主动性介绍、宣传、推荐，使消费者从被动型倾听，从开始提出拒绝，过渡到愿意接受，最后采取购买决策的整个过程。推销可以从广义和狭义的两个层面加以理解。

1. 广义推销

所谓广义推销是指一个活动主体，试图通过某种方式和技巧，向特定对象进行某种游说、劝说、推荐等行为，使之接受自己的意愿、观念、想法、要求等，最终双方达成共识的整个过程。在我们的日常生活中处处充满着推销，如学生要求老师少留点课堂作业，父母要求孩子少吃点零食，员工要求老板给自己增加工资，企业领导希望员工能自愿主动加班工作，动物保护组织通过公益广告号召人类少食肉食以拯救濒临绝迹的动物等。人与人交往，希望获得别人的友情，博得别人的好感，获得别人的尊重，包括年轻人对喜欢的异性表达自己的爱慕之情，这些都离不开推销，所以现实生活中推销无处不在。

案例 1.1

5岁的毛毛生病了，爸爸带着他到医院，医生开了点滴，结果小家伙一看见针头就拼命地躲藏，大声哭喊着要回家。女护士长走了过来，从兜里拿出个红颜色的小瓶子冲毛毛晃了晃："好孩子，不哭，你要是个勇敢的好孩子，阿姨就把这个小红瓶送给你。"毛毛接过小红瓶，点了点头，停止了哭声，犹豫中还是伸出了胳膊。

【案例解读】

实质上，这也是一种推销，女护士长用一种类似玩具的小瓶子作为推销的工具，消除了毛毛的恐惧，而毛毛为了得到小瓶子，最终选择了接受点滴。

2. 狭义推销

所谓狭义推销是指推销员通过找寻顾客，向其主动推荐某一特定商品或服务，最终使对方愿意做出购买行为的整个过程。由于属于纯商业购买行为，必然牵扯经济利益关系，因此推销员要充分利用各种推销技巧及方法，化解顾客的购买异议，最终使顾客接受该商品或服务。狭义的推销与物质利益相关联，一般特指货币性等价交换，即商品的推销（图1.1）。

图1.1 吆喝卖货的老大爷

（二）如何正确理解推销

推销的含义可以从以下三个方面剖析。

1. 实现共赢

从现代推销活动来看，一个完整的推销过程基本上包括推销准备、寻找顾客、接近顾客、推销洽谈、化解异议及促成交易六个阶段，如图1.2所示。

推销准备 → 寻找顾客 → 接近顾客 → 推销洽谈 → 化解异议 → 促成交易 →

图1.2 推销的六个阶段

在这个过程中，推销员和顾客是推销活动的两个主要角色，推销员完成销售任务，获取一定的经济利益；顾客购买到理想的商品，获得商品的价值，取得某种利益，因此双方都有收获，都为此次推销感到满意。

2. 满足顾客需求

虽然推销是以推销员主动介绍、推荐商品为前提的，但是顾客之所以被说服、愿意做出购买行为还是因为该商品在某种程度上满足了其自身的某种需求和欲望，并不是单纯地被推销员说的话打动。

3. 运用恰当的方法和技巧

推销是一门科学，也是一门艺术，推销员要想获得成功，必须掌握好推销的火候。如何寻找顾客，如何接近顾客，如何有效化解顾客的异议，只有解决了这些问题，才能达到销售的最终目的。顾客的需求可以分为现实需求和潜在需求，推销员能否巧妙地开发顾客的潜在需求是实现顺利成交的关键。同样的商品，同样的顾客，不同的推销员对其进行推销，有可能出现不同的结果。

（三）推销与营销的关系

有人说市场营销就是推销。的确，市场营销确实离不开推销，但是只靠广告，也难以树立一流的品牌；仅靠推销也实现不了市场营销的最终目的。从本质上说，市场营销与推销是有很大区别的。

1. 推销是市场营销的一个职能

推销绝对不能和市场营销相提并论，它仅仅是市场营销过程中的一个环节，在整个市场营销活动中并不一定占据最主要的位置。只有当企业面临的商品积压时，很多人才会把推销活动放在重要的位置上。但是，如果最初企业能做好认真细致的市场调查，探明顾客对商品的喜好，做好市场细分，选定好准确的目标市场，制定好市场定位，精心设计好商品，并根据市场竞争状况合理制定商品价格，采用与商品相匹配的市场渠道，充分利用好促销策略，那么顾客必然会争相购买的。总体而言，市场营销包括市场调研、STP策略、商品定价、商品销售、广告促销等诸多环节，而推销只是其中商品销售中的一个环节而已。

2. 推销是市场营销冰山的尖端

市场营销权威菲利普·科特勒认为："如果把市场营销看作一座冰山，推销只是这座冰山的尖端。"推销的目的就是要尽快回收资金，这与市场营销的目的基本相同，所以两者的最终目的一致，即都是实现商品的最终销售。市场营销的目标是尽可能多地生产销售需求多的商品，实现商品利润最大化。市场营销这座冰山的顶端就是尽可能多地把商品销售出去，但是在外界日益激烈的竞争条件下，商品同质化越来越严重，商品销售相对比较困难，推销工作也难以打开局面。因此，归根结底，市场营销才是关键。市场营销没有做好，目标市场定位不准确、商品设计不符合要求、商品价格定价过高等，会导致大量的商品积压，推销也是难上加难。

3. 市场营销的目标是使推销成为多余

著名的管理学大师彼得·德鲁克说过："市场营销的目标是使推销成为多余。"换言之，如果企业能够重视市场营销工作，把市场营销管理工作做到实处，就可以减轻推销部门的工作负担，降低推销的压力，但推销工作永远都不可能消失。市场营销的首要工作是市场调研，通过走访市场调查顾客的需求，但是顾客的需求千差万别，也非常抽象，这就决定了市场调查难以达到预期的精准度；其次，市场调查和商品设计生产存在着时间差，因此市场营销实际上是以当前市场需求为基础对今后市场需求的一种预测，在对未来市场预测的基础上设定企业的营销目标，设计营销方案，而营销方案的具体实施也是针对未来市场需求进行的。市场环境变化具有不可预知性，风险具有不可掌控性，因此预测不可能百分之百的准确。企业要重视营销工作的系统性、规范性；在战略上藐视推销，在战术上重视推销，即从战略的层面来说，从全局的角度考虑，推销是应该被忽视的；但从战术的层面来说，推销又应被视为工作重点。

二、推销活动的内涵

（一）推销活动的特点

既然推销是一项专门的艺术，那就需要推销员巧妙地融知识、天赋和才干于一身，无论直接推销还是间接推销，在推销过程中都需要推销员灵活运用各种推销技巧。推销活动的主要特点如下。

1. 指定性

推销是企业在特定的市场环境中为特定的商品寻找买主的商业活动，必须先确定谁是需要特定商品的潜在顾客，即寻找好目标顾客群，然后再有针对性地向推销对象进行推荐商品、说服购买，因此，推销总是有指定对象的。任何一位推销员的每次推销活动，都具有这种指定性，他不可能漫无边际或毫无目的地寻找顾客，也不可能随意地向毫无购买欲望的人推销商品，否则，推销就成了一种耗费时间而又毫无实际意义的活动。

2. 双向性

推销并非只是由推销员向推销对象传递信息、游说购买的过程，也是信息反馈、买卖双方相互沟通的过程。推销员一方面向顾客推荐商品、提供售后服务等信息，另一方面必须留意观察顾客对信息的反应，了解顾客的真实需求，认真听取顾客对商品的意见，并加以解释、说明，直到顾客认同，决定购买，因此，推销是一个信息双向沟通的过程。

3. 互利性

推销是一种买卖双方互惠互利的活动，必须同时满足推销主体和推销对象双方的利益。成功的推销需要买方和卖方都有积极性互动，其结果是达到互惠互利，即不仅推销的一方卖出商品，完成了销售任务，获取了合理的利润，而且顾客因买到合适的商品满足了自身的某种需求，顾客本身得到了某方面的利益。只有达到双方互利共赢，才能使推销顺利进行。

案例 1.2

吴世贤刚跳槽到一家新成立的保险公司，为了早日开单，他找到自己的朋友张大明，希望张大明能再支持他的工作。张大明以前已经买过一份他推荐的保险，心里并不太想再买。他仔细看了保险计划书后，觉得保障收益还不错，但是故意迟迟没有表态。于是吴世贤直截了当地对张大明说："大明，这样吧，上次也多亏你支持了我的工作，我也知道不好意思再让你买，但是保险这东西在经济收入承受的范围内真的是越多越好，你看你是政府公务员，收入也很高，再买一份也不存在经济问题，更何况我们是多年的好朋友，我们这个险种是开门险，非常划算的。我也不瞒你，我们这份保险，佣金提成25%，你买保险，我保证一分钱都不赚，就是为了自己能完成任务，保费一年是6 000元，你只交4 500元好了，剩下的我来帮你支付，到时候我把6 000元的保费发票给你送过来。"

张大明觉得还不错，别人要交6 000元保费，自己只交4 500元，整整少了1 500元呢，这好事上哪里找去；再说这个险种确实很不错，他本身就有点心动，于是顺水推舟："不行，总帮你卖保险，才少交了那么点保费，你还得请我吃饭。"

"行，没问题，就算感谢你上次帮我了，不过你同事要买保险的话，你得给我多推荐几个，而且他们买保险，我把提成都返给你。"

"那得看你的表现了。"张大明满脸灿烂地说。

【案例解读】

双方互利，张大明买了份好的保险产品，不仅省了1 500元的保费，还落得个人情，额外还有一份丰盛的大餐。吴世贤卖出了保险，完成了任务，不仅获得了公司的底薪，还可能得到张大明帮他介绍的顾客，双方合作是非常愉快的。把属于自己的蛋糕分一点给顾客，让顾客尝到甜头，顾客自然愿意配合你。

4. 灵活性

尽管推销活动都是因推销员的主动性工作、因"推"而销，但市场环境变动性和推销对象差异性决定了每一次推销活动各有不同，推销员只有灵活掌握推销技能和策略，才能有效说服顾客、促使其购买。

5. 说服性

推销的主角是人而不是商品，说服是推销的唯一手段，也是推销活动的核心体现。为了得到顾客的信任，让顾客从被动到主动地接受被推荐的商品，最终接受推荐实现购买行为，推销员必须将商品的功能和优点耐心详细地向顾客做以介绍、宣传，来促使顾客接受商品或服务。

6. 服务性

世界推销大王乔·吉拉德曾说过"推销本身就是一种服务"。在推销过程中，顾客购买的不单是商品，还是一个完整的服务过程，因此推销员提供周到细致的服务，会使顾客更愿意购买商品。

（二）推销活动的三要素

企业的推销活动是一个复杂的过程，它离不开推销主体、推销客体、推销对象，那么推销员（推销主体）、推销商品（推销客体）、顾客（推销对象）就构成了推销活动的三要素。

推销员（推销主体）	推销商品（推销客体）	顾客（推销对象）
※仪容仪表	※价格	※购买心理
※心理素质	※功能	※个人喜好
※技能水平	※款式	※需求差异
※服务水准	※特色	※购买动机

图1.3 推销活动的三要素

1. 推销员

所谓推销员，是指主动向顾客推销商品的人，包括各行各业的推销员。推销员即推销的主体，在推销活动的三个基本要素当中，推销员是最关键的，是整个推销活动当中的导演兼主角，很大程度上决定了推销活动的成败。

推销活动对于推销员本人来说，就是一个"叫卖"商品的过程。在推销活动中，推销员的首要任务并不是积极地向顾客介绍商品，而是要成功地推销自己，要让顾客对自己产生好感，认同自己。所谓推销自己就是在陌生顾客面前树立良好的个人形象，给顾客留下一个好印象，赢得顾客的认可，这样顾客才愿意与你交谈。

推销员的能力具体表现在仪容仪表的好坏、心理素质的高低、技能水平的高低、服务水准的优劣等方面。

案例 1.3

胡美丽是个年轻、漂亮、时尚的白领，大学毕业后在某金融单位就职，平常的爱好就是喜欢逛街，尤其对某国际大品牌的化妆品情有独钟。这一天，她和好姐妹王岚刚走出商场，一个穿着简陋的中年男子，脚上的皮鞋很脏，脸上的胡子也好多天没刮，背个脏兮兮的包拦住了她们，问要不要买化妆品，说这些化妆品是专卖店撤柜的时候留下的，如果她们要，可以便宜些。眼尖的胡美丽一眼就看到这包里的真是自己最喜欢的牌子，价格还不到商场里的1/3，看着包装也很精美，刚想掏钱，却被王岚拉住了，两人低声耳语几句，就走掉了。

【案例解读】

美国有句名言，永远不要购买鞋子脏的人推销的产品。中年男人的着装引起王岚的怀疑，间接导致她们怀疑化妆品的真伪，她们不买或许就是怕买到假货。

2. 推销商品

推销商品是整个推销活动的客体。所谓推销商品是指推销活动过程中有形和无形商品（服务）的统称，它可以是一件看得见、摸得着的商品，也可以是肉眼无法看到的一种服务。推销商品虽然是"物"不是人、不能动，但是能"说"。当一件闪着金灿灿的光泽的金项链展现在眼前时，很多女性都想把它买走，这就如同饥肠辘辘的人看到热腾腾的肉包子时，想立刻买几个尝尝一样。

推销商品的好坏具体表现在价格高低、功能全缺、款式新旧、特色有无等方面。

案例 1.4

2019年央视"春晚"由葛优、蔡明、潘长江、乔杉、翟天临、郭晓小带来的小品《"儿子"来了》亮点频出。有网友评价说看这个节目，感觉蔡明和潘长江像在演小品，乔杉像在演电视剧，而葛优像在演电影，这个空间感很奇妙！这是葛优参演的第一个"春晚"小品，既笑料十足，又有很强的社会意义。小品中，葛大爷除了被蔡明当成儿子亲密唤作"优优"狂戳笑点，身上那件风衣也成为"春晚"最受瞩目的潮流单品之一。

"春晚"过后，淘宝、拼多多上就已经有商家出售此款风衣，购买的人还真不少。

【案例解读】

推销商品需要展示，而且要合乎情理地、恰到好处地展示。观众从电视上看到心目中最喜爱明星的穿着效果，产生强烈的购买意识后，会主动寻找并购买。

3. 顾客

所谓顾客即推销对象或购买者，是指推销员把商品推销给的个体或组织。顾客可以分为个人购买者和组织购买者。个人购买者主要是为自己本身或家庭成员购买商品，而组织购买者是为企业或单位的某种特定用途较大批量地采购商品。

影响顾客购买的因素一般有购买需求、自身看法、个人喜好、认知差异等。

（三）推销活动的原则

推销的实质是要刺激并满足顾客的需求，因此推销员在推销活动中，必须坚持以顾客的需求为中心，把握推销节奏，灵活运用推销的方法和技巧，对不同的推销对象，采用不同的方法。一般来说推销活动要坚持以下四条原则。

1. 满足顾客需求

满足顾客需求是顾客愿意花钱购买商品的唯一理由，也是推销活动的起点。顾客购买商品的最主要目的是满足自身需求，如顾客肚子饿了时会进饭店吃饭，天冷时会购买衣服。有的顾客已经意识到需求，推销员应做的就是提供适宜的商品满足他们的需求。但是，还有一部分顾客并未意识到需求，如天上下着小雨，有的顾客宁可冒着雨也不打伞，这就需要推销员借助于推销手段、方法，千方百计地唤起并刺激顾客的需求。推销员的刺激迎合顾客的需求时，就更容易被顾客所接受。

推销活动的特点是推销员的主动性，推销员往往通过"叫卖"的方式销售商品，这就需要推销员懂得如何更好地"叫"，如何更好地"卖"。推销员只有认真挖掘顾客的需求，才能"叫"得让顾客心动，"卖"得让顾客觉得物有所值。只有推销员让顾客认识到商品的价值，感觉商品能带给他某种利益、能满足他的某种现实需求，顾客才愿意花钱购买。

案例 1.5

如今随意打开"央广购物"电视，任何一个频道总会让你对产品充满期待。比如 A 国"BBB"锅具全套只要 888 元，画面里主持人在给大家展示亮闪闪的 36 厘米口径锅具的时候，一直强调全 A 国进口锅具，好的钢材，专卖店这一个锅具就要 1 980 元，全 304 食品级钢材，耐酸耐碱耐盐；再接着介绍第二口蒸锅，又强调 304 食品级不锈钢，强调专业化细节，这口锅在专卖店卖 680 元，不停强调质保二十年；然后再介绍第三口高端限量版的八升容量的高压锅，这口锅在专卖店卖 780 元；然后又介绍第四口锅、第五口锅……

这档节目中的 A 国"BBB"锅具全套只要 888 元就可以一次性拿走 15 件，很多观众纷纷订货。

【案例解读】

电视购物之所以能有那么大的销量，最主要的因素是，主持人独特的展示方式和精湛的推销技巧让消费者无法抗拒。可大家是否想过为何专卖店一个锅都要 1 980 元，这里在专卖店要卖到万元的 15 件锅具，在这档节目里却只要 888 元？低价的原因真是主持人所说的厂家"七周年"感恩回馈吗？大家查下"电视专供"这个行业术语，相信会找到答案的。

2. 注重商品利益

满足顾客需求的实质就是提供给顾客切身的经济利益，能够给顾客带来直观、看得见、摸得着的实实在在的好处。推销员如果单纯地宣传抽象的商品，对顾客来说无异于"画饼充饥"，看不到实际利益，顾客是很难购买的。顾客面对推销员的主动推销，心里的反应是买这种商品有没有用、花多少钱合适、现在不买以后再买有没有影响、假如要买的话是买多些还是买少些。从顾客角度来分析，顾客首先思考的不是商品的价格，也不是商品具备的功能，而是先思索所购买商品能否给自己带来经济价值或利益。推销活动中，顾客购买的不单是商品本身，还是通过购买行为让自己享受到的那些特殊的利益与满足，比如地位、面子、安全、经济、尊敬等。

📖 案例 1.6 ▪▪▪▪▪▪▪▪▪▪▪▪▪▪▪▪▪▪▪▪▪▪▪▪▪▪▪▪▪▪▪▪▪▪▪▪

2019 年 3 月，1980 年猴票在邮票界掀起了一股狂潮，它的大名在整个邮票市场可以说是如雷贯耳。在市面上，1980 年猴票的价格是普通邮票的几百倍。目前一枚面值仅 8 分的猴票已经卖到 1.2 万元，而整个版本的猴票价格更是卖到天价 100 万元！据很多收藏家表示，1980 年猴票的价值目前还没有达到最高程度，还有很大的上升空间，在价格上还具有继续上涨的可能性。

【案例解读】

物以稀为贵，八分钱的猴票要卖到 1.2 万元，整整溢价 15 万倍，集邮爱好者之所以愿意花高价买，必然是为了收藏或者牟利。

（资料来源：http://www.yphsw.com/houpiaozixun/165.html，2019.0405，有修改）

3. 互惠互利

互惠互利是指在推销过程中，推销员要以买卖为切入点，以为双方都带来较大的利益为原则，不能做出以损害一方利益为前提去满足另一方利益的行为。在推销活动中，顾客买到称心如意的商品，得到某种价值和利益，推销员完成了销售任务获得佣金、提成等经济利益，所以双方都是赢家。推销员在努力实现互惠互利原则时，必须首先确保顾客的核心利益。

在推销活动中，推销员和顾客都是活动的主体，双方地位平等。推销员不能只考虑自己的经济利益而做出损害顾客利益的行为。推销是一把双刃剑，在靠损害顾客利益赚取短期利益的同时，也恰恰损失了自身的长期利益，得不偿失。

4. 以诚为本

真诚，就是要求推销员真诚待人，坦诚地面对顾客，如实地向顾客介绍商品，不做虚假性宣传，不夸大商品优点，不以次充好，不做虚假性承诺，用真诚之心面对自己所从事的工作，用诚恳之心面对自己的销售对象，一切推销工作以诚为本。

推销员只有以诚为本、以信做人，才会给顾客留下好印象，才能被顾客所认可，最终促使顾客愿意做出购买行为。

📖 案例 1.7 ▪▪▪▪▪▪▪▪▪▪▪▪▪▪▪▪▪▪▪▪▪▪▪▪▪▪▪▪▪▪▪▪▪▪▪▪

前几天，一位顾客带着孩子来到信誉商厦毛衣柜组选毛衣，一位售货员为该顾客介绍了两款毛衣并鼓励他试穿。在他脱下外套时，售货员发现他毛衣左肩上有个破洞，于是就对他说："看您的毛衣破了个小洞，我帮您织补一下吧，要是您觉得满意，咱就先不用买了。这件也是在我们商厦买的，还新着呢！"他很高兴，说道："要是能修好就太好了，这件衣服没穿几次就挂坏了，我还挺心疼的呢！"很快售货员把他的毛衣修好了，他看后十分满意，并且表示感谢，一个劲地说："信誉商厦就是好，要在别的地方看到我衣服坏了，不会主动给我修的，肯定让我买新的，那我就先不买了。这次我没买，你不会不高兴吧？"售货员笑着说："不会的，您来信誉商厦就是我们的朋友，我们愿意为您提供服务。"他满意地走了。

接下来一年，这位顾客在这个专柜买了七八件毛衣，还把自己的姻娌都拉到这里买衣服，每个人都买得非常放心。

【案例解读】

表面看此次售货员没能卖出去商品，但是她换来了顾客的信任。他们相信顾客今后一定经常到这里买东西，因为信誉商厦真的是以信为本，这是消费者打着灯笼都难找的地方。

（资料来源：http：//www.sohu.com/a/218024268_706551，2019.0406，有修改）

📖 任务验收 》》

（1）请用自己的语言描述什么是推销，它包含哪些要素？

（2）推销活动的原则是什么？

（3）简述推销的过程。

（4）推销和营销的区别是什么？

～～～中 阶 任 务～～～

🔹 任务情境

张明是一家销售公司的人力资源招聘专员，公司要招聘一名业务代表，经过简历删选拟在三名应聘者中挑选一名，请自行设计情景，对他们进行角色扮演演练。

🔹 任务目的

（1）加深理解推销的含义。

（2）熟悉推销流程。

（3）掌握推销的原则。

🔹 任务要求

（1）组建任务小组，每组5~6人为宜，选出组长。

（2）各组分角色分析情境，讨论表演流程，选择一人负责观察、指导。

（3）进行交叉打分，即选取一个小组表演后，其他小组各选派一名成员担任评委，负责点评。

（4）课代表要做好记录。

🔹 任务考核

（1）情境表演的真实性、合理性：2分。

（2）小组成员团队合作默契：3分。

（3）角色表演到位：4分。

（4）道具准备充分：1分。

（5）满分：10分。

任务二 方格理论

~~~~~初阶任务~~~~~

任务情景剧

旁白：某化妆品专柜，女推销员小张，想买口红的陈女士，以下是某日下午在店中发生的事情。

小张："您好，欢迎光临，有什么需要的吗？"

陈女士：（看了一圈）"你好，我想试试这款口红，可以给我试试这个色号吗？"

小张："好的，（拿出口红）您试一下，这个色号是我们店里现在最畅销的，抖音上很多女孩都用这款。"

陈女士：（涂了一下，看了看镜子）"看起来颜色虽是不错，但似乎又觉得有点不适合自己。"

小张："不会的，这个色号显得您皮肤好，涂上后显得您脸白，看起来气色很好哦。"

陈女士："真的？假的？"（半信半疑）

小张："真的，您在这里再看看镜子，刚才您背光，会显得肤色差的。"

陈女士站到了小张所说的位置，面对着镜子说："嗯，那这个多少钱一只？"

小张："我们这个售价是300元，现在在搞活动，全场打88折，264元一支，如果现在办会员卡，还可以在88折基础上再打9折，才238元。这款口红性价比是很高的。"

陈女士："那会员卡怎么办啊？"

小张："会员卡十元钱一张，本来是办卡第二天才享受优惠价，您要是现在办，我就直接给您按优惠价算吧。"

陈女士："好的，那帮我办一张，然后再给我来一支这个口红。"

小张："好的，请说明您的姓名、手机号，以及生日是哪天，我们店会员生日当天购买产品只要7.8折。"

陈女士："陈河池，17845236352，7月8日。"

小张："会员卡10元，口红是238元，您总共消费248元，请问支付宝还是微信？扫下柜台上的二维码就可以了。"

陈女士拿出手机，音响里传来"支付宝收款248元"。

小陈：把口红用包装袋包好，双手递给陈女士，"给您，我们会员卡可以积分，每消费10元积一分，积分满100分就可以兑换礼品，每月18日是会员日，购买正品都有赠品送的"。

陈女士：接过口红，微笑着离去。

小张："欢迎您下次光临，请慢走！"

任务描述

（1）作为推销员，小张是什么类型的？

（2）作为顾客，陈女士是什么类型的？

（3）你认为研究推销方格对推销商品有什么用？

任务学习

一、推销方格

推销方格（Sales Grid）是美国管理学家布莱克教授和蒙顿教授，于1970年在其著名的管理方格理论的研究基础上，即他们认为在推销活动中，推销员既要考虑顾客的购买动机、心理过程、个性特征，又要注意自己的心理卫生及个人行为对顾客的影响，提出的一种新的方格理论。该理论是管理方格理论在推销领域中的具体运用，在西方被誉为推销学基本理论的一大突破，是一种最具实效的推销技术。

推销员向顾客展开推销商品的过程实际是双方沟通与交流的过程，这一过程取决于两者不同的心理反应，这种心理反应会直接影响到最终结果。大量推销工作实践表明，要做好推销工作，必须认清买卖双方对推销活动的态度。学习推销方格的理论意义在于，一方面，可以让推销员及时认知自己的推销活动的表现状况，认识到自己在推销活动中还存在哪些不足，从而进一步提升自己的服务质量；另一方面，推销方格理论还可以帮助推销员做好顾客分类、掌握顾客的内心活动，更好地迎合顾客，开展有效的推销行为，从而促成顾客购买。

推销活动是互利共赢，既要努力说服顾客、完成销售任务，又要真诚服务顾客，让其得到心理、物质上的满足。推销员在推销活动中有两个主要目标：一是尽力说服顾客，完成推销任务；二是真诚对待顾客，及时察觉顾客的心理动态，与顾客构建良好的人际关系，为今后的推销工作做好铺垫。所以推销员在工作中的重点有所不同，在第一个目标中，推销员关注的是推销任务；在第二个目标中，销售员关注的是顾客的心理反应。不同的推销员对待这两个目标的态度也不尽相同，这些态度表现在平面直角坐标系当中，就形成了推销方格图，如图1.4所示。

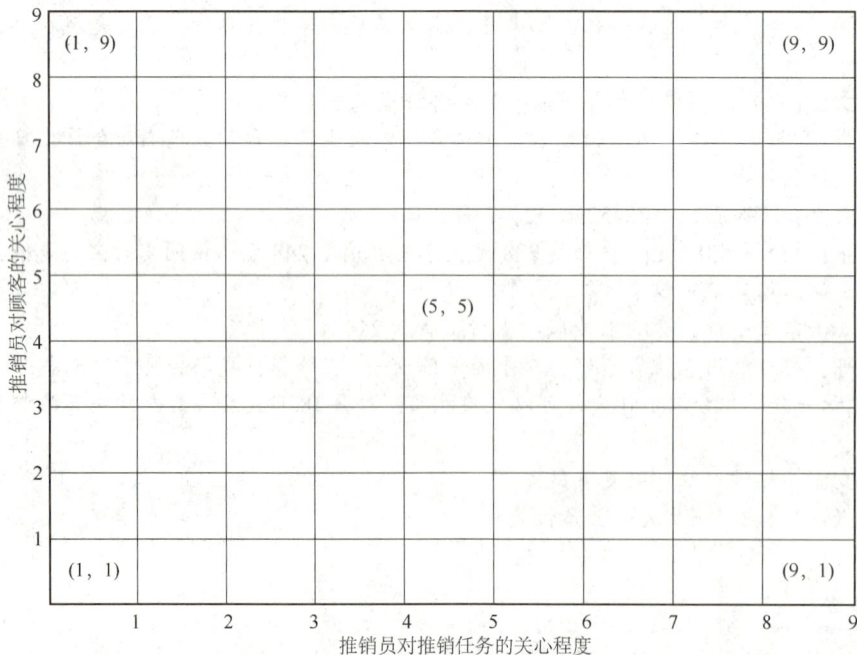

图1.4　推销方格图

我们用横坐标表示推销员对推销任务的关心程度，用纵坐标表示推销员对顾客的关心程度。坐标值均是由 1 开始，到 9 结束，坐标值越大，表示推销员对其关心的程度越高。推销方格中的每个交点代表不同的推销员的推销心理态度，因此坐标系当中会有九九八十一种推销风格，根据布莱克和蒙顿的说法，基本上把推销员分成以下五种类型。

（一）事不关己型

1. 定义

第一种推销心态是推销方格图中的（1，1）型，称为"事不关己型""无所谓型"，这类推销员对推销任务非常不关心，对顾客也非常不在意。

2. 具体表现

（1）没有责任感。这种类型的推销员对推销工作没有树立爱岗敬业的工作使命感，缺乏必要的责任心，缺乏系统的人生规划目标，工作懒散、敷衍。

（2）消极工作。他们对待工作的态度极差，只考虑自己的感受，对待顾客所提的问题极不耐心，不愿意去回答顾客的任何问题，不懂得尊重顾客。

（3）鄙视顾客。他们有的人觉得自己怀才不遇，干了不该干的工作，因此怨天尤人，有时候会把怨气撒在顾客身上，对顾客缺乏热情，仇视、鄙视顾客，在推销商品的过程中甚至还与顾客争吵，给顾客留下很坏的印象。

3. 产生原因

（1）企业雇用了不合格的推销员，这些人缺乏专业素养。

（2）推销员缺乏爱岗敬业精神，不思进取，缺乏成功欲望。

（3）企业疏于管理，搞大锅饭，没有建立合理的激励措施和惩罚制度。

4. 处理策略

（1）企业淘汰不合格推销员，选择合格的推销员。

（2）加强岗位入职培训，要求推销员树立正确的推销观念，严格要求自己，树立积极向上的人生观，尊重顾客，真诚地接待顾客。

（3）企业健全、完善奖惩机制，做到奖勤罚懒，使能者多得、庸者少得或不得。

5. 实战情景

表情冷漠，眼神藐视，无动于衷，充耳不闻，只字不提。

（二）顾客导向型

1. 定义

第二种推销心态是推销方格图中的（1，9）型，称为"顾客导向型"，这类推销员只是非常重视与顾客的关系，却不关心自己的推销任务，更不会关心企业的经济利益。

2. 具体表现

（1）片面重视关系。片面重视并强调人际关系的协调性，忽视了推销活动是互惠互利的，是由商品交换与人际关系沟通双方面内容结合而成的事实。

（2）没有销售概念。推销员在推销过程中没有销售概念，只有服务意识，甚至充满奴性，他们刻意强调在顾客心中树立良好的形象，处心积虑为顾客着想，甚至不惜牺牲企业的利益、放弃原则来迎合顾客的要求，迁就、顺从于顾客。

3. 产生原因

（1）推销员片面夸大了人际关系在推销过程中的重要性。

（2）推销员对以顾客为中心的现代推销观念的理解有误区。

（3）企业管理制度存在缺陷。

4. 处理策略

（1）扭转观念，担负职责，认真完成本职工作。

（2）做好两面工作。既做到礼貌待客，又要依法维护企业利益，促进产品销售，公私分明，不能因人情而侵犯企业利益。

（3）企业招聘合格推销员，科学培训，完善制度。

5. 实战例句

脸上面带笑容温柔地说：您好，您逛街累了吧，快坐下休息下；天热，我拿扇子给你扇一扇；您饿了吗，我这儿有点心，您尝一尝。

（三）强硬推销型

1. 定义

第三种推销心态是推销方格图中的（9，1）型，又称为强买强卖型、强力推销型、强销导向型。这类推销员具有很强烈的成功欲望，他们只关心推销结果，丝毫不考虑顾客的真实需要和利益。他们千方百计地说服顾客购买，甚至不择手段地强行将商品推销出去，有时候严重侵犯了顾客的合法权益。

2. 具体表现

（1）工作积极性高。工作积极性高，具有很强的工作动力，以追求高收入、高业绩为工作奋斗目标。

（2）态度强势。具有这种推销心态的推销员在推销商品时过多地站在自己的立场考虑问题，而忽略了与顾客之间的关系，他们认为顾客都没自己聪明，好骗、好欺负，只要自己厉害点，顾客就会吓得买单。为实现交易他们可以采用坑、蒙、拐、骗、偷等各种手段，不懂得遵守职业道德，为一己私利损害顾客利益。

3. 产生原因

（1）急于求成。推销员把工作重心完全偏向于"促成交易"，把能否完成销售任务看作检验推销员工作是否合格的唯一标准，他们对推销工作的互利性缺乏认识，在推销工作中急于求成，为达到推销目的丧失了道德底线。

（2）观念错误。如果推销员单纯地只顾达成交易，而不是从内心接受和尊重顾客，不考虑顾客的实际需求，把自己的意志强加给顾客、硬性推销，那么在取得短期利益的同时也必然损坏企业的长期利益。

4. 处理策略

（1）推销员必须遵守现代推销理念的基本要求，真诚地对待顾客，挖掘、引导、刺激顾客的需求，针对其需求采用因势利导的推销方法，从而实现合作共赢。

（2）正确合理地对待工作。推销不是一锤子买卖，要兼顾双方利益，做到"买卖不成仁义在"。

5. 实战例句

大声喊道："唉老头，你要买什么？"

（四）推销技术型

1. 定义

第四种推销心态是推销方格图中的（5，5）型，称为推销技术型、"干练型"。这类推销员两头都兼顾，他们对推销任务和顾客关心程度基本持平，他们从业绩上考虑到推销任务的实现，但又不是非常强调任务的重要性；从主观上关心顾客，但又不过于看重和顾客关系的维护，他们能让两者在一定条件下充分结合。

2. 具体表现

（1）工作务实。推销员心态平衡，工作务实；对推销环境了解充分，充满自信。

（2）积累经验。他们注意揣摩顾客心理和积累推销经验，认真研究推销技术。在推销中他们十分重视对顾客心理和购买动机的研究，善于运用推销策略。

（3）以工作业绩为主。这类推销员工作认真，基本可以保质保量地完成任务，手法老练、思维缜密，往往也具有比较优秀的推销业绩。他们在推销中只注意推销策略，关注顾客的心理状态，强化说服顾客的艺术，却并不真心实意地为顾客着想，不考虑顾客的真正需求，更多以完成销售任务为主。

3. 实战例句

面露微笑："您好，欢迎光临，请问有什么可以帮助您的？"

（五）解决问题型

1. 定义

第五种推销心态是推销方格图中的（9，9）型，称为解决问题型、满足需求型、完美型。这类推销员投入大量精力用于研究推销技巧，关心推销效果，又最大限度地解决顾客的困难，注意开发顾客潜在需求和满足顾客需要，将推销任务与顾客需求两者紧密结合，使商品交换与人际关系有机地融为一体。

2. 具体表现

（1）工作上敬业。推销员具有强烈的事业心和高度的责任感，真诚关心和服务于顾客，他们积极寻求使顾客和推销员的需求都能得到满足的最佳途径。

（2）全方位为顾客着想。这种类型的推销员在推销工作过程中以能帮助顾客解决问题为前提，在满足顾客需要的同时完成自己的推销任务，满足顾客的真正需要就是他们的工作重心，辉煌的推销业绩是他们奋斗的目标。他们注意研究整个推销过程，总是把推销的成功建立在满足买卖双方共同需求的基础上，针对顾客的问题，提出妥善的解决方法，并在此基础上顺利提高自己的推销业绩。

3. 实战任务代表

乔·吉拉德、原一平、弗兰克·贝特格等。

二、顾客方格

推销过程是推销员与顾客的双向心理反应过程。根据作用力与反作用力，推销员的推销心态和顾客的购买心态都会对对方的心理活动产生一定的影响，从而影响其买卖行为。

布莱克和蒙顿认为：顾客对待推销活动的看法也可分为两个方面：一是顾客对待购买任务的看法；二是顾客对待推销员的看法。

顾客方格理论是指不同的顾客对待推销活动和商品购买也有着不同的心态，这种心态在推销方格理论中，也依据他们对待推销员和采购商品的重视程度而划分成不同的类型。

从现代推销学角度来看，顾客在与推销员接触和洽谈的过程中，同样会有两个具体的目标：一是希望通过与推销员进行磋商，讨价还价，力争花较少的钱，购买到最合适的商品；二是关心推销员的工作，希望与推销员建立和谐的人际关系，为今后的合作打好基础。在这两个目标中，前者注重"商品利益"，后者注重"和谐关系"。但是不同的顾客对这两方面的重视程度有所差异，有的顾客可能更关注于购买商品本身，而另一些顾客则可能更关注于推销员的态度和服务质量，这些差异程度表现在平面直角坐标系当中，就形成了顾客的方格图（如图 1.5 所示）。

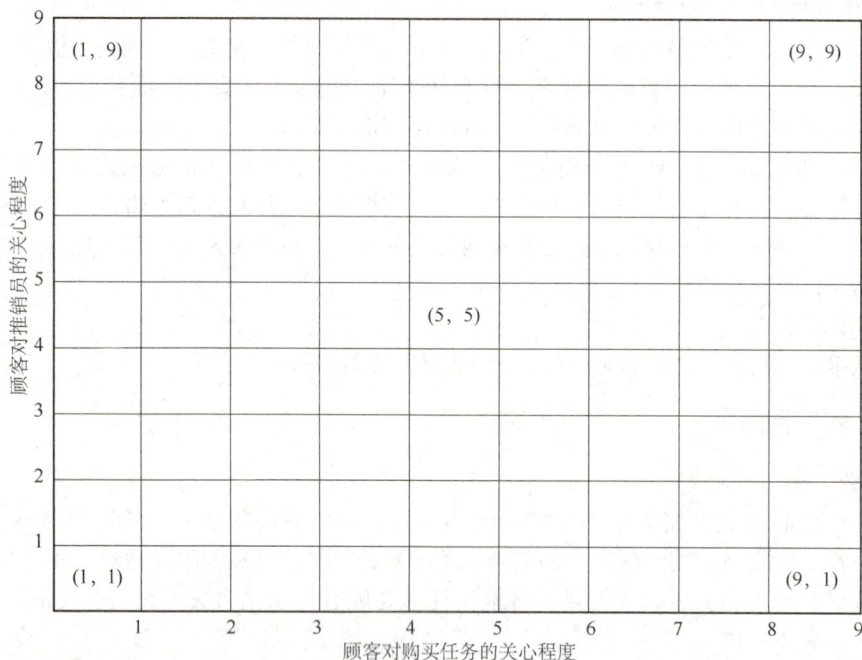

图 1.5 顾客方格图

我们用横坐标表示顾客对购买任务的关心程度，用纵坐标表示顾客对推销员的关心程度。坐标值均由 1 开始，到 9 结束，坐标值越大，表示顾客对其关心的程度越高。每个方格交点代表不同的购买心态，因此坐标系当中会有 81 种购买心态，我们根据此图来分析五种典型的顾客类型。

（一）漠不关心型

1. 定义

顾客的第一种类型（1，1）型，称为漠不关心型、无所谓型。这类顾客既不关心自己的购买任务，又不关心与推销员的关系。

2. 产生原因

（1）讨厌购买行为。他们当中有些人在购买活动中表现出很强的被动性和不情愿性，购买决策并不掌握在他们自己的手中，他们往往要受命于上级领导或为了应付亲属做出无奈的选择；也有一些人的购买行为是同事、朋友之托，属于被迫性购买，而自己又怕买了吃亏被埋怨。

（2）鄙视推销员。自身认为无商不奸，天下就没有好的卖货之人，眼里鄙视、瞧不起这个工作。

3. 具体表现

（1）刻意回避购买行为。顾客为了尽量避免购买风险，态度非常敷衍，他们认为既然无奈受人之托，能不买尽量不买，尽管进到店铺，也根本不关注商品，表现得特别不耐烦，往往以"无货"交差。他们对推销员和自己的购买活动都没兴趣，去卖场只是硬性地做个象征性的"行动"而已。

（2）刻意疏远推销员。这种顾客从心底里对购买行为感到厌烦，对前来上门的推销员更是反感，他们避免做出购买决策，并且设法逃避推销员，因此推销员向这类顾客推销商品是非常困难的，推销成功率几乎是零。

4. 处理策略

（1）搞好关系。对待这类顾客，推销员的首要任务是尽力使推销工作能够继续进行，主动摸清顾客的情况，搞好与顾客的关系，消除其戒备心理。

（2）提供优质服务。向顾客说明自己的推销是为了满足顾客的需要，为顾客提供优质服务，帮助顾客完成任务，并不会为顾客增添烦恼，并着重强调商品的实用性，以提高顾客的购买信心，促使其顺利做出购买决策。

（3）用适当的礼品刺激。如有可能，根据购买情况额外给该类顾客一些赠品，以引导其提高购买兴趣，从而由被动性购买转向主动性购买。

5. 实战情景

态度傲慢，眼睛一撇，无动于衷，充耳不闻，只字不提。

（二）软心肠型

1. 定义

第二种顾客类型是（1，9）型，称为软心肠型。这类顾客愿意和推销员建立良好关系，他们非常同情推销员；相反，对于自身的购买任务却并不太关心。

2. 具体表现

（1）泪点低，易冲动。该类顾客往往感情重于理智，易冲动，易被推销员说服和打动，他们具有极强的同情之心，非常重视与推销员搞好关系，重视交易现场的气氛。

（2）爱妥协。他们对商品本身缺乏必要的了解，独立性差。这类顾客情感很丰富，当推销行为与自身利益发生冲突时，为了能够让推销员感到高兴，他们很愿意妥协，甚至牺牲金钱利益购买下自己并不需要或不合情理的推销商品。

3. 产生原因

（1）心肠软。有的顾客是出于对推销员的同情，觉得他们工作过于辛苦，希望用自己的力量能帮助他们。看到年轻的推销员就把对方当成自己的孩子看待，看到年龄大的推销员就把他们当作自己的长辈对待，宁愿花些冤枉钱也不愿看到对方难堪。

（2）年轻时有过类似经历。有的顾客爱触景生情，想到自己当年的某种不幸，愿意帮推销员渡过难关；有的顾客天生就是像唐僧那样拥有菩萨心肠的人。

4. 处理策略

（1）善于用情打动他们。对待这类顾客，推销员要特别注意舍得感情投资，努力塑造良好的交易氛围，用情打动对方，唤起顾客的同情心，顺利完成推销任务。

（2）感恩客户。虽然这类顾客很容易接受购买行为，但作为一名合格的推销员，也应尽量避免利用顾客的恻隐之心，要善于珍惜顾客的感情，对他们的帮助要有感恩之心。

5. 实战例句

脸上面带笑容，语速温柔："小姑娘，你卖货很辛苦吧，看你都瘦了；天热，我拿扇子给你扇一扇；你饿了吗？我这里有刚买的蛋糕，吃一块吧。"

（三）防卫型

1. 定义

第三种顾客是（9，1）型，称为防卫型。这类顾客对购买商品的利益极其关心，只考虑如何更好地完成自己的购买任务，而对推销员态度非常冷淡，甚至充满敌对情绪。

2. 具体表现

（1）充满了警惕。他们不太愿意听从推销员的介绍，对于所推荐的商品不感兴趣，担心吃亏上当，警惕性很强，总是以警惕的眼光看待整个推销活动。

（2）讨厌推销员。他们对推销员也充满敌意，在他们心目中，推销员不是骗子就是傻瓜，都不是好东西，说的话更不可信。

（3）处处算计。他们在购买过程中小心谨慎，处处算计，想方设法赚便宜，总是希望花最少的钱，得到更多的实惠，根本不考虑卖家的利益。

3. 产生原因

（1）曾经被骗过。有的顾客曾经受过某些推销员的欺骗，因此出于防卫，认为所有的推销员都不是好人。

（2）天生自私自利。有的顾客天生具有比较自私的心态，眼里只有自己，只看重个人的得失，从来不会顾及别人的利益。

（3）道听途说。有的顾客缺乏主见，他们道听途说、听信谣言，为防受骗而处处提高警惕。

4. 处理策略

（1）建立信任感。这类顾客只是对推销员和推销工作有成见，并不是不愿意接受推销商品，所以，推销员首先应该推销自己，取得顾客的理解和信任，建立彼此的信任感，而不要急于向其推销商品或服务。

（2）解除顾客疑虑。用和蔼的态度、理智客观的语言消除顾客的戒备心理，再向其推荐满足其心理需求的商品，促使推销工作顺利进行。

（3）纠正错误观念。当顾客思想过于狭隘和片面时，不要和顾客争辩，应心平气和地阐述道理，从而化解和更正顾客的错误观念，为顺利成交做好铺垫。

5. 实战例句

大嗓门喊道："唉，卖货的，快把那个皮包拿来，我看看，别磨磨蹭蹭的。"

（四）干练型

1. 定义

第四种顾客（5，5）型，称为干练型、客观公正型。这类顾客对推销员及自己的购买活动都保持着适度的关心，购买商品时态度冷静、头脑清醒、思维敏捷。

2. 具体表现

（1）客观听从介绍。他们既愿意听取推销员的意见，又能独立自主地思考问题，购买决策客观而慎重。

（2）做好前期准备工作。他们一般在选择商品的时候基本上已经做好了解、调查、对比等初步工作，虽然不排斥推销员的介绍，但不会轻易相信推销员的推荐。

（3）会耍小聪明。这类顾客有时会与推销员一拍即合达成圆满的交易，买到自己满意的商品，但有时也会为了抬高自己，满足自尊心、虚荣心、面子而购买到一些自己并不十分需要或并不非常适合自己的商品。

3. 产生原因

（1）过于自信。顾客一般比较自信，知识比较全面，阅历比较丰富，多少会有点虚荣心。

（2）自我感觉良好。他们往往觉得自己比推销员更加聪明，愿意独立思考，自己做出正确的购买决策，心理感觉良好，总认为自己是最睿智的。

4. 处理策略

（1）由顾客做出决定。对待这类顾客最好的办法就是要尽量地满足其消费心理，推销员要用大量的事实和证据说话，让顾客自己做出购买决策。

（2）学会推荐技巧。推荐商品使用二择一法则，而不要自己帮顾客下决定，如"大妈，您选薄一点的呢还是选厚一点的？这两款买的人都很多"。

5. 实战例句

语速平缓："售货员，您好，能把那个皮包拿给我看下吗？"

（五）寻求答案型

1. 定义

第五种顾客（9，9）型，称为寻求答案型、购买专家型。这类顾客不仅高度关心自己的购买行为，而且还高度关心推销员的工作，他们被认为是最成熟的顾客。

2. 具体表现

（1）尊重推销员。这类顾客希望购买到自己所需要的东西，也尊重推销员的意见和服务，说话态度和蔼可亲。

（2）明确的购买目标。他们不仅对商品质量、规格、性能非常了解，还对市场的行情也非常熟悉，对自身需要购买商品的目的非常明确。

（3）聆听推销建议。他们对商品采购有自己的独特见解，作为非常理性的购买者，他们十分愿意听取推销员的建议和观点，把这些观点和建议理性地投入自己的思考中。

（4）换位思考。他们会换位思考，理解、尊重推销员的工作，他们不会给推销员出难题或提出无理要求。

（5）长期合作。他们把推销员看成自己的合作伙伴，他们的目的是使得推销活动利益最大化，实现共赢。

3. 产生原因

（1）睿智有远见。这类顾客大多属于事业有成之士，他们有远见，头脑思维敏锐。

（2）阅历丰富。有的顾客人生阅历非常丰富，做事有风度和气度。

（3）经验累积。多次购买经验的积累，如同"久病成医"一样，善于总结每一次购买体验。

4. 处理策略

（1）与客户同立场。推销员应该积极参谋，主动为顾客提供有效的服务，诚心诚意站在顾客角度思考问题。

（2）等待顾客做出选择。如果推销员已经知道这种顾客实际上不需要自己所推销的商品，那就不必再费心推荐，做好取货、开票的准备。

（3）适时回应。面带笑容，适时给予肯定"嗯，好的"。

三、推销方格与顾客方格的交叉关系

推销的成功与失败，不仅取决于推销员的工作态度好坏、推销技术水平高低，同时也受顾客态度好坏、购买能力高低的影响。布莱克教授总结出推销方格与顾客方格的关系，反映了推销员态度与顾客态度之间内在的交叉关系。

表1.1反映了推销方格与顾客方格之间的内在联系。图中"＋"表示推销成功；"－"表示

推销失败;"0"表示推销成败的概率相等,有可能成功,也有可能失败。

表1.1　推销方格与顾客方格搭配图

推销方格　　　交易可能性	顾客方格 1,1	1,9	5,5	9,1	9,9
9,9	+	+	+	+	+
9,1	0	+	+	0	0
5,5	0	+	+	−	0
1,9	−	+	0	−	0
1,1	−	−	−	−	−

　　根据推销方格理论,五种类型的推销员和五种类型的顾客可进行不同的组合。这时就会发现,有的顺利达成交易,有的不能成交,有的即使成交也不是二者简单搭配的结果。为此我们可用表1.1来表示推销员与顾客的关系。

　　一般地说,推销员的推销心态越是趋向于解决问题型,即图1.4中的(9,9)型,其推销能力越强,推销效果就越理想。推销员应保持正确的推销心态,加强自身修养,提高推销技能,调节与改善自我心态,努力使自己成为一个能够帮助顾客解决问题的推销专家。

　　推销员正确把握推销心态与顾客购买心态之间的关系是非常重要的。不同类型的推销员遇到不同类型的顾客,应揣摩顾客的购买心态,及时调整推销节奏,采取不同的销售策略。只有两者能够达到相互配合、和谐统一,推销才会成功。

任务验收

　　(1)推销方格中的(9,1)是什么类型?有哪些典型表现?

　　(2)你有什么策略能让漠不关心型顾客高兴地买走商品?

　　(3)小李买商品非常会讲价,突然有一天,他买了商品后说被骗了。你觉得他为什么被骗了?

中阶任务

任务情境

　　推销竹炭枕头,各小组成员根据提示扮演不同类型的顾客及不同类型的推销员,对商品进行推销。(枕头标价198元,底价168元,另可赠送价值10元竹炭皂1块)

　　(1)顾客(1,9),推销员(9,1)。

　　(2)顾客(5,5),推销员(9,1)。

　　(3)顾客(9,1),推销员(5,5)。

　　(4)顾客(5,5),推销员(5,5)。

任务目的

　　(1)加深理解推销方格的含义。

（2）掌握推销人员方格的类型。

（3）掌握顾客方格的类型。

任务要求

（1）组建任务小组，每组 5~6 人为宜，选出组长。

（2）各组分角色分析情境，讨论表演流程，选择一人负责观察、指导。

（3）进行交叉打分，即选取一个小组表演后，其他小组各选派一名成员担任评委，负责点评。

（4）课代表要做好记录。

任务考核

（1）情境表演的真实性、合理性：2 分。

（2）小组成员团队合作默契：3 分。

（3）角色表演到位：4 分。

（4）道具准备充分：1 分。

（5）满分：10 分。

任务三 推销模式

~~~~~ 初阶任务 ~~~~~

任务情景剧

场景：小吃街，烧烤摊一角。

人物：摊主，顾客。

摊主："来啊，瞧一瞧，看一看，刚烤好的年糕咯，快来买啊~"（边说，边拿扇子扇火，烤炉里发出吱吱的声音）

顾客：（听到摊主的热情叫卖声，看到外皮微微焦黄的年糕，被吸引住）"你家的烤年糕多少钱一串？"

摊主："4 元一串，10 元 3 串，吃了包你不后悔，外焦里嫩，配上我们家的独门秘方蘸酱，味道保证吃了还想吃！"

顾客："这么好吃吗？说得我都有点饿了，老板，那给我来 3 串吧。"（说完便掏出手机，扫描摊上悬挂的支付宝二维码）

摊主："美女，你要甜的还是要咸的？"

顾客："给我一个甜的、两个咸的吧。"

摊主：（分别在烤好的年糕上刷上甜味酱和咸味酱，又撒上一点黑芝麻）"好的，给您，小心烫。欢迎下次惠顾。"

任务描述

（1）推主是如何引起顾客注意的？

（2）顾客是怎么样被激起购买欲望的？

（3）推主用的是哪一种推销模式？这种推销模式分几个步骤？请一一说明。

任务学习

推销模式是根据推销活动特点及顾客接受推销过程中各阶段的心理演变，归纳出的一套流程化的标准的模式。我们系统讲授以下四种比较常用的推销模式。

一、"爱达"模式

"爱达"模式（AIDA）是国际推销协会名誉会长、欧洲市场及推销咨询协会名誉会长、著名推销专家海因兹·姆·戈德曼，于1958年在其所著的《推销技巧——怎样赢得顾客》一书中根据消费心理学研究，首次总结出来的一种推销模式，这种模式共分为四个步骤：引起注意、产生兴趣、激起欲望、做出行动。

（一）引起注意

1. 定义

所谓引起注意是指推销员通过推销活动，千方百计地刺激顾客听觉、嗅觉、视觉等感官，引起顾客关注，使顾客将视线随机转移到推销的商品上，关注到推销员所说的每句话和每个动作细节上。

2. 操作方式

通常人们的购买行为因注意才喜欢，喜欢后才愿意购买。如何达到吸引顾客注意力的目的呢？

（1）直击需求。推销员要想清楚顾客的需求是什么，直击顾客的需求，强调卖点。如"卖皮包了"就没有"皮包清仓大甩卖"更能引起顾客的注意力。

（2）提供利益。推销员应考虑在什么情况下能使顾客认真听自己介绍，比如一个卖包子的小贩，在临近中午吃饭的时候吆喝，远比在上午10点叫卖更有诱惑力。推销员要想清楚什么样的商品能满足顾客，商品能为顾客带来哪些利益。

3. 吸引顾客注意的方法

（1）刺激视觉。刺激视觉的方法有形象吸引法、表演吸引法、动作吸引法等，比如卖羊肉串的小贩不停地向路过的人摆弄烤好的肉串。

（2）刺激听觉。刺激听觉的方法有语言口才法、声响吸引法、现场广告吸引法等，比如二元店门口大喇叭不停地播放"件件都2元，买不了吃亏，买不了上当，全场都2元"。

（3）刺激嗅觉。刺激嗅觉的方法有烹饪演示法、现场体验法等，如卖香水时候，售货员会故意向你手上喷香水，让你自己感受气味是否合适。

（4）刺激味觉。刺激味觉的方法有现场试吃法、免费品尝法等，如"西瓜甜不甜，你来尝一尝，不甜不要钱"。

（二）产生兴趣

1. 定义

引导顾客产生兴趣是指让顾客对推销商品产生积极态度，表示出浓厚的兴趣，喜欢上推销商品。兴趣与注意密切相关，没有注意，肯定产生不了兴趣。兴趣因注意而产生，反过来又可进一步强化注意，因此兴趣在推销过程中起着承上启下的作用，兴趣是注意的进一步发展，也是产生欲望的前提。

2. 操作方式

（1）展示商品。"耳听为虚眼见为实"，戈德曼认为，示范是引起顾客兴趣的最有效的方法之一。因为陈述事实本身并不同于证明事实。

（2）做好示范引领。推销员娴熟地示范所推销的商品，用顾客可以看得见、摸得着的方式，证实商品确实具有某些特点和利益，往往更容易唤起顾客对产品的兴趣。

（3）顾客体验。如果推销商品不方便随身携带，也要注意借助商品宣传资料、照片、试听器材、其他顾客签订的合同等，向顾客宣传介绍商品。当然，如果有条件的话，应尽量让顾客亲自体验推销商品的优点和好处，让商品主动"说话"。

3. 激起兴趣的方法

（1）刺激触觉。让顾客以瞧一瞧、摸一摸、坐一坐（如沙发）、躺一躺（如乳胶床垫）等形式体验。

（2）刺激味觉。用尝一尝、品一品等方式来唤起顾客的购买兴趣。

（3）真实体验。对于模型飞机、足球、皮球等可以采用玩一玩、拍一拍、跳一跳等形式。

（三）激起欲望

1. 定义

激起欲望是指让顾客为给自己带来的利益产生强烈购买愿望，似乎不购买商品对自身来说就是一种损失，一种"机不可失，时不再来"的心理感受。

2. 操作方式

（1）提出购买建议。推销员要观察顾客的肢体语言，适时提出购买建议，如"买两串尝一尝，不好吃不要钱"。

（2）辨识异议根源。识别、辨别顾客异议的根源和种类，即时诱导顾客购买，如"价格不贵，买贵找差价"。

（3）强化购买意愿。有针对性地化解顾客异议，多方诱导、强化购买意愿，如"卖得可快了，再晚一点就买不到了"。

3. 激起欲望的方法
（1）推销效用法。
（2）美景描绘法。
（3）联想提示法。
（4）多方证实法。

（四）做出行动

1. 定义
做出行动是指顾客接受建议，愿意主动刷卡、扫码、付钱买走商品。

2. 操作方式
（1）递交购物小票。柜台、店铺等有专门收银的场所，当顾客试穿、试用后，在顾客还没有明确购买意向的时候，要及时催单，如"先生，这个是购物小票，前方左走十米就是收银台"。

（2）打包、递交商品。现场可以收款的展位，可以在顾客尚未主动付款的时候，将商品打包好，双手递交给顾客，说"您拿好，好吃再来"。

（3）为下次销售做铺垫。推销并不是全部顺利的，个别顾客即使对推销商品产生了浓厚的兴趣，也有强烈的购买欲望，但是在因为资金、决策权、时间等因素而没有选择购买的时候，推销员要为顾客下次光临做好铺垫，如"那您先逛逛，没有合适的再回来，价格我们好商量"。

案例 1.8

校门口的冰糖葫芦

中午时分，某学校门口一位中年大叔在卖冰糖葫芦。

四个女学生刚吃好午饭，边说边笑着往校园里走。

看着她们走近了，大叔说："冰糖葫芦嘞，甜甜酸酸的好吃又不贵嘞。"

乙女生："大叔，多少钱一串？"

大叔："大的5元，小的3元，纯手工做的，没色素，没虫眼。"

几个女生眼神交流了一下，乙女生："大叔，我们买四个，十元行吗？"

大叔："闺女，真的没赚钱，我一串才赚5角钱。"面露难色。

丙女生："算了，别讲价了，我这儿有零钱。"

大叔一手收钱，一手把冰糖葫芦递给他们："好吃，下次再来买，我每天中午12点半后都在这儿卖。"

【案例解读】

"爱达"模式可以形象地用一喊、二炫、三报价、四递货来描述成交过程，推销员使用了简单的四步就可以激发学生产生购买欲望，从而顺利地成交。

（五）适用范围

1. 固定展位推销

爱达模式一般适用于店堂推销，如柜台推销、展销会推销等。

2. 面对面推销

上门推销，如一些易于携带的生活用品、办公用品、保险产品等。

3. 拦截推销

如化妆品、洗发水、保健品等。

二、"迪伯达"模式

"迪伯达"模式（DIPADA）被誉为现代推销模式。它是1958年由推销专家海因兹·姆·戈德曼总结出来的，将整个推销过程划分为发现、结合、证明、接受、欲望、行动六个阶段。

（一）发现

1. 定义

发现顾客的需求是迪伯达模式的首要任务，即先搞清楚顾客买商品的目的。

2. 操作方式

（1）委婉询问。比如顾客急匆匆走到药店，直接上来问顾客买什么药就不是很妥当，应委婉询问顾客哪里不舒服，间接发现顾客的需求。

（2）侧面观察。并不是所有顾客都愿意接受推销员的提问，对于不愿意开口的顾客，要仔细观察他的视线停留的地方，大致揣摩他的需求。

3. 发现顾客的方法

（1）市场调研法。

（2）建立信息网络法。

（3）洽谈询问法。

（4）现场观察法。

（二）结合

1. 定义

所谓结合，即将顾客的需求与所推荐的商品结合起来。

2. 操作方式

在这个阶段，推销员要注意提示顾客购买商品的利益，使商品的内在功效外显，以满足顾客需求。

3. 需求与商品结合的方法

（1）问题结合法。

（2）行为结合法。

（3）功效结合法。

（三）证明

1. 定义

所谓证明是指商品与顾客的需要紧密结合的证据。证明商品能满足顾客的购买心愿，以增强顾客对所推荐商品的关注度和认同度，为顾客理性地做出购买行为奠定基础。在这一阶段，推销员应拿出充分且客观的证据向顾客证明自己的言论有充分、合理的事实依据，能够使顾客认同自己的言论。

2. 提供证明的操作方式

（1）人证。提供的人证可以是权威人士、知名专家、名人、社会公众人士、老顾客等。

（2）物证。提供的物证可以是权威的认证证书、资质等级证书、第三方检测报告、报纸、杂志，尤其是党报、党刊等。

（3）例证。提供的例证可以是疗效证明、使用前后效果对比等。

（四）接受

1. 定义

所谓接受，是指顾客看到相关证据之后初步认可了被推荐的商品。但这仅仅完成了顾客对商品认知的心理过程，并不能使其立刻产生购买行为，因此推销员还要拿出充分的、必要的、真实的依据让顾客进一步认同选择该商品是符合其自身需要的，购买该商品是睿智的选择，以促使顾客接受所推销的商品。

2. 促使顾客接受商品的方法

（1）示范演示法。

（2）试用体验法。

（3）引导提示法。

（4）观望考验法。

（五）欲望

1. 定义

所谓欲望，是指在推销过程中，当顾客在思想上接受推销商品之后，想把推销商品占为己有的想法和期望。推销员还必须让顾客清醒地意识到要想永久地满足其自身需要必须购买商品才能实现，因此推销员要及时激发顾客的购买欲望，利用各种刺激使顾客对该商品产生强烈的拥有愿望。

2. 激起顾客欲望的方法

（1）联想衍射法。
（2）鼓舞诱惑法。
（3）危言耸听法。
（4）夸赞法。

（六）行动

1. 定义

所谓行动，即顾客做出果断的购买行动，完成付款收货的行为。这是"迪伯达"模式的最后一个阶段，与"爱达"模式的第四个阶段是相同的。

2. 让顾客做出行动的方法

（1）商品移交。
（2）递交小票、指引收银台。
（3）丢掉顾客旧物。

比如顾客去买鞋，很多聪明的售货员看着顾客穿着新鞋却不愿意脱下来，就随口说："您原来的鞋磨损得实在太严重了，我帮您丢掉算了。""行，丢掉吧，我就穿新鞋回家，支付宝二维码在哪儿？我去交款。"

案例 1.9

电视机的"迪伯达"推销模式

一男顾客走进某电器专柜。

售货员："先生，想买电视机吗？"（D——发现）

顾客："嗯，房间刚装修，打算给客厅买台电视机。"

售货员："先生，您客厅两墙的宽度大约是多少，打算买多大的？"

顾客："大约 3.5 米吧，我想买个 42 寸①的。"

售货员："先生，电视机一般应该根据自己家中客厅空间大小，即观看位置距离电视的直线距离为准，计算公式是：液晶电视的最佳观看距离 = 液晶电视屏幕对角线 ÷0.063 5，适合您客厅的电视尺寸也就是 3.5÷0.063 5 = 55.12，因此建议您选择 55 寸的比较合适。"（I——结合）

顾客："真的吗？"

售货员："您看这是家电行业权威杂志发表的文章，讲了如何挑选电视机的大小。"（P——证明）

顾客：（顾客拿过杂志翻了翻）"确实是行业专家说的吗？"

---

① 1 寸（英寸）= 2.54 厘米。

导购员："先生您坐在这个椅子上，这里距离电视墙刚好3.5米，左边是42寸的，右边是55寸的，哪个您看着更舒服些?"

顾客："嗯，确实看55寸的更舒服些，那我就选55寸的吧。"（A——接受）

导购员："放心吧，我们的电器都是正品，质量没得说，这台是高清4K级别的，可以直接连接网络，机身自带2G内存，家里有WIFI就可以看电视，机顶盒都不用买了。"

顾客："给送货安装吗? 挂架需要额外购买吗?"（D——欲望）

导购员："免费送货、安装，挂架本来是要收费200元的，不过现在厂家搞活动，免费送挂架，您的运气真不错，今天是活动最后一天。"

顾客："哈哈，运气真好，我出门要买体彩了，给我开票吧。"（A——行动）

......

【案例解读】

空口无凭，拿证据说话。推销人员通过物证、例证等证明手段让顾客意识到商品正是自己所需要的，就会激发起顾客的购买欲望，从而顺利成交。

（七）适用范围

（1）生产资料市场商品。

（2）老顾客及熟悉顾客。

（3）无形商品，比如保险、法律诉讼、技术服务、咨询服务、信息情报、劳务市场等。

（4）团体顾客购买者。

三、"费比"模式

"费比"模式（FABE）是由美国俄克拉荷马大学企业管理博士、中国台湾中兴大学商学院院长郭昆漠总结出来的推销模式。该模式将推销活动分成特征、优点、利益、证据四个环节。

（一）特征

1. 定义

所谓特征，即描述商品的特征，费比模式要求推销员在见到顾客后，要准确地介绍商品的性能、构造特性、功能、材质等特征属性。

2. 描述商品特征的方法

（1）阅读法。推销员主要阅读商品说明书、操作说明、报纸和专业书籍等。

（2）询问专家法。

（3）亲自试用法。

（二）优点

1. 定义

所谓优点，即向顾客强调商品的竞争优势、材质特殊性、功能优越性等，如经久耐用、性价比高等。

2. 操作方式

（1）分析商品优势。针对不同顾客，介绍商品的优点略有区别，推销员应针对在第一步骤中介绍的特征，有针对性地列出商品优势，特别是与竞争者相比的优势所在，如：经久耐用、美观时尚、彰显身份地位、使用便捷等。

（2）突出商品的异质性。进行对比分析，突显和其他商品相比，该商品具有的明显的差异性。

（三）利益

1. 定义

所谓利益，是指顾客购买商品后得到的实际利益、收益，这是"费比"模式中最重要的一个步骤。顾客购买商品后能享受到哪些好处、利益，这是顾客最关注的。推销员应当详尽说明商品所能带给顾客的利益，一切以顾客的利益为中心，通过强调利益，激发顾客购买商品的决心。

2. 操作方式

（1）强调。比如卖保险，你应强调顾客获得的良好保障，"人生风险难料，保险如同雨伞为您及您的家人永远遮风挡雨"；卖豪车，你应该强调高品质的享受，突显高贵的气质，"您拥有这辆豪车，它彰显您的高贵气质，无人能比"；卖相机，你应该强调画面的品质，"这个相机，随时可以留住您及您家人的每张笑脸，它具有笑脸识别功能，更能展示您宝宝精彩的瞬间"。

（2）联想。挖掘商品利益，给顾客描绘未来的蓝图，如"您买了这台学习机，十年后您送孩子去清华大学报到的时候，该是多么的风光，会让多少同事羡慕啊"。

（四）证据

1. 定义

所谓证据，即你需要向顾客提供能说服他的所有证据。在接受推销商品的时候大多顾客是非常理智的，无论对什么样的描述，他都会产生这样或那样的质疑。为了消除顾客的这种疑虑，你就需要提供真实可靠的证据。

2. 操作的方式

（1）人证。提供的人证可以是权威人士、知名专家、老顾客等。

（2）物证。提供的物证可以是技术报告、顾客来信、质量认证证书、检测报告、获奖证书、专利证书等。

（3）例证。提供的例证可以是有无购买所产生后果的对比情况等，例如某保险公司业务员在微信群里说"我同事的妹妹，腰间盘突出去上海长虹医院做手术，共花费 68 000 元，社保报销 19 576 元，泰康的尊享保险赔了 49 365 元，一年保费才 946 元，伙伴们，医疗险真的很重要啊！希望人人都能拥有"。

案例 1.10

保险营销的"费比"推销模式

泰康保险公司的业务员小朱，经电话约访后，约见某学院的吴老师，以下是小朱使用"费比"推销模式进行的保险产品的推销。

小朱："吴老师您看，上次我电话里给您介绍的这款我们公司刚推出的险种'泰康健康尊享 B＋医疗保险'，这个险种主要提供风险保障功能，最大的特点就是突破社保报销目录，做到'社保不报我能报'。"（F——特征）

吴老师："怎么'社保不报我能报'？ICU、进口药都能报吗？"

小朱："是的，就是这样，每年交 15 000 元，连续交 10 年，就可以享受身价 50 万元的保障，拥有年度 50 万元、终身无限额的保障，而且承诺二核通过后，公司不会因客户健康状况发生改

变而不续保。"（A——优点）

吴老师略有思考，仔细地看着保险计划书，没有说话。（顾客在犹豫中，表示对产品有兴趣）

小朱："吴老师您看，我这里有一张纸，在我们泰康只要存款达到 2 万元以上就有金账户，钱存进去可以得到 4.8％ 的收益，我们公司很多员工都开通了金账户，比余额宝利息高很多呢，您看现在支付宝收益已经跌破三了。"（拿出手机打开支付宝页面，显示余额宝年化收益率才 2.507％）

吴老师："哦，这一比，真的差距很大啊，不过把钱放进保险公司牢靠吗？万一保险公司倒闭了怎么办？银行可不会倒闭的。"

小朱："吴老师，您这种顾虑也是很正常的，因为您对保险公司的性质还不是很了解，保险公司也属于金融行业，并且要银监会日常监督和管理，国家对保险公司的支持力度远大于商业银行，而且我们保险公司在业界有很高的口碑，连续 8 年获得'重合同保信誉单位'称号，投资受益率在所有的保险公司当中排名第三，总资产保障金是保费总收入的 4 倍以上呢。您看这是今年 3 月的报道，这个是《人民日报》的头版头条新闻，这个是央视记者对我们董事长专访的照片。"（E——证据）

吴老师："那好吧，我决定买 2 万元的吧，正好开通金账户。"

小朱："吴老师，您填好投保书就可以了，在这里写名字，在这里写地址，在这里写……"

【案例解读】

促使顾客做出购买行为的动力实质上就是商品给顾客带来的利益，只要这种利益清晰可见，能打消顾客心中的顾虑，推销就会成功。

四、"埃德帕"模式

"埃德帕"模式（IDEPA）是"迪伯达"模式的简化形式，"埃德帕"更适用于有着比较明确的购买意图和目标的顾客。该模式包括结合、展示、淘汰、证实、接受五个阶段。

（一）结合

1. 定义
所谓结合即把推销商品与顾客的愿望结合起来。

2. 操作方式
推销员通过察言观色、询问等方式准确地发现顾客的需求。在此基础上，推销员运用恰当的方法，从专业的角度为顾客提供购买建议，直接推荐符合顾客心理期望的商品，即把所推销的商品和顾客的愿望结合起来。

（二）展示

1. 定义
所谓展示即向顾客示范符合其愿望的商品。在向顾客示范合适的商品时，要针对顾客的具体购买需求精心地进行展示或演示，要通过询问确保顾客理解所示范商品的每一项功能、特效和优势。

2. 操作方式
推销员应根据顾客需求示范至多三种商品，并在商品的展示、示范中了解顾客的具体购买需求，而且示范前做好巧妙的设计。

（三）淘汰

1. 定义

所谓淘汰即将顾客认为不合适的商品淘汰。尽管推销员向顾客展示多种商品，但实质上顾客仅仅会购买其中的一种。

2. 操作方式

推销员应将选择权留给顾客，帮助顾客主动淘汰其他商品，满足顾客的被尊重感，把决定权留给顾客。

（四）证实

1. 定义

所谓证实即证明顾客的选择是正确的。

2. 操作方式

在淘汰不合适的商品后，剩下的就是顾客比较偏爱的了，推销员要通过一些证明、证据来证实顾客的选择是睿智的，让顾客觉得他（她）很"识货"。

（五）接受

1. 定义

所谓接受是指促使顾客接受商品、做出购买行为。

2. 操作方式

经过了一番筛选后，顾客已经相信了商品的质量和功能，推销员要尽量解决顾客对商品的价格、运输、售后服务等方面的顾虑，主动示意顾客做出购买行为，从而顺利成交。

案例 1.11

某家电商场格力空调专柜"埃德帕"推销模式

一位中年男顾客走进格力空调专柜，销售员使用"埃德帕"模式，完成销售任务。

销售员："先生，您好，请问想买空调吗？"

顾客："是的，我先看看。"

销售员："先生自用的吧，那您是客厅用，还是卧室用？"

顾客："想在我家的卧室装一台空调。"

销售员："那您家的卧室大概有多少平方米呢？"

顾客："好像有 12 平方米左右吧，卧室面积比较小。"

销售员："哦，那您家选择 1 匹的空调就可以了，您看这三款都是 1 匹的。"（I——结合）

顾客："1 匹的应该很省电吧！"

销售员："您看这台，是格力今年新推出的一款，超静音、带速冷功能，炎热的夏季，外面的温度很高，进屋以后一般打开空调要 15 分钟以上才有凉爽的感觉，这款只要打开 3 分钟，室温就会降低 5 度以上呢，非常舒服，而且它的出风方向是 360 度全方位，没有死角，屋子中哪个方位都会感到非常舒适。您看这个高精度面板，可以清晰显示温度，敏感值是 0.1 度，不像其他品牌的敏感值是 1 度，您用手触摸下，一点痕迹都没有，时间长了也不会显旧。"（D——示范）

顾客："这款多少钱？"

销售员："3 200元。"

顾客："1匹空调3 200元，价格有点高啊！"

销售员："那这款也不错，价钱只要1 800元，能效是3级的。"

顾客："能效3级的，有点费电啊。有没有那种变频的，我母亲退休了，在家里待的时间有点长，空调得经常使用。"（E——淘汰不合适的商品）

销售员："那这款是变频的，一级能效，4小时耗电不到1度，非常合适的。"

顾客："这台多少钱？"

推销员："2 600元。"

顾客："嗯，看起来颜色也不错，行，我就要这台了。"

推销员："先生，您真会买东西，这台空调厂家现在搞活动，还可以免费送一台饮水机，而且这款饮水机卖得非常火爆，前天才新进了500台，今天就剩下不到100台了。"（P——证实）

顾客脸上泛着笑容。

推销员："先生您贵姓？您家的地址说一下，还有您的电话。我们是免费安装的。给您小票，请向前走10米，就看见收银台了。"（A——接受）

顾客（接过小票）："好的。"

……

【案例解读】

顾客的选择永远是对的，"埃德帕"模式巧妙地将选择权留给了顾客，因此往往顾客很愿意主动提出购买行为。

适用范围："埃德帕"模式多用于向熟悉的中间商推销，也用于对主动上门购买的顾客进行推销。

任务验收

（1）请用自己的语言描述4种推销模式的含义。

（2）"爱达"模式和"迪伯达"模式有什么区别和共同点？

（3）如果卖口红等化妆品，请问用哪种推销模式比较好，为什么？

（4）推销员对待防卫型顾客更适宜用哪种推销模式，为什么？

中阶任务

任务情境

自行设计情境，用本节学到的推销模式以平安果、粽子、烤玉米、板栗为例，进行推销。

任务目的

（1）加深对推销模式含义的理解。

（2）熟悉各推销模式流程。

（3）重点掌握"爱达""迪伯达"推销模式的应用。

任务要求

（1）组建任务小组，每组5~6人为宜，选出组长。

（2）各组分角色分析情境，讨论表演流程，选择一人负责观察、指导。

（3）进行交叉打分，即选取一个小组表演后，其他小组各选派一名成员担任评委，负责点评。

（4）课代表要做好记录。

任务考核

（1）情境表演的真实性、合理性：2分。

（2）小组成员团队合作默契：3分。

（3）角色表演到位：4分。

（4）道具准备充分：1分。

（5）满分：10分。

知识点概要

```
                    ┌─ 推销与推销活动的内涵 ─┬─ 推销的内涵
                    │                        └─ 推销活动的内涵
                    │
  认识推销 ──────────┼─ 方格理论 ─────────┬─ 推销方格
                    │                    └─ 顾客方格
                    │
                    │                    ┌─ "爱达"模式
                    └─ 推销模式 ──────────┼─ "迪伯达"模式
                                         ├─ "费比"模式
                                         └─ "埃德帕"模式
```

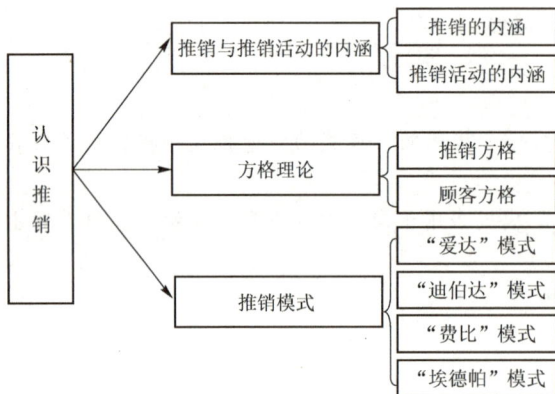

项目一知识结构图

※重要概念※

推销　　推销方格　　顾客方格　　"爱达"模式　　"迪伯达"模式

※重要理论※

（1）推销三要素及推销原则。

（2）推销方格理论的五种典型特征及表现。

（3）顾客方格理论的五种典型特征及表现。

（4）"爱达"模式和"迪伯达"模式的异同点。

※重要技能※

（1）使用"爱达"模式推销商品。

（2）使用"迪伯达"模式推销商品。

客观题自测

一、单项选择题

1. 推销是企业在特定的市场环境中为特定的商品寻找买主的商业活动，必须先确定谁是需要特定商品的潜在顾客，即寻找好目标顾客群，然后再有针对性地向顾客推荐，这属于

哪种特性？（　　）

    A. 双向性　　　　　　B. 互利性　　　　　　C. 指定性　　　　　　D. 灵活性

2. 市场推销的目标是把推销作为？（　　）

    A. 职能　　　　　　　B. 尖端　　　　　　　C. 多余　　　　　　　D. 首要任务

3. 推销员投入大量的精力研究推销技巧、关心推销效果，又最大限度地解决顾客困难，将推销任务与顾客需求两者紧密结合，使商品交换关系与人际关系有机融为一体。以上属于哪种推销员？（　　）

    A. 解决问题型　　　　B. 推销技术型　　　　C. 强硬推销型　　　　D. 顾客导向型

4. 以下不属于顾客方格类型的是（　　）。

    A. 漠不关心型　　　　B. 事不关己型　　　　C. 软心肠型　　　　　D. 防卫型

5. 下列哪一个是"迪伯达"模式的最后一个阶段？（　　）。

    A. 证明　　　　　　　B. 结合　　　　　　　C. 行动　　　　　　　D. 接受

二、多项选择题

1. 推销的流程模块包括（　　）。

    A. 推销准备　　　　　B. 找寻顾客　　　　　C. 接近顾客　　　　　D. 推销洽谈

2. 下列哪些是属于推销员的要素？（　　）。

    A. 仪容仪表　　　　　B. 心理素质　　　　　C. 技能水平　　　　　D. 售后服务

3. 推销的原则包括（　　）。

    A. 刺激并满足顾客需求　　　　　　　　B. 注重商品利益

    C. 互惠互利　　　　　　　　　　　　　D. 以诚为本

4. 产生软心肠心态的顾客的原因是（　　）。

    A. 出于对推销员的同情　　　　　　　　B. 触景生情

    C. 天生拥有菩萨心肠　　　　　　　　　D. 设法逃避推销员

5. 促使顾客接受的方法主要有（　　）。

    A. 示范演示法　　　　B. 试用体验法　　　　C. 引导演示法　　　　D. 观望考验法

～～～高阶任务～～～

任务情境

    场景：按摩器材店。

    商品：售价 1.2 万元的高档按摩椅。

    人物：推销员甲是推销方格中的（1，9）型，顾客乙是顾客方格中的（9，1）型；推销员丙是推销方格中的（9，1）型，顾客丁是推销方格中的（5，5）型。

    任务说明：请分别使用"爱达"模式和"迪伯达"模式推销高档按摩椅。

任务目的

    （1）系统掌握推销内涵相关理论。

    （2）深刻理解推销方格及顾客方格典型行为。

    （3）恰当娴熟运用推销模式推销商品。

任务要求

（1）分别组建一支销售团队，每组 5~6 人为宜，选出组长。

（2）每组集体讨论台词的撰写和加工过程，各安排一个人做好拍摄工作。

（3）每组各选出 1 名成员作为顾客或推销员的角色表演者，通过角色表演 PK 的形式来确定各组的输赢。

（4）其他销售团队各派出一名代表担任评委，并负责点评。

（5）教师做好验收点评，并提出待提高的地方。

（6）课代表做好点评记录并登记各组成员的成绩。

任务验收标准

高阶任务验收标准

项目		验收标准	分值/分	验收成绩/分	权重/%
验收指标	理论知识	基本概念清晰	15		40
		基本理论理解准确	25		
		了解推销前沿知识	20		
		基本理论系统、全面	40		
	推销技能	分析条理性	15		40
		剧本设计可操作性	25		
		台词熟练	10		
		表情自然，充满自信	10		
		推销节奏把握程度	40		
	职业道德	团队分工与合作能力	30		20
		团队纪律	15		
		自我学习与管理能力	25		
		团队管理与创新能力	30		
最终成绩					
备注					

项目二

推销职业素养

知识目标

1. 掌握推销职业道德
2. 理解推销员内涵能力要求

能力目标

1. 提高领悟能力
2. 培养观察能力
3. 具备岗前认知能力

任务构成

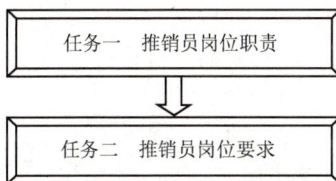

任务一　推销员岗位职责

任务二　推销员岗位要求

任务一　推销员岗位职责

~~~~~~初阶任务~~~~~~

任务情景剧

背景：小张是一名经验老到的业务员，以下的情节是他工作一天的缩影。

小张出场（手上提着一个公文包）："推销工作做得好不好，收集信息很重要，企业雇你做推销，你起码要把产品宣传好，要问我是卖什么的，告诉你，本人是专门卖验钞机的。"（他从包里拿出一台微型验钞机）

"要想推销好，个人形象很重要。"（他从公文包里拿出一个小镜子，梳头，整整发型，看看裤线直不直，整整领带）"前面就有家杂货店，我看看能否卖出去。"

杂货店老板："这年头，生意不好做，下岗了，开个小店，可生意冷冷清清的，再看看吧，不行就关门干点儿别的吧，咳。"（道具：杂货店纸牌立于桌面上）

小张：（心想：哦，MY GOD，这是杂货店吗？看着柜面上的灰尘，不知道的还真以为是垃圾站呢！算了，行不行，先试试。）"老板，来抽根烟，烟不好，别见怪啊。"（给对方递支烟，自己也随口抽上；看对方没拿火，立马又给对方先点上，自己也点上。实训室禁止吸烟，有打火机的动作，烟不能点燃；没有烟，可以用粉笔替代，烟盒自备，或者向吸烟的同学直接借道具）

老板："我说，哥儿们，你是干什么的？听你口音不像本地人啊？"

小张："大哥，您看我像干啥的？"

老板："看你年龄不大，穿戴很有品位，见了生人又套近乎，八成是卖保险的吧。告诉你，推销商品就免了，我可正穷着呢。"

小张："大哥，您说得不全对，我是干推销的不假，但我真没卖过保险，我今天是向您买东西的。"

老板露出疑惑的表情，看着小张："开什么玩笑！那你买点什么？"

小张："买瓶木糖醇吧。"（说着掏出来十元钱）

老板看了一眼十元钱："哝。"（从柜台里拿出一瓶木糖醇，上面却有很多灰尘。又丢给小张一元钱）

小张："大哥，我看您小店的生意比较冷清，从我进店就没看见有顾客进来，您商品也是很全的，您没想想是什么原因？"

老板鄙夷地看着他："人就是贱，我东西卖贵了他们不买，现在卖便宜了，他们也不买，点儿背，没办法！"

小张："大哥，其实您店里摆的东西很没有特点，显得比较凌乱，顾客找起东西来也比较麻烦，杂货店就是便利店，没给顾客带来便利，谁愿意买啊！还有大哥，您看看给我拿的木糖醇，上面厚厚的一层灰尘，不是兄弟挑您的眼，您换个位置思考下，您愿意买带灰尘的木糖醇吗？"

老板不好意思地挠挠头："那我重新给你拿个吧。"（转身从盒子里拿出新进的木糖醇）

小张："哥哥，杂货店的商品摆放很有学问的，您这灯光也暗了点儿，商品千万别有灰尘，东西还是干净的好。"

老板拉过把椅子道："是，兄弟你说得对，我这就去改，来快坐下。"（用手擦拭凳子）。

小张："老板，我也不给您打马虎眼了，您这个店好好弄下，生意会不错的。对了，老板，您把我刚给您的十元钱还我吧。"

老板："怎么兄弟，你要退货？"（眼睛立刻瞪了起来）

小张："大哥，您想哪儿去了？您再仔细看一下那十元钱，有什么不一样的？"

老板：（老板从钱盒子里拿出钱，看了下，又仔细摸了下）"就是有点薄，没什么啊？"（又从自己兜里掏出十元钱比对，还是比较纳闷）

小张："大哥，这个是张假币，您看（说着他从包里拿出一台微型验钞机放上纸币），'请注意，不要收，这张是假币'，声音由同组的女生配音，又拿过老板的另一张十元钱，'请放心，这张是真币，可以收'。"

老板："哦，兄弟，我全明白了，原来你是销售验钞机的啊！"

小张："哥哥，这个是我的名片，不好意思，刚才和您兜个圈子，我只是善意提醒，十元的也有假钞。"

老板："得，小兄弟，本来我这生意就不好，真不打算干下去了，经你刚才那么一说，我还真发现点儿问题，确实我应该好好地整理下店面了。你也是好意，兜个圈子，哥也不怪你，你说这个验钞机多少钱吧？"

小张："哥，我也不瞒您，这个是我们厂刚研制出来的新产品，市面上要卖80元，我给您个出厂价，50元。"

老板："行，啥也别说了，就这么定了，我先要一台。"

小张："好的，哥哥，这些还有我们厂的宣传画，您也可以贴在杂货店里，如果有其他的顾客需要，我可以按出厂价给您拿货，到时候，您还可以赚点儿。"

老板："没问题……"

任务描述

（1）你觉得推销员需要具备哪些素质？

（2）推销员的职责有哪些？

任务学习

1. 销售商品

推销员的首要职责就是要销售企业的商品，完成企业规定的销售任务。正如教师的第一职责是传道授业解惑，医生的第一职责是治病救人，推销员的最核心职责就是将商品推销出去，否则服务态度再好也失去了意义。推销员在工作中不断了解顾客的需求状况，还要负责开发新的销售领域，做好市场开拓的工作，扩大企业商品的销售范围，发现企业商品的新用途。

案例 2.1

大家看过 2008 年春晚蔡明演的小品《梦幻家园》吧，让我们回顾一下精彩的台词片段吧。

电话铃响三声后。

蔡明拿起电话："你好，这里是梦幻家园售楼处，我是蔡小姐。"

张总："我是张总，我严重警告你。"

蔡明："为什么呢？"

张总："问你自己！"

蔡明：" 哦……为什么呢？"

张总："试用两个月了，你有业绩吗？你卖出去过一套房子吗？"

蔡明："为什么呢？"

张总："今天下班之前你要再卖不出一套房子去，你就给我卷铺盖走人！"（电话挂了）

蔡明："为什么呢？"

资料来源：小品《梦幻家园》。

【案例解读】

企业雇用推销员的目的就是销售商品，企业需要的是创造利润的员工，不能为企业销售出商品的推销员，企业是不会长期雇用的，所以小品中张总要辞退蔡小姐，由此可见，推销员的首要职责就是要开拓市场，打开销售局面。

2. 搜集信息

推销员对商品的市场销售现状最具有发言权，他们直接走向市场、接触顾客，是企业最合格、最尽职的市场调研员。推销员是连接企业和顾客的桥梁和纽带，在拜访顾客的过程中，推销员要及时地向顾客准确地介绍、推荐商品，也要及时收集顾客对商品的反馈信息，了解顾客对商品的评价，记录顾客对商品使用的心得，探询顾客对商品功能、特点的新需求，随时关注市场对商品的认同，捕捉市场信息，为企业的经营决策和商品的研发部门提供系统性数据。"大姐，您觉得我们的热水袋效果怎么样？""质量真的不怎么样，这花纹都花掉了，我才使用了三个月就旧得不成样子了，你们真得改进改进了。"

推销员收集的信息主要可分为三类：

（1）采集顾客反馈的信息。例如顾客对商品功能、款式、价格、优缺点及其他个人想法等。

（2）收集竞争者企业的信息。例如市场同类商品的销售状况，竞争商品的差异性、价格、功能、促销力度及推销手段等。

（3）来自自媒体大众的信息。例如社会大环境、网络群体、电视、报纸等传媒对企业商品推销的影响及评价等。

案例 2.2

小米手机在每次新品发布时都会有一批忠实的粉丝最先试用，他们对商品的各种挑剔及感受就是小米手机不断进步的秘密武器。从最开始的"米兔"变身小米 9 SE X 布朗熊，如此呆萌的"超级英雄"让很多米粉心动，销量不可小视。

【案例解读】

商品要想站稳市场就必须有创新，要做好"提前量"，商品是为顾客服务的，所有的商品信息不是设计人员凭空想出来的，而是来自顾客。为顾客量身定做的商品，顾客当然愿意买单了。

小米 9 SE X 布朗熊

3. 服务顾客

商品其实是一个整体概念，它包括核心层、形式层、附加层三部分，而附加层就包括服务、包装、顾客咨询等内容，因此在推销过程中，顾客购买到的不单纯是商品，还有推销员的服务内容，推销的本质就是服务顾客，对某类商品而言，没有服务就没有购买。推销员的服务包括推销前的咨询、介绍服务，推销中的答疑、参谋服务，推销后的关系维护、配套售后服务三个过程，即我们常说的售前、售中和售后服务。售前服务要做到积极、主动、热情地向顾客推荐和介绍商品优点，为顾客提供耐心、周到、细致的咨询服务，做到百问不厌；售中服务要做到亲切自然，尽心尽力当好顾客的参谋，增强顾客的购买信心，打造和谐的推销气氛，促进顾客顺利成交；售后服务做到为顾客做好安装、调试、保养、维修等服务，以解除顾客的后顾之忧。推销员提供优质服务的目的是建立与顾客之间的感情，为企业商品的日后销售打下扎实的基础。

4. 树立形象

推销商品的过程，也是顾客了解、认识生产企业的过程，推销员在介绍商品的同时必然会连带介绍自己的企业，顾客只有接纳推销员、认可商品才能认同企业。推销员是连接顾客和企业之间的桥梁，也是企业的一面镜子，推销员仪表堂堂、谈吐流利、服务态度端正、推销礼仪规范，就会获得顾客的好感，顾客就会默认为生产企业优秀，增强购买商品的信心。否则顾客就会排斥企业，对商品失去信心。

案例 2.3

每桶 4 美元的标准石油

由洛克菲勒创办的美国标准石油公司是当时世界上最大的石油生产、经销商，那时每桶石油的售价是4美元，公司的宣传口号就是"每桶4美元的标准石油"。公司有一个名叫阿基勃特的基层推销员，他在远行住旅馆的时候，总是在自己签名的下方，写上"每桶4美元的标准石油"字样。只要外出、购物、吃饭、付账，甚至给朋友写信，签名时都不忘写上"每桶4美元的标准石油"。

时间久了，同事们都开玩笑地称他为"每桶4美元"。4年后的一天，洛克菲勒无意中听说了此事，非常赞赏，于是邀请阿基勃特共进晚餐，并问他为什么这么做，阿基勃特说："这不是公司的宣传口号吗？"洛克菲勒说："你觉得工作之外的时间里，还有义务为公司宣传吗？"阿基勃特反问道："为什么不呢？难道工作之外的时间里，我就不是这个公司的一员吗？我多写一次不就多一个人知道公司吗？"

洛克菲勒对阿基勃特的举动大为赞叹，开始着意培养他。又过了5年，洛克菲勒卸职，他没有将第二任董事长的职位交给自己的儿子，而是交给了阿基勃特。这一任命，出乎所有人的意料，包括阿基勒特自己。其实，人们不应该感到意外，一个把公司的命运时刻放在自己心里的人，自然会受到老板的信赖；一个有一分热便发一分光的人，老板自然敢把公司担子托付给他。事后的结果证明，洛克菲勒的任命是一个英明的决定，在阿基勒特的领导下，美国标准石油公司更加兴旺繁荣。

【案例解读】

俗话说"一条臭鱼搅了一锅腥"，不要小看推销员，他的职位虽小，但也是代表着公司。他好，公司可能就好；他坏，公司肯定坏。当然推销员只有爱公司如爱家，把推销工作当作自己奋斗的事业，才容易脱颖而出。

5. 回笼货款

推销部门是企业的资金血液更新池，如果企业签订了合同，但货款或尾款不能及时到位，企业必然面临着生存危机，因此推销员不单要销售商品、签订合同，还要确保货款按时回笼，不要盲目地跑销售、签合同，关键是要确保资金顺利入账。市场竞争激烈，由于个别企业不讲诚信，很多公司都面临着资金回笼困难的问题；缺乏资金的新鲜血液，企业无法生存。所以，确保货款及时入账也是推销员的一个重要任务。

案例 2.4

老板跑路，2 850 万元货款难讨要

跑路一年的中山市美丝宝电器有限公司实际控制人赵树伟被抓，警方带着他回厂指认现场，该企业欠下 150 多家经销商 2 850 万元巨款跑路的旧事引发社会关注。

"美丝宝"前身是中山市蓝马电器有限公司、中山市西玉电器有限公司，主要产品为储水式电热水器、抽油烟机、燃气灶具和燃气热水器，法人代表是陈国会，实际操控人是陈国会的老公赵树伟。

赵树伟 10 年前开始在黄圃镇办厂。公司前期生产经营一直比较正常，但自 2016 年下半年起，储水式电热水器生产量突然从每月 6 000 台左右飙涨到 30 000 台上下，增长 4 倍。销售价格也出现异常，成本约 190 元的电热水器，以 170 元的价格亏本销售，行内发起非理性价格战，企业生产经营出现异常。

果然，2017 年 4 月 20 日起，"美丝宝"拒不支付自 2016 年 11 月至 2017 年 5 月的供应商货款。

至此，供应商发现被骗，初步认定，陈国会和赵树伟无意经营企业，利用亏本倾销策略做大市场需求，骗取供应商信任，利用行业内 3 个月账期，大量赊购配件，开出空头支票，并迅速转移销售所得，且一再拖延货款，直至财产转移基本完成后金蝉脱壳，只留下一点剩下的成品、配件、办公用品和设备这些值不了什么钱的东西。

被跑路的供应商自发组织起来，登记了"美丝宝"恶意拖欠的货款，大多被拖欠了半年货款，有的第一次与"美丝宝"合作，有的与"美丝宝"合作一段时间了，很多企业从 2016 年开始给"美丝宝"供货，一分钱没收到。150 多家企业平均被恶意拖欠近 20 万元，少则数百元，被恶意拖欠货款最多的一家钢材板材供应商，被恶意拖欠 166.8 万元。

近日，有"位于黄圃镇大雁工业区的广东中宝电器制造有限公司老板跑路，该企业注册资金 1 000 万元"的视频消息在网络上流传。有企业主看到熟悉的同道发出的"中宝"跑路现场视频，善意提醒同道："你不要发这种没有详情的视频了，这视频太吓人了，看到这视频，群里的兄弟找高楼的心都有了。"随后，这位企业主发出感慨："2018 年是最苦的一年，赚得不是利润

是心跳！留下的满是伤痕，碎了心、老了身，想找高楼去排队，又觉得对不起父母和亲人，当今社会最苦的就是我们这群死不起的人啊！"

（资料来源：http：//chengmingsheng. blogchina. com/958427180. html，2019. 0403，有修改）

【案例解读】

产品推销不出去难，产品推销出去钱收不回来更难。"巧妇难为无米之炊"，企业要生产根本离不开资金，一旦对方企业老板跑路，供货单位真是欲哭无泪！因此追讨货款也是推销员工作的重点之一。

6. 推销员的职业道德

（1）诚信。诚信就是要求推销员待人诚实可信，向顾客推荐、介绍商品时要讲究诚信，不刻意隐瞒商品的重大隐患。在市场竞争日趋白热化的今天，推销员能否真诚守信已经显得非常重要，能否真诚地对待顾客，能否符合实际地介绍商品，决定着推销事业的成败。推销员应做到既不夸大商品事实，又不虚假诋毁竞争者的商品，如实地和顾客说明商品信息，不以次充好，不出售假冒伪劣商品，不做虚假承诺。

（2）务实。推销员一定要爱岗敬业，踏实肯干，全心全力地完成销售任务，以努力为顾客提供周到细致的服务为工作宗旨，对待同事要虚心，对待顾客要关心，对待工作要尽心，对待任务要有信心。推销员应本着干一行、爱一行的思想，脚踏实地地做好本职工作，做到当日的工作当日完成。推销工作中要做到脚勤、眼勤、手勤、口勤，有"今天的工作不拼命，明天拼命找工作"的意识。

（3）尽责。所谓尽责是指推销员无论是对待推销任务还是对待顾客都要负责。对待推销任务，推销员要有责任心和工作使命感，完成自己的岗位职责；对待顾客，推销员要对自己的推销行为及推销结果负责，不要抱着"钱货两清，售出商品概不负责"的想法。顾客是上帝，是推销员的衣食父母，没有顾客的购买就没有推销员的收入，因此要尽心尽力为顾客服务，让顾客免除后顾之忧。

（4）奉献。推销工作貌似简单，似乎任何人都可以推销东西，其实不然，这需要推销工作者有奉献精神，要把全部的心血投入推销工作中去，仔细研读顾客心理，恰到好处地向顾客介绍商品，始终围绕着顾客的需求延续推销工作。推销员遇到需求模糊或者不明确的顾客更需要有恒心、耐心，细致地辨别顾客的需求，为顾客提供优质服务。尽管成交是检验推销成败的实质标准，但是推销员在推销过程中的重心是服务。对工作越勤奋、越努力，成功的概率就越大。虽然有时候牺牲了自己的时间，但是也有可能得到意外收获。

案例 2.5

一切为了顾客着想

张美娟是一个充满爱心、有责任感的化妆品专柜的售货员，尽管工作时间不长，却赢得了很多顾客的好评。为了更好地为顾客服务，她非常热衷学习美容知识，经常在微信上向一些网红学习化妆技巧，遇到本市举办的美容班，也经常自费参加，把在课堂上学到的知识应用到推销工作中。渐渐地她的销售业绩越来越好，回头客也越来越多，年终考核时她被评为单品销售状元。

【案例解读】

投入就需要付出，可付出不要追求回报，只有懂得奉献的人，他的工作才有重心，也最有可能实现自己的奋斗目标。

(5) 仁慈之心。推销员每天与人打交道，在人与人交往之中难免会有一些摩擦，比如顾客的误会、埋怨，同事之间的猜疑、诋毁，对此推销员要保持宽容的心态，不能斤斤计较；对待任何有需要帮助的人，推销员应该提供力所能及的帮助，因此推销员要有爱心、有善心。我们对一个人的基本要求就是心地善良，因此推销员要为人和善。多一点爱心、善心，也许推销的路会走得更好。

案例 2.6

一个善意的举动

某家电商场，洗衣机专柜前，有一个穿着比较寒酸的农村老头，很小心地摸着洗衣机，一位男售货员看到了，说道："别乱碰，你买得起吗？这台是松下全自动的，要4 000多元呢！"农村老人立刻把手缩了回去，想说什么，又没说出口。男售货员鄙夷地看了老人一眼，低声骂道："草包。"

不远处，另一位女售货员看了此景后走了过来，忙对老人说："大爷，您想买洗衣机吗？""不，姑娘，我没钱买，我就随便看看。""嗯，好的。买不买没关系，您随便看看，有什么不懂的，我可以为您介绍介绍。"男售货员小声地和女售货员讲："一个乡下的老头，根本买不起这么贵重的洗衣机，你和他废什么话啊？"女售货员没理睬他，而是微笑着对着老人示意可随便看。老人在她的鼓舞下，又摸了摸洗衣机，然后掏出一个大包："姑娘，这样的洗衣机我要三台。"男售货员一脸的惊讶。老人对女售货员继续说："我一个乡下老头没出过县城，其实今天应该是我儿子来采购的，但是他有事情没办法来。我们那里建了一座老年公寓，需要采购这样的洗衣机，我儿子告诉我，穿得破一点，如果售货员不以貌取人，还肯笑脸相迎，买他的商品准没错。我今天已经走了好几家家电商场了，都是像那个男售货员一样，唯独你对我这个说没钱买商品的人还这样客气，所以我相信你。"

【案例解读】

顾客是上帝，可真正有几个推销员把顾客当成上帝呢？以貌取人、见了西装革履的人就阿谀奉承，见到衣着寒酸简陋的人就恶语相加，这样的推销员根本就不遵守职业道德。还记得读大学的时候老师讲授的一个小故事：国外的一个男营业员看到一个行动迟缓的老妇人，很多人无动于衷，结果就他自己帮老妇人搬了把椅子，第二天他就被提升为店长。原来这家公司的老总就是老妇人的儿子，事后也证明提拔没有错误，这个男营业员把店里治理得井井有条，后来成为老总的接班人。可见推销员有爱心和善心是多么的重要！

任务验收

(1) 请简述推销员的职责。

(2) 推销员的职业道德有哪些内容？

(3) 你觉得推销员的职业道德中哪一项最重要？

～～～～中阶任务～～～～

任务情境

ABC公司中有三名推销员，他们都是同一所职业技术学院毕业的学生，虽然都做相同的工作，但是表现略有不同。

A员工，很热爱自己的推销工作，始终把推销工作当成自己的事业，在工作中虚心向老师傅请教，工作当中任劳任怨，还热衷于用自己的业余时间和精力着力解决一些工作当中的疑难问题，对社会、对岗位处处体现着奉献精神。

B员工也很喜欢做推销工作，也愿意把推销工作当成自己的事业，但是工作中爱耍小聪明，存在偷懒耍滑的毛病，工作中犯了小错误往往更愿意找些借口搪塞，业余时间都用于自己娱乐。

C员工本身就是很内向，本来一心复习考公务员的，只是因为考试发挥不好而不得不屈身于推销员工作岗位，工作得过且过，经常工作时间偷玩手机，每天的工作热情也不高。

请自行设计情境，体现三类员工的工作态度。

任务目的

（1）加深对推销员职业道德含义的理解。
（2）熟悉推销员的工作职责。
（3）体会诚信对推销员职业生涯的重要性。

任务要求

（1）组建任务小组，每组5~6人为宜，选出组长。
（2）各组分角色分析情境，讨论表演流程，选择一人负责观察、指导。
（3）进行交叉打分，即选取一个小组表演后，其他小组各选派一名成员担任评委，负责点评。
（4）课代表要做好记录。

任务考核

（1）情境表演真实性、合理性：2分。
（2）小组成员团队合作默契：3分。
（3）角色表演到位：4分。
（4）道具准备充分：1分。
（5）满分：10分。

任务二　推销员岗位要求

～～～～初阶任务～～～～

任务情景剧

（接任务一的剧情）

小张："大哥，最近生意怎么样啊？"（边说边看着店面的布置）

老板："哦，兄弟来了，快请进。你还别说，上次你说的一些店面布置问题，我真认真琢磨了一下，也去了其他小店参观，经改善，商品分门别类摆放，保证无灰尘，生意还真有点长进。你那宣传画还真不错，有的顾客看见我拿的那个验钞机，还都说样式不错呢。"

小张："大哥，我给您找了点资料，这是关于店面经营的，这是关于商品摆放的，还有这是促销的小点子，它们都是我在网上帮您收集的。大哥要不这样，我把那个验钞机放您这儿几个，要是有顾客需要，您就可以直接销售了，您也不用先给钱，只要不弄丢就好了。过几天我再来，要是卖出去了，您再把钱给我，没卖出去，我再拿回去。不过这次，我只能按进货价给您了，每个是60元钱。"

老板："好的，兄弟你放心吧，肯定丢不了的。"（接过验钞机）

小张："大哥，我们草签一个协议，就是您收了几个验钞机，我们白纸黑字确认下。那我先忙了，公司下的任务多，我还得继续开拓市场。"

老板："好，回见。"

◈ 任务描述

（1）你觉得如何有效提升推销员的素质？

（2）推销员要具备哪些职业能力？

（3）小张直接把验钞机放在杂货店中这一举措是否妥当？如果换了是你，你会怎么做？

◈ 任务学习

➤ 一、推销员应具备的素质

在营销行业中，优秀的推销员至少具备以下几方面素质。

1. 成熟的思想素质

（1）优秀的道德品质。推销工作是一项对外塑造企业形象、对内创建个人声誉的事业。它要求从业人员必须具有优秀的道德品质，诚实可信、克己奉公的工作态度。道德素养是评价企业推销员是否合格的依据。推销员良好的道德品质主要体现在两个方面：一是忠诚于服务企业；二是真诚服务于顾客。忠诚服务于企业应该是最基本的要求，推销员要做到全心全意地为企业服务，在服务过程中不藏私心、不假公济私、不中饱私囊、不克扣公司财物、不搭顺风车等。真诚服务于顾客，为顾客服务要处处体现真情实意，发自内心地考虑顾客的购买需求，根据顾客的需求推荐适合顾客的商品，耐心地解答顾客的疑问，真诚服务顾客，体现爱心、诚心、热心、耐心、信心。总之，越来越多的企业都把优秀的道德品质作为选拔推销员的第一道门槛。

📖 案例2.7 ▪▪

对不起，请把简历还我

2017年11月的一天，某大型公司到东北的某"211"大学开展校招，其中销售岗位除了列出成绩排名、奖学金次数等条件外，还特别注明一定要是部门的学生干部。张铁钢各方面表现非常优秀，非常想到这家公司工作，于是在简历上违心地写上了曾担任学院某部门的副部长一职。

招聘会现场应聘的人很多，张铁钢等了很久才轮到自己递送简历，他和该公司的HR交流比较融洽，别人聊了大约5分钟，HR和他整整谈了12分钟。离开的时候HR主动与他握手道别，张铁钢也对自己的表现很满意。可转身离去5分钟后，张铁钢又急匆匆地跑到招聘展台，和HR说道："王先生您好，我是张铁钢，对不起，您能把我的简历先还给我吗？我有个地方填错了。"

对方很诧异地看了他一眼，还是找出简历递给了他。张铁钢拿过自己的简历，将原来填写的某部门副部长字样用水笔划掉，并轻声地对 HR 说："我非常想到贵公司工作，虽然我能力可以担任学院部门的副部长，但是因为忙于其他的事情，我并没有在部门工作过。对不起，我不想因这个事情故意作假，如果贵公司觉得我不符合招聘条件，我愿意自动退出。"张铁钢向对方深鞠一躬，起身准备离去。

坐在 HR 旁边一个戴眼镜的中年男士起身道："小伙子，请等一下。请你后天上午 10 点到你们招生就业处的 202 教室，直接进入我们公司的复试。虽然你不是学生干部，但你的表现和品质我们还是认可的，我也希望你来我们公司成为一个优秀的销售人员。"

一周后，张铁钢成为该公司签约的第一个学生。

一年后，张铁钢升任了主管职务。

【案例解读】

"假的永远不可能是真的，真的也不可能变成假的"，只有真诚坦荡的人，才能成为企业合格的推销员，道德品质好坏决定了一个推销员的职业发展。

(2) 尽职的工作态度。推销工作是一项艰巨而又高尚的职业，现代推销员的首要工作就是完成销售任务，在为顾客提供优质服务的同时，也实现人生奋斗价值。如果推销员缺乏尽职的工作态度，要想完成销售任务就比登天还难。尽职的工作态度要求推销员工作细心，并且全身心地投入推销工作中，不搞兼职，踏实肯干，工作不三心二意，做人诚信、办实事、讲实话。

(3) 强烈的推销意识。所谓推销意识，就是一种全员顾客的意识，是不放过身边任何一个可以成交的机会，见到任何顾客都敢于推销商品并主动要求其购买的潜在的推销心理。推销意识就是要有"我一定能克服困难把商品卖给顾客"的强烈信念。强烈的推销意识是推销员保持旺盛的工作积极性的动力，是铸就推销员事业辉煌的必备条件。推销员要有一股勇于进取、积极向上的拼劲；要有不达目的誓不罢休的精神；要有克服困难、百折不挠的毅力。

推销员要做到不怕夏日炎炎，不怕三九寒风刺骨，发扬"五千精神"：过千山万水，进千家万户，想千方百计，讲千言万语，尝千辛万苦，以达到开拓市场的目的。

(4) 顽强的进取精神。推销是一份艰辛而压力重重的职业，推销员在工作中需要克服许多困难，承受很多压力，这就要求推销员必须具有强烈的事业心和顽强的进取精神。成功的推销员之所以能够成功，是因为他们具有强烈的成功愿望、坚韧不拔的奋斗精神。推销员热爱自己的本职工作，就要树立良好的职业心态，心甘情愿地付出千百倍的努力，有一种不达目的不罢休的革命斗志。优秀的推销员之所以能够成功，是因为他们具有顽强的进取精神，一步一个脚印，踏踏实实做事。

案例 2.8

马云的三次高考和三次创业

1964 年，马云出生于杭州西子湖畔的一个普通家庭。

1982 年，18 岁的马云第一次高考失败，弃学谋生，先后当过秘书、做过搬运工，后来给杂志社蹬三轮送书。一次偶然的机会，马云接触到路遥的代表作《人生》，这本书迅速改变了马云的思想。马云从书中体悟到"人生的道路虽然漫长，但关键处往往只有几步"，遂下定决心，参加二次高考。

1983 年，19 岁的马云第二次高考依然失利，总分离录取线差 140 分。他准备参加第三次高考，因为家人反对，只得白天上班，晚上念夜校，但他决心永不放弃。

1984 年，20 岁的马云第三次高考艰难过关。他的成绩达到专科录取分数线，离本科线还差 5 分，后因该专业招生不满，被调配到外语本科专业，进入杭州师范学院本科外语专业就读。

1994 年，30 岁而立之年的马云辞去大学教师工作开始创业，创立杭州第一家专业翻译社——海博翻译社。

1995 年，"杭州英语最棒"的 31 岁的马云受浙江省交通厅委托，到美国催讨一笔债务。结果是钱没要到一分，却发现了一个"宝库"——在西雅图，对计算机一窍不通的马云第一次上了互联网。刚刚学会上网，他竟然就想到了为他的翻译社做网上广告。上午 10 点他把广告发送上网页，中午 12 点前他就收到了 6 个 E-mail，分别来自美国、德国和日本，说这是他们看到的有关中国的第一个网页。回国当晚，马云约了 24 个做外贸的朋友，也是他在夜校名义上的学生，给他们介绍了做网站的想法，结果 23 个人反对，只有一个人说可以试试。马云想了一个晚上，第二天早上还是决定干，哪怕 24 个人都反对，他也要干。

1995 年 4 月，31 岁的马云投入 7 000 元，又联合亲戚凑了两万元，创建了"海博网络"，产品就是"中国黄页"。

1996 年，32 岁的马云艰难地推广自己的中国黄页，在很多没有互联网的城市，马云一直被称为"骗子"，但马云仍然像疯子一样不屈不挠，他天天都这样提醒自己："互联网是影响人类未来生活 30 年的 3 000 米长跑，你必须跑得像兔子一样快，又要像乌龟一样耐跑。"然后出门跟人侃互联网，说服顾客。业务就这样艰难地开展了起来。1996 年，营业额不可思议地做到了 700 万元！也就是这一年，互联网渐渐普及了。

1996 年 3 月，马云不得已和杭州电信合作。马云的中国黄页资产折成 60 万元人民币，占 30% 股份，杭州电信投入 140 万元人民币，占 70% 股份。后因经营观念不同，马云和杭州电信分道扬镳，放弃了自己的中国黄页，并将自己拥有的 21% 的中国黄页股份全数送给了一起创业的员工。

1997 年，创业生涯首次失败的马云离开中国黄页后，受外经贸部邀请，加盟外贸部新成立的公司，中国国际电子商务中心（EDI）。马云组建、管理，并占 30% 股份，参与开发了外贸部的官方站点以及后来的网上中国商品交易市场。在这个过程中，马云的 B to B 思路渐渐成熟，"用电子商务为中小企业服务"，连网站的域名他都想好了——阿里巴巴。

1999 年，35 岁的马云受够了在政府企业做事条条框框的束缚，不甘心受制于人的马云决心南归杭州创业，团队成员都愿意跟随他。这是马云遭逢的人生第二次创业失败。

1999 年 3 月，阿里巴巴正式推出，逐渐被媒体、风险投资者关注，并在拒绝了 38 家不符合自己要求的投资商之后于 1999 年 8 月接受了以高盛基金为主的 500 万美元投资，于 2000 年第一季度接受了软银的 2 000 万美元的投入，从而由横空出世、锋芒初露，到气贯长虹、势不可挡，直至成为全球最大网上贸易市场、全球电子商务第一品牌，并逐步发展壮大为阿里巴巴集团，成就了阿里巴巴帝国。

（资料来源：齐忠田博客，马云创业史 http：//tasytzj. blog. bokee. net/bloggermodule/blog_viewblog. do？ id = 3217261，有删减）

【案例解读】

人生道路就在于关键几步，你是想吃苦几年还是吃苦一辈子，遇到挫折你是否还想再坚持？如果当初马云妥协、放弃了，就不会有今天的阿里巴巴，可以说马云的优秀在于他有一股顽强的进取精神。

2. 精湛的业务素质

（1）熟悉企业知识。推销员只有熟悉企业知识，才能认同企业文化，也才能卖好商品。当一个推销员走上新的岗位，他必然要对自己所服务的企业有全面的认识，了解企业的经营宗旨、生产规模、经营范围、具备哪些优势、在业界占有什么席位，因为这些也是顾客最想知道的，顾客要想购买商品，必须认可推销员及其所在的企业，如果连推销员自己都不能说清楚企业的相关内容，顾客很难对商品产生好感，更谈不上购买了。

（2）吃透自己的商品。顾客在采纳推销建议之前，必然要设法了解商品的特征、使用方法、认同商品的功能，以降低自身购买的风险。通常功能越高级、性能越优越、价值越昂贵的商品，顾客购买的风险就越大，因此顾客的疑问就越多，推销员回答得越具体、越全面就越能说服顾客去购买。顾客对商品感兴趣只是肤浅的了解，这就需要推销员周到、细致地传递重要的推销信息，如果推销员对所卖的商品没做好充分准备，没吃透商品的功能、构造、材质等信息，就会导致顾客拒绝购买。推销员掌握商品知识的途径主要有商品说明书、企业商品资料、师傅传授、个人亲自试用等。

（3）了解竞争商品。"知己知彼百战百胜"，在市场竞争日益激烈的今天，推销品的替代品、仿制品、竞争品随处可见，因此推销员除了掌握本企业和商品相关的知识外，还要及时了解市场竞争的状况，辨析竞争者的态势，分析自家商品与竞争品的优势与劣势，掌握类似商品的同质性和异质性内容。当顾客进行商品对比时，可更好地凸显自家商品的竞争优势，便于顾客认同，从而采纳推荐；当顾客觉得商品价格贵的时候，推销员能清楚地强调贵有贵的道理，与竞争商品相比，优点在哪儿，顾客自然就会判断孰好孰坏，做出正确的选择。

（4）掌握推销技能。掌握推销学专业知识，是为了更好地寻找自己的推销对象，熟悉推销环境。推销员掌握消费心理学相关知识，可更透彻地了解顾客的购买动机、顾客的消费心理变化，以便更好地接近、化解顾客异议，从而顺利达成交易。

推销员所面对的顾客千差万别，推销活动也非常复杂。推销员除了掌握必备的推销学知识外，还要掌握顾客心理学、逻辑学、运筹学等相关知识。

（5）学习相关法律、社会知识。推销员在推销活动中要遵纪守法、照章办事，按法律的要求规范自己的行为，切不可以无知而践踏法律的尊严。有的推销员为了完成交易，采取向对方发红包、给回扣等非正常交易手段，有的推销员做出为私利窃取商业机密等恶劣行径，图一时之利而忽视了法律的束缚，被绳之以法后再后悔就晚了。推销员还可能要代表企业与对方签订购销合同，合同内容是否规范涉及资金的回笼安全，因此推销员还要掌握合同法等知识。纵观现实推销活动，推销员应掌握的法律还有反不正当竞争法、反垄断法、消费者权益保护法、产品质量法、广告法等。

世界顶尖激励大师安东尼·罗宾说过，"人生最大的财富便是人脉关系，因为它能为你开启所需能力的每一道门，让你不断地成长、不断地贡献社会"。世界人际关系专家卡耐基也说过，"一个人的成功来自85%的人脉关系，15%的专业知识"。因此，优秀的推销员应重视与人相处的技巧，应当掌握社交常识、商务礼仪、人际沟通等知识，只有良好地与人交往，才能达成自己的目标。

3. 良好的身体素质

"身体是革命的本钱"，推销员要具备健康的身体，这是企业录用推销员的基本要求。推销是个耗费体力的工作，或者是拜见顾客，或者是耐心周到地给顾客答疑解惑、包装商品、整理柜台、搬运货物，这些都需要推销员拥有健康的体魄。推销要讲究奉献，要强调服务规范，而健康的身体是保证推销服务质量的基本条件。

为了保持强健的身体，推销员要经常参加文体活动，当然去健身房也是一个不错的选择，既可以锻炼身体，又可以认识新的朋友，扩大自己的交际圈子，有利于拓展新的顾客。

4. 过硬的心理素质

序号1

推销员为了完成工作任务几乎天天要进行电话约访、陌生拜访，寻找并识别准顾客。推销工作具有不可预知性、不确定性，因此拒绝和"嘲讽"简直就是家常便饭。推销员要想成功地应对各种各样的顾客，必然要练就"百毒不侵"的心态，做到"不管风吹浪打，胜似闲庭信步"。优秀的推销员越战越勇，越是被拒绝、越是努力约见顾客，就越有可能有更多顾客最终被他的诚意而打动，可见强大的心理素质对推销工作是多么的重要。

过硬的心理素质是推销员成功的前提。推销是最容易遭遇挫折的职业，推销员经常会受到顾客冷落、拒绝、嘲讽、挖苦，每次挫折都可能导致情绪的低落。在竞争激烈的市场环境中，推销员若没有良好的心理素质，无论其他各方面的条件多么好，也难以完成销售任务。

案例2.9

第三十五次坚持

王红是一个有着十多年工作经验的老寿险业务员了，目前已经担任了业务总监职位，在一次给新人开班授课的时候，她和大家分享了她刚走上保险销售时的故事。

当时她自己在家开了一个小卖部，一年下来也能赚上几万元，日子过得也很美，可是被一个老业务员硬拉进来后，也渐渐爱上了推销保险工作。有次她发现有个险种非常适合她的一个邻居，看着很多能力不如她的新人都开出了第一单，她自己也很着急，于是开过早会后就直接去邻居家动员了。刚开始她以为都是老邻居了，彼此应该很熟悉，应该不会有什么太大问题，可没想到刚说保险两字，邻居就立刻变了脸色。没办法，她只好回去了。

第二天她向师傅抱怨后，师傅还是鼓励她去，于是她又一次硬着头皮去了邻居家，结果又是灰溜溜地被骂了回来。

受了挫折，反倒勾起了她的斗志，她就想：你越不买，我就越去你家聊。而邻居也看她越不顺眼，一会儿说自己要去锄地，她也拿着锄头帮着去锄地；有一次邻居见她来了，就说要去买酱油，她立刻抢着去买；两天后邻居又说没啤酒了，她就主动从家里拎两瓶过去，而且一有空她就帮邻居照顾孩子。就这样，她坚持了一个多月，女邻居的婆婆都看不下去了，问明情况后，觉得这买保险的事情可以考虑。终于在第三十五次拜访后，她顺利地签下了保单。如今这个邻居也在保险公司做销售了，且在她的帮助下，已经当上主任了。

【案例解读】

没有拒绝的销售就不能算"推销"，没有经历过千万次"拒绝"的推销员，也就不可能成为优秀的推销员。优秀的推销员必须通过千万次"拒绝"的考验，而问题的关键在于每次是怎样对待拒绝的。在寿险推销行业有个很奇怪的现象，即先让你做我的客户，再让你成为我销售团队的一员，这也是为什么很多保险公司最佳的客户是有孩子的家庭主妇。

二、推销员应具备的能力

序号2

1. 良好的沟通能力

推销过程也是买卖双方情感沟通的过程，只有与顾客进行有效的沟通，方能成功说服顾客接受推荐的商品，从而促使顾客做出购买行为，这就需要推销员具备以下几方面的能力。

（1）灵活的语言表达能力。语言是人类交流思想的媒介，是最重要的交际工具。推销员每

天就是用语言和顾客进行沟通，或者是传递商品信息，或者是描绘商品给顾客带来的利益。语言是否生动、贴切，直接影响着顾客接受商品信息的质量，富有生命力的语言就会让顾客有怦然心动之感，有助于快速地实现交易，由此可见推销员提高语言表达能力的重要性。

（2）娴熟的倾听能力。推销活动是双向交流的过程，这就意味着推销员不单要会说，还要学会认真听取顾客的真实想法，只有先听明白了，才能有针对性地回答。推销员最笨拙的做法就是见到顾客不停地宣讲商品，不让顾客插话，极力阻止顾客提出反对意见，这样往往无法实现成交。

案例 2.10

一次郁闷的推销

一名推销员挨家挨户地敲门卖去渍液，好不容易一个中年妇女把门打开了，推销员立刻开始卖力地宣传起产品来，还让中年妇女拿件带有油渍的衣服试验。中年妇女刚想说什么，推销员就打断她，又开始卖力地宣传起来。中途屋里电话铃响了，中年妇女去接电话，回来后发现那个拼命讲话的推销员不在了，中年妇女郁闷道："真是的，本来我想买十袋呢，怎么一句话不说就走了，真不知道怎么做推销员的?!"

离开这栋楼的推销员也郁闷道："真是的，效果那么好，也不说要几袋，这顾客太难伺候了。爬了六层楼就碰到这一个给开门的，还没卖出去，这商品推销也太难做了，实在不成，我就换份工作吧。"

【案例解读】

爱说和难张口是推销员工作的两个极端，为何不愿意给顾客一点说话的机会呢？认真聆听是尊重顾客的表现，也许她张口的目的就是买商品。

2. 准确的判断能力

俗话说"来的都是客"，但并不代表所有的顾客都会购买你推荐的商品。顾客光临卖场各有各的用意，有的单纯是为了购物而去，有的漫无目的，却希望能遇到商品"优惠打折"的机会，有的就是个人喜好，随处转转打发时间，有的就是因为心情不顺，借此缓解情绪。对此，推销员要养成准确的判断能力，不仅要能巧妙识别真正买货的人，而且还要通过听音辨音找出能作购买决策之人，借以扫除购买的阻碍，促成交易的实现。此外，从顾客视线停留情况也大体可以判读顾客购买的意愿，有购买欲望的顾客视线从发散到集中，会关注某类他喜欢的商品；漫无目的的顾客喜欢眼光扫视，视线基本上都处于发散状态。

3. 较强的社交能力

"多个朋友多条路"，美国好莱坞有一句哲理非常流行，"一个人是否成功，不在于你做过什么，而在于你认识谁"。因此推销员必须不断地广交朋友，这样才能让自己的推销之路越走越宽。推销员第一次来到一个陌生环境，不要指望谁能主动帮你打开尴尬的局面，你完全有能力、有义务让陌生的群体接受你，用你较强的社交、公关能力和众人打成一片。初次相逢是陌生人，再次相逢就是朋友；相反地，打怵、害羞、沉默寡言就是社交的绊脚石。现实生活中随时随地都可能认识新朋友，都有完美推销自己的机会，关键是你能否把握住。比如在旅游巴士中，为了缓解沉默的气氛，导游可能出些题目随机抽取游客给大家表演节目，害羞的推销员会木讷地红着脸说"不好意思，我不会唱歌"，从而导致冷场；而聪明的推销员就知道这是个广交朋友的好机会，于是他会用一首深情款款的歌曲作为他推销的工具。他在旅途中不单纯是娱乐，还会及时地散发名片，也许旅游尚未结束，他可能已经签订了合同。

4. 提升创新能力

推销工作是一项极富挑战性的工作，顾客是不断变化的，商品也随时会更新换代，因此每次的推销过程都可能千差万别，即使相同年龄、相同性别的顾客，选择商品时也会有非常大的差异。对于推销过程中出现的新情况、新问题，推销员不能墨守成规，需要用创造性的思维解决问题，不断提升自己的创新能力。"再好听的话语，重复千遍也会让人乏味"，推销员的创新能力不单是面对新顾客，即使面对老顾客、忠诚顾客，他也希望你有所创新。改用新颖、奇特、脱俗的开场白，会使人耳目一新，收到意想不到的效果。

推销员在工作中要扩大眼界、关注社会、关注生活，应当注重创新能力的培养，只有采用新方法、新对策才能更有效地化解顾客异议，促进商品的销售。对推销员而言，创新能力的高低直接关系到开发的新顾客数量的大小。

5. 提高应变能力

处事不惊是指推销员遇到紧急情况或突发事件时不紧张、不慌乱，显得淡定自如、不慌张。"计划没有变化快"，推销员每天寻找顾客、拜访顾客、洽谈顾客，甚至签订合同时都会发生预料之外的事情，这就需要推销员必须提高应变能力，对突发事件要想到解决的办法，而不是束手无策。比如成交的时候顾客没带够钱，推销员就不能单纯等顾客带足钱再成交，而是采用刷银行卡、支付宝、微信，预交定金，送货上门等方式帮助顾客解决问题。推销员提高应变能力可以通过多参加富有挑战性的活动来达成，如能力拓展训练、闯关大挑战等。

任务验收

(1) 推销员的岗位职责有哪些？在这些职责中最首要的职责是什么？
(2) 推销员应具备的素质有哪些？
(3) 优秀的推销员要具备哪些能力？

中阶任务

任务情境

小张把几台验钞机直接交给了老板，这样做合适吗？怎么做才能更稳妥，我们常说"害人之心不可有，防人之心不可无"，请自行设计两个版本：一是老板不认账了，发生纠纷；二是老板很仁义，双方皆大欢喜。

任务目的

(1) 加深理解推销员的职业素质。
(2) 掌握推销员具备的能力。
(3) 体会心理素质对推销员工作的重要性。

任务要求

(1) 组建任务小组，每组5~6人为宜，选出组长。
(2) 各组分角色分析情境，讨论表演流程，选择一人负责观察、指导。
(3) 进行交叉打分，即选取小组表演后，其他小组各选派一名成员担任评委，负责点评。
(4) 课代表要做好记录。

任务考核

（1）情境表演的真实性、合理性：2分。

（2）小组成员团队合作默契：3分。

（3）角色表演到位：4分。

（4）道具准备充分：1分。

（5）满分：10分。

知识点概要

推销职业素养
├─ 推销员岗位职责
└─ 推销员岗位要求
    ├─ 推销员应具备的素质
    └─ 推销员应具备的能力

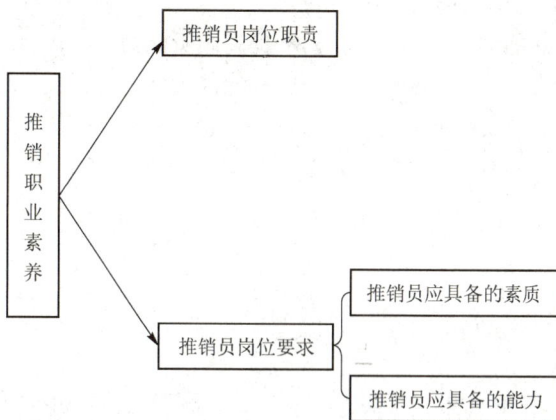

项目二知识结构图

※重要概念※

推销意识

※重要理论※

（1）推销员的岗位职责。

（2）推销员应具备的素质。

（3）推销员应具备的能力。

客观题自测

一、单项选择题

1. 下列哪项不是销售员的职责？（   ）

    A. 促进商品销售，开拓市场   B. 打压竞争对手

    C. 维护顾客关系，服务于顾客   D. 回笼货款

2. 推销的本质是什么？（   ）

    A. 开拓市场   B. 服务企业决策

    C. 服务顾客   D. 树立企业良好的形象

3. 答疑、参谋服务是服务顾客中的哪项服务？（   ）

    A. 售前服务   B. 售中服务   C. 售后服务   D. 全程服务

4. 推销员应把（   ）放在首位。

    A. 开拓市场   B. 服务企业决策

    C. 服务顾客   D. 企业形象

二、多选题

1. 下列选项中哪些是销售员主要收集信息的内容？（　　　）
   A. 采集顾客反馈的信息　　　　　B. 了解商品的制造信息
   C. 收集竞争者企业的信息　　　　D. 挖掘自媒体大众的信息

2. 下列选项中哪些是推销员的职业道德？（　　　）
   A. 诚信　　　　B. 务实　　　　C. 尽责　　　　　D. 奉献

3. 推销员的思想素质指的是什么？（　　）
   A. 优秀的道德素质　　　　　B. 严谨、尽职的工作态度
   C. 具备强烈的推销意识　　　D. 吃苦耐劳的精神

4. 怎样才能拥有良好的沟通能力？（　　）
   A. 娴熟的语言表达能力　　　B. 提高倾听能力
   C. 敏锐的判断能力　　　　　D. 社交能力

～～～～高阶任务～～～～

任务情境

场景一：某公交车站候车亭。

商品：小型按摩器。

人物：推销员甲，顾客甲（男，年龄50多岁），顾客乙（女，年龄19岁）。

任务说明：用动作、语言描述推销过程，重点考查着装、交谈礼仪。

场景二：经理办公室。

商品：操作软件。

人物：推销员乙，张经理（男），刘秘书（女）。

任务说明：按情境撰写剧本，注重考查拜访礼仪、着装礼仪、仪容礼仪。

情境补充：双方电话联系后第一次碰面。

任务目的

（1）系统掌握推销员的岗位要求。

（2）深刻理解推销员的职业道德。

（3）基本具备推销员的素质及能力。

任务要求

（1）分别组建一支销售团队，每组5~6人为宜，选出组长。

（2）每组集体讨论台词的撰写和加工过程，各安排一个人做好拍摄工作。

（3）每组各选出1~2名成员作为顾客或推销员的角色表演者，通过角色表演PK的形式来确定各组的输赢。

（4）其他销售团队各派出一名代表担任评委，并负责点评。

（5）教师做好验收点评，并提出待提高的地方。

（6）课代表做好点评记录并登记各组成员的成绩。

任务验收标准

高阶任务验收标准

项目		验收标准	分值/分	验收成绩/分	权重/%
验收指标	理论知识	基本概念清晰	15		40
		基本理论理解准确	25		
		了解推销前沿知识	20		
		基本理论系统、全面	40		
	推销技能	分析条理性	15		40
		剧本设计可操作性	25		
		台词熟练	10		
		表情自然，充满自信	10		
		推销节奏把握程度	40		
	职业道德	团队分工与合作能力	30		20
		团队纪律	15		
		自我学习与管理能力	25		
		团队管理与创新能力	30		
最终成绩					
备注					

实务篇

项目三

寻找识别顾客

知识目标

1. 掌握寻找潜在顾客的方法
2. 掌握识别和筛选顾客的技巧
3. 了解顾客资格审查的内容

能力目标

1. 提高顾客资格审查能力
2. 培养识别辨析准顾客能力
3. 具备寻找顾客能力

任务构成

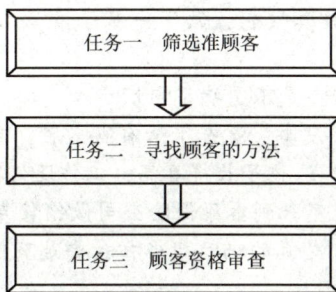

任务一　筛选准顾客

↓

任务二　寻找顾客的方法

↓

任务三　顾客资格审查

任务一　筛选准顾客

~~~~~~ 初阶任务 ~~~~~~

任务情景剧

旁白：张明从市场营销专业毕业后到一家保险公司做业务员，经过公司培训后开始进行展业活动，以下是他在一天中拜访的三个顾客。

张："保险是为顾客竖起一面遮风挡雨的墙，我们不是单纯地销售保险产品，还提供保险服务，好产品一定要提供给最需要的人。"

甲：（衣着光鲜、脖子戴了很粗的金项链，手里拿着LV手提包。）"这年头啊，生意越来越不好做了，以前做生意总碰壁，自从舅舅当了局长，本市棚改工程拿下了！一年可以净赚300万元呢。"

张："大哥，看您神采奕奕、器宇不凡，一看就是很有品位的人。我是泰康人寿的保险专员小张，请问我可以向您提供保险服务吗？"

甲："保险能赚钱还是能当饭吃啊？看我这皮鞋一万八千元，估计都顶上你三个月工资了，我有的是钱，还用买保险？看你那穷酸样儿，滚，别挡爷走路。"说着挺着装满油水的大肚子潇洒离去。

张："拒绝对推销员来说就是小菜一碟，那边还有个人，我再去碰碰运气。"

乙："咳，岁数大了，又没手艺，真后悔当初没听老师的话好好读书。大学没考上，根本就找不到好工作，现在工作真累啊，做了一辈子清洁工了，天天腰酸背痛，生活没保障，难啊！"

张："大妈，看您脸色不好，是不是病了啊？"

乙："谢谢你，小伙子，我没事，就是干活有点累了，回家歇歇就好了。看你和我家孩子一般大，也刚大学毕业吧？这孩子长得真高，工作还好找吧？"

张："嗯，今年刚毕业，这不来到泰康保险公司做销售专员了吗。"

乙："听说保险什么都保，是真的吗？想当初我要是有份医疗保险，看病也就不这么舍不得了。"

张："大妈，是的，只要符合规定，都可以保的。像您这么大年纪，没有医疗保险，看病可真是一大笔花销啊；有了医疗保险，看病什么的，保险公司都按规定给予报销的。"

乙："那，像我这么大得交多少钱啊？"

张："告诉我您的年龄、您的职业……哦。您每年交6 800元就可以了。"

乙："啊？要交6 800元呢！也太高了！算了，算了……"

张：（望着大妈离去，自语道）"有钱的不需要，有需要的又没钱，咳，我再找。"

丙："这年头，一个成功的男人背后站着一个多事的女人，我每月赚一万六千元，可老婆给的零花钱只有500元，悲哀啊！单位AA聚餐我从来不敢参加。笨女人就知道把钱存银行，一点理财观念都没有，GPI指标年年上浮，存银行就是亏钱啊！咳！"

> 张："这位大哥，您好，我是泰康人寿的。我们的万事大吉理财险种非常适合您这样的白领，这是宣传单，您看下。"
>
> 丙：（接过宣传单，用手扶了扶眼镜仔细看）"这真的说每年存6 800元，十年后至少得15万元？（掏出手机打开计算器）利率有8.45%？"
>
> 张："嗯，大哥您算得没错，我们保险公司是按复利计算，投资回报率比银行高不少呢。要不您买一份？这个是我们公司主打险种，卖得老火了。"
>
> 丙：（用电话拨个号码）"老婆，我刚才看到泰康有款理财产品很划算的，存10年，可以翻一倍呢，咱家存款不少了，是不是可以少买点？……嗯？好吧。"
>
> 张："大哥，您回家和嫂子商量好后，再给我电话也成，这是我的名片。"
>
> 丙：（一副无奈状）"谢谢你，小兄弟。不用了，我要开会去了，再见。"

任务描述

（1）你觉得三人中谁最有可能买保险？

（2）你觉得什么样的顾客才是准顾客呢？

任务学习

一、准顾客

（一）定义

1. 顾客定义

顾客，即推销的对象，购买商品或接受服务的人。在激烈的竞争环境当中，推销员拥有的顾客越多，就越容易提高销售业绩，但是并不是所有光临的人都会买你的商品，有效地把准顾客变成顾客是实现销售业绩的前提，因此识别准顾客是非常重要的。

2. 准顾客定义

准顾客又称"可能的顾客"，是指有足够的支付能力且又有可能购买商品的个人或团体组织，即具有潜在购买行为的人。

（二）准顾客的三个条件

我们把有可能成为准顾客的个人或组织称为"引子"，引子需要通过顾客资格审查后，才能成为准顾客。现代推销学认为，准顾客要至少具备下列三个条件：

1. 有需

所谓有需即有购买商品或接受服务的需要，即对商品（或服务）有需求。

2. 有钱

所谓有钱即有足够的支付能力或分期付款能力。

3. 有权

所谓有权即有购买决策权，能决定是否购买。

（三）准顾客的筛选策略

推销员按照上述的三个条件对顾客进行筛选，筛选出合格的准顾客，既可以节省陌拜（陌生拜访的简称）时间，又可以集中精力进行重点走访，以提高推销效率。

顾客完成购买行为，意味着商品或服务能满足其自身的某种需要，因此推销员在寻找准顾客时候，要充分考虑推销品的商品特征、价格、功能、适用人群等，有针对性地筛选顾客，这样做既能节省时间又能提高准确率。

（四）准顾客的种类

1. 新顾客

所谓新顾客，即初次购买该商品或接受该服务的人。推销员之所以需要经常地陌拜（陌生拜访），就是因为要寻找新的顾客，从而取得推销成果。相对来说，接触的人越多，拓展的新顾客的数量就会越大。

2. 现有顾客

所谓现有顾客，即已经购买该商品或接受该服务的人，他们目前正在使用该商品或服务。对于购买过该商品或接受过该服务的顾客，推销员希望他们能继续使用该商品或接受该服务，甚至还希望他们能把朋友、同事说服购买该商品或接受该服务，变成自己的忠实顾客。"结识新朋友，别忘老朋友"，相对来说开发一个新的顾客，比维护好现有顾客要花更长的时间。

3. 中断顾客

所谓中断顾客，是指那些曾经购买过该商品或接受过该服务，但是因某些原因不再继续购买该商品或接受该服务的人。顾客使用过该商品或接受过该服务后没有再继续使用，说明这类顾客可能对该商品或该服务质量提出了更高要求，也或许其他商品或服务可以带给他更好的购物感受。尽管这些顾客不再使用推销员推荐的商品，但他们仍然还是潜在顾客，推销员要剖析他们不再购买该商品或接受该服务的原因，并积极地采取适当对策，使这类中断的顾客再次成为自己的顾客。

二、寻找准顾客的原则

寻找准顾客看似简单，其实充满了学问，推销员要先了解寻找准顾客的原则，方能找到合适的准顾客。

（一）锁定范围

在寻找顾客前，首先要按商品的特点锁定目标顾客群，使寻找顾客的范围相对集中，提高寻找顾客的准确率。准顾客的寻找范围包括以下两个方面：

1. 地理范围

地理范围即根据公司分配给你的销售区域，确定销售范围，在自己分内的区域里寻找，不要越界。

2. 顾客范围

顾客范围即细分自己推销商品的价格、功能等因素，确定哪些群体才是商品使用人，在这些目标顾客中有针对性地寻找。

（二）增强寻找意识

1. 定义

寻找意识，就是随时随地要把每个能接触到的人都变成潜在顾客的意识。顾客是人，只要是人存在的地方就可能有准顾客，只要用心观察、寻找，其实身边的每个人都可能是你的准顾客。

2. 策略

（1）多观察。推销员走到一个新环境，要多留意身边的每个人，细心观察、仔细辨认。

（2）多搭讪。推销员遇到陌生的人要敢于张口说话，而搭讪、聊天多从赞美开始。

（3）设悬念。推销员寻找顾客的时候，要多制造悬念，这样更容易引起对方的好奇心，把话题引到推销的商品上去。

案例 3.1

有一次，某保险公司的老业务员在乘坐公交车去公司的路上遇上了事故，手、脚都被擦破了，刚好有一个乘客也受伤了，因为要等交警处理事故，两人无意中攀谈起来。

"先生器宇不凡，一看就像在政府工作的。"

"哦，我在法院工作。"

"哦，您单位福利待遇真好，公务员太让人羡慕了，我姑娘考好几次都没考上，不像我们干保险的，每天不跑就没饭吃了。"女业务员说。

"也就马马虎虎，混混日子将就而已，反正有公费医疗，吃穿也不愁。"那人很自豪地说。

"庆幸啊！要是事故严重点，咱们就完蛋了。不过，虽然您是公务员，但我的命可比您的值钱！"

"什么？你一个干保险的，命比我们公务员值钱？我还是正处级呢！"

"我干保险 15 年了，公司给我们的人身保障是 60 万元，我也为自己买了 80 万元保额的人寿保险，刚才发生车祸，真的要是严重一点儿，至少我可以得到 140 万元呢！您虽然是个正处级公务员，按政策单位给的抚恤金、丧葬费算在一起也不会超过 10 万元，那您说是不是我的命比您的命值钱啊？"

"保险真的那么好？我和我爱人都是公务员，但我们从来就没买过保险。"

"您真的疼爱您的爱人吗？疼爱她就该给您自己买点保险啊！保险的最终受益人是您的爱人啊！"

"是这样的啊！那你也帮我看看我买哪一种保险好？"

······

一周后，这个公务员和他爱人都在这个业务员那里买了一份健康险。

【案例解读】

顾客就隐藏在我们身边，只是很多推销员缺少识别顾客的眼光。推销员要随时、随地留意，关注身边的每个人，他们可能就是你要寻找的顾客。

（4）引起共鸣。"话不投机半句多"，推销员为了寻找顾客而搭讪的时候，一定要引起顾客的共鸣，引起共鸣的话题可以是最近热映的电影、最近火爆的媒体新闻等，交流时要观察对方的反应，迅速找出共鸣点，然后引导到你的商品上。

（三）多路径寻找

1. 多路径

多路径也称多渠道，即寻找准顾客可以选择尽可能想得到的路径和渠道。推销的商品不同，寻找准顾客的路径或渠道也不同。只要多角度思考、发现、解决问题，推销员就能找到更多的顾客。

2. 策略

（1）从商品适用对象着手。时尚高档的运动奢侈品一般在层次较高的健身房、运动沙龙等场所比较容易寻找到合适的顾客；价格比较低廉的商品在市民比较集中的菜市场容易找到有需求的顾客。

（2）挖掘自身的关系网。身边的同事、朋友、大学室友都有可能是潜在顾客，为什么现在做"微商"的人越来越多？因为他们的朋友圈就是他们商品的宣传阵地，善于利用好自身的资源，顾客自然就会增多。

（3）聚会、社交场合莫错过。现在大家参加的正式、非正式的聚会场合都很多，比如推销员小张参加小区的联谊会，自我介绍的时候说自己是木制门的业务员，不一会儿就有想装修的邻居向他索要电话号码；在超市排队时，由于人们的心情比较容易烦躁，推销员可以和周围的人互相说说话，一方面解闷，另一方面试图寻找机会，也许无意中就会找到一个潜在顾客呢。

（四）重视老顾客

1. 定义

所谓老顾客即经常购买某推销员推荐商品或服务的顾客。由于已经不是第一次购买了，他们对商品比较了解和熟悉。对老顾客提供周到、细致的服务，他们自然而然会成为你忠实的顾客，甚至很热心地帮你介绍新顾客，有这样热心的顾客帮助宣传，你的销售业绩必然节节升高（图3.1）。

图3.1　王老师同事的销售群

2. 策略

（1）给予足够的重视。推销员应该对老顾客的需求给予充分的重视。成功的推销员善于从老顾客处打开突破口，借助老顾客的口碑宣传扩大自己的阵地，从而使销售额越来越高，销售业绩越来越好。

（2）不让老顾客感到寒心。推销员必须树立一个正确的观念：要想取得好的销售业绩，一定要维护好老顾客。能给新顾客的便利，对老顾客更是不该减免，相反要加倍给予。

案例 3.2

心寒的老顾客

张强以前一直在自家楼下的小卖铺买东西，这一是因为离家近，二是因为开店的是自己高中最要好的同学王明，与其照顾别人生意，不如照顾自己的兄弟，所以家里有什么大小商品需要购买，只要王明店里有，他就都在那里买，也不会计较比周边超市贵一两角。

可是最近张强感到越来越不舒服了，原来王明为了吸引不常来的顾客，每次这些顾客购物的时候，还顺便送个雪糕、一袋糖、一袋洗发膏之类的小东西，偶尔还会舍掉零头，比如15.2元就收15元，可是对他这个老熟人什么都没送。虽然东西不值钱，但是张强心里很不舒服，又不好意思张口要，时间一长心里越来越堵，尤其上次买东西差了3角，本以为对方会说算了，结果王明老婆却随口说句："没零钱，下次一起给吧，反正都是老熟人了。"张强尴尬地说那再拿2瓶啤酒吧，说着掏出5元，并说零头不用再找了。

从此，张强再也不去王明家的小卖铺买东西了。

【案例解读】

"瓜子不大是人心"，吸引新顾客的时候，千万莫冷落了老顾客，不要以为老顾客已经是你的忠诚顾客了，备受冷落的他们随时都可能变成陌生人，其实交朋识友也同样如此。

三、寻找准顾客的程序

在现实推销活动中，推销员收集顾客名单是日常工作之一。推销员很难知道究竟谁最有可能购买商品，实际上推销员也不可能拜访所有顾客。为提高效率，寻找准顾客是有其规范的程序的。

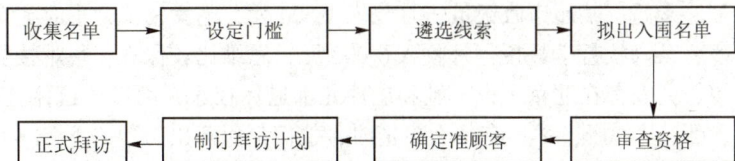

收集名单 → 设定门槛 → 遴选线索 → 拟出入围名单 → 审查资格 → 确定准顾客 → 制订拜访计划 → 正式拜访

图 3.2 寻找准顾客的程序

（一）准顾客的确定

1. 收集名单

推销员首先要根据商品的材质、性能、价格、用途，设定好目标顾客群，初筛顾客名单。

2. 设定门槛

上述的名单只是初筛的结果，推销员还要根据准顾客的三个条件，设定有可能成为准顾客的门槛，淘汰不合格的人。

3. 遴选线索

推销员还要进一步根据门槛，搜集资料、遴选线索，拟出一份准顾客的名单。

4. 拟出入围名单

草拟的准顾客名单，还要再仔细核对需求、价格等因素，拟出入围的名单。

5. 审查资格

再按照这份名单进行准顾客评估和资格审查，确保他们是合格的准顾客。

6. 确定准顾客

根据审查结果确定要向其进行推销的准顾客群。

（二）选找准顾客

1. 制订拜访计划

根据准顾客的生活、工作习惯、性格特征等因素，因人而异地制订拜访计划。

2. 正式拜访

以拜访计划为依据，对准顾客群体进行正式拜访洽谈。

📠 任务验收 ▶▶

（1）准顾客的基本条件是什么？

（2）准顾客分为哪几类？

（3）寻找准顾客的程序是什么？

～～～～中阶任务～～～～

📖 任务情境

张明是一名电视机顶盒推销员，主要推销高档的机顶盒，这类机顶盒，公司统一定价为 980 元，还免费赠送价值 600 元的高清电视节目。以下是张明收集到的一些顾客名单，请帮他分析下，哪些属于准顾客。

王红生，35 岁，月收入 5 000 元，虽收入不错，但平时花销也大，酷爱上网打游戏。

李佳佳，28 岁，未婚，某超市收银员，月收入 1 500 元，宅女一个，平时宅在家里看电视。

孙大树，50 岁，某高校哲学教授，月收入 6 000 元，思维比较保守，很难接受新鲜事物。

刘红梅，62 岁，儿女都在北京工作，她和老伴儿都退休在家，两口子退休金在一万元左右，平时爱搞些文艺节目，热心肠。邻居有什么事情时，他们都愿意出力帮一下。

吴天明，大学刚毕业，从事 IT 工作，月收入 4 000 元，追求高品位生活，手机是 iPhoneX。

何飞学，29 岁，某事业单位司机，刚结婚；据说两口子都是同一单位的，两口子月总收入 6 000 元左右；刚买了车，每月要还房贷 2 600 元。

📖 任务目的

（1）加深对准顾客的三个条件的理解。

（2）掌握准顾客的筛选方法。

（3）明确寻找准顾客的流程。

任务要求

（1）组建任务小组，每组5~6人为宜，选出组长。

（2）根据所给的任务，吸收教材的理论知识，找出准顾客。

（3）每组派出一名代表，将整理的小组讨论结果和大家分享，并回答其他组的提问。

（4）课代表要做好记录。

任务考核

（1）组长协调效果、组织有序：2分。

（2）小组成员团队积极讨论：2分。

（3）分析到位，结果准确：4分。

（4）回答其他小组疑问：2分。

（5）满分：10分。

任务二 寻找顾客的方法

初阶任务

任务情景剧

　　旁白：小王曾经是某通信公司的文员，由于经济危机，公司生意萧条，小王辞去工作后来到安利公司，做了一名职业推销员，以下是她在推销过程中发生的事情，请大家分析一下，小王采用了哪些方法来寻找顾客。

　　小王伴着音乐（刘欢的《从头再来》）出场，身上挎着个大背包，里面装满各种眉笔、唇膏、粉饼、洗涤剂、洗发水等商品，道："要想人前显贵，就得背后遭罪。虽然我是个小小的推销员，但是我的收入真比以前在通信公司多了一倍，你要问怎么才能多一倍，告诉你，挨家挨户把门敲，我敲、敲、敲。"

　　住户："谁啊？一大清早儿就敲门。"

　　小王："大哥是我，我是安利公司的推销员。"

　　住户："快滚，别打扰老子睡觉。"

　　小王："销售有路勤为径，推销无涯苦作舟，你不开啊，我再换一家。"（铛，铛，铛，她用手做敲门状）

　　住户："谁啊？"（把门打开）

　　小王："大妈，您好，我是安利公司的推销员小王，您看您需要这种洗涤剂吗？它是无污染、浓缩型，这一瓶可稀释成50倍呢。"

　　住户："洗涤剂，我家有啊。"

　　小王："大妈，您用洗涤剂的时候，是不是感觉手上发涩啊？"

　　住户："嗯，就是有的时候，手很爱发痒，没办法，要不油污很难去掉，我现在都戴手套用。"

小王："大妈，我们安利的洗涤剂一点儿都不伤手，不信，我就给您试验下。"

住户："那好吧，正好，擦桌布脏了，我正想洗呢。那你换鞋进来吧。"

小王换好鞋，挎着包随大妈进了厨房："大妈，您看，先从大瓶里倒一滴，加水大约 50 倍，搅和均匀，就可以了。您把兑好的洗涤液放在水盆里，（倒进水盆的时候，碗里故意留下一点）把要洗的抹布放进去，浸泡 5 秒钟，轻轻地搅和水、搓洗，您看抹布就干净了。"

住户："呀，你还别说，真比我家那个洗涤剂洗得干净，这布的本色都出来了，效果不错。"

小王："大妈，您用手摸下这个碗里的洗涤液。"

住户："嗯，很柔滑，（双手搓了下）一点儿刺激劲儿都没有。"

小王："这是高效环保、超节能的。"

住户："这多少钱，贵不贵啊？"

小王："这一瓶是 48 元，可以稀释成 50 瓶呢，算下来每瓶不到 1 元。"

住户："嗯，要是真能稀释成 50 瓶，那还可以，我们家买雕牌的还得 3 元/瓶呢。行，给我先拿一瓶。"（递给对方 50 元。）

小王从包里拿出个新的："大妈，给您，这是 2 元零钱，还有这是我的名片，您有什么需要，我们再联系。"

顾客："好的，姑娘，慢走。用好了，我再给你去电话。"

任务描述

（1）小王使用了什么寻找顾客的方法？

（2）请说出小王使用方法的含义和优缺点。

（3）如果你是小王，你觉得哪一种寻找顾客的方法效果会更好？请说出你的理由。

任务学习

一、地毯式访问法

（一）含义

地毯式访问法又称普访寻找法、扫楼访问法、贸然拜访法、挨门挨户访问法、走街串巷寻找法，是指推销员在任务范围内或设定的区域内，用上门探访的形式，对假想的、可能成为准顾客的单位、组织、家庭乃至个人无一遗漏地进行寻找并确定准顾客的方法，因整栋楼无一遗漏，又可叫扫楼法。

该方法遵循的是"平均原则"，即认为在被寻访的所有对象中，必定有推销员所要找的顾客，寻访的人越多，越容易寻到顾客。只要对特定范围内所有对象无一遗漏地寻找查访，就一定可以找到足够数量的顾客。

（二）注意事项

1. 明确范围

推销员首先要根据商品的特性、用途、价格，确定一个比较可行的推销区域或限定推销对象的范围。

2. 提高质量

推销员要善于总结以往经验，设计好谈话的方案与策略，尤其是做好"开口"工作，降低上门访问被拒绝的概率。

3. 做好准备工作

为提高命中率，最好事先准备，了解进入小区、企业的禁忌，毕竟现在很多企业都明令禁止推销员入内。

（三）优点

1. 全面了解需求状况

地毯式访问中，推销员接触的顾客多，便于听到各种真实的意见。

2. 扩大商品影响力

上门主动推销能加深顾客对商品的认识，提高公司的知名度和影响力。

3. 锻炼推销员

地毯式访问法需要花费很多精力、体力，访问中容易遭到顾客的冷眼，这些可以磨炼推销员的意志。

4. 简单便利

该方法含金量低，几乎任何人都可以做，新手学起来并不困难。该方法对于刚从事推销工作的推销员比较适用，可以在完全不熟悉或不太熟悉推销对象的情况下采用。

（四）缺点

1. 效率低

用这种方法寻找准顾客犹如大海里捞针，访问量大、成功率低。

2. 易引起反感

无论是拦截还是敲门，都容易引起被访问者的反感，这会对商品推销造成不利。

3. 易摧毁信心

挨家挨户拜访消耗大量的体力，被拒绝的概率又高，容易造成推销员疲惫，丧失推销信心。

（五）适用范围

日用消费品及服务的推销；也适用于制造企业对中间商的推销或者大型工业品的上门推销。

（六）实战例句

"大妈，买拖鞋不？""大叔，买拖鞋不？""兄弟，买拖鞋不？""美女买拖鞋不？"……

二、连锁介绍法

（一）含义

连锁介绍法又称为顾客推荐法或无限连锁介绍法，是指推销员请求已购买商品的顾客介绍有可能购买的准顾客的方法。在英、美、法等国家，连锁介绍法被称为是最有效的寻找顾客的方法之一，也被称为黄金顾客开发法。

这种方法要求推销员设法努力服务好眼前的顾客，取得对方好感，让对方乐意为自己推荐其他顾客，为下一次推销拜访做好准备。由于购买者之间有着相似的经济条件基础，又有类似的购买动机，拜访新顾客的时候，又有中间人作为引荐，因此更容易达成交易。连锁介绍法通过顾客之间的连锁介绍来拜访新顾客。介绍内容一般为提供名单、联系方式、自然情况等，介绍方法有口头推荐、写信推荐、电话推荐等。

案例3.3

曾华英在保险公司从业多年了，由于尽职尽责的工作态度和对保户认真负责的态度，以及在顾客出险时积极着手理赔服务工作，保证第一时间解决顾客的疑难问题，深受顾客的好评。去年她为一位农村中年妇女办理了"安享人生"的保险业务，该农村妇女感觉险种很好，就主动把她两个姐姐介绍给曾华英，这样曾华英又拥有了两个顾客，转瞬这两个新顾客又各自把自己的弟媳、表妹介绍给曾华英。靠着这样的连锁介绍法，曾华英每月都能超额完成推销任务，不仅受到公司的奖励，还在保户中传为佳话，陆续已经有8名农村妇女在她的带动下，加入了保险创业行列。

【案例解读】

口碑的力量是无穷的，每个人都有关系比较亲近的朋友，做好了顾客的服务工作，对方认可你的人品，自然而然就会把你当成他的朋友，这样对方的朋友也就成了你的朋友，也就可能成为你的顾客，而顾客的圈子就会越做越大。

每个顾客都有自己的信息来源渠道，他可能了解其他顾客的需求情况，而这些信息是推销员较难以掌握的。研究表明，日常交往是生活耐用品消费者信息的主要来源，比如谁家要更换彩电了，谁家儿子要结婚需要购买新房了，有一半以上的消费者是听从朋友的推荐而购买商品的，有一多半的购买者在购买商品时是参考已购买者的意见而进行购买的，由此可见，连锁介绍法是多么的实用。

（二）分类

连锁介绍法按照介绍的形式不同，可以分为直接介绍法和间接介绍法两种形式。

1. 直接介绍法

直接介绍法是推销员直接向老顾客索要准顾客的联系方式、姓名、电话等信息，由推销员本人直接和准顾客单线联系，这也是最常用的一种方式。

2. 间接介绍法

间接介绍法就显得比较含蓄，有的顾客不愿意直接给出准顾客名单或者也没办法准确判断谁究竟才是准顾客，但是可以寻找和自己交际比较密切的朋友、同事，在聚会的情况下，巧妙地把推销员引入聚会场所，由推销员自己去寻找准顾客的方法。

案例3.4

一次偶然的聚会

张明是一家进出口贸易公司的业务经理，拜访某粮油批发市场孙经理好久后，总算双方签订了一笔300万元的食用油销售业务。由于双方关系处得还不错，张明就委婉地提出让孙经理再给自己推荐几个合适的顾客，孙经理却一脸茫然，推脱说自己真的没有可以推荐的人，身边也没有做粮油市场的朋友。正说着孙经理接了个电话，张明大致听出了电话的内容，晚上有朋友约孙经理一起K歌，张明就试探着问，是否自己也能有幸聆听下孙经理的歌声，孙经理本来歌唱得就好，也想在张明面前炫耀一下，就很痛快地答应了。

晚上8点，孙经理和朋友正在歌厅唱着歌，张明走进了包房，孙经理就顺势把张明介绍给在场的朋友，张明穿着得体的西装，精心做了头型，显得非常有气质，见面后给每个人都双手递送了名片。由于在歌厅大家也没多聊什么，张明做得更多的是给唱歌的人鼓掌，和旁边的人喝酒。大家都唱累了，有在座的朋友就起哄让张明唱，张明也没推脱，很大方得体地唱了一首时下非常流行的新歌，结果博得大家一致好评，大家都夸他唱得好，张明却显得非常谦虚。接下来无论是男女对唱还是独唱，张明的歌声给大家带来了不少快乐，这次聚会大家玩得也很尽兴。临散会的时候，很多人也主动地给张明留下了名片或联系方式，就这样，张明一个月后又完成了三笔大生意。

【案例解读】

连锁介绍法固然是直接介绍的方式最好，但是如果你的顾客不愿意提供准顾客名单的话，你要想方设法地利用好间接介绍法，让自己融入他的圈子中，发挥你的个人优势、人格魅力去吸引圈子中的每个人，这其实就是让顾客给你搭一个舞台，展示好你的魅力，准顾客自然会主动找你。

（三）注意事项

1. 让顾客满意

推销员利用连锁介绍法成功的关键，是取信于已购买的顾客，为他们提供优质服务。有资料显示，老顾客是商品的最好宣传员，老顾客的一句口碑宣传，远比推销员说百遍更重要。

2. 提高拜访质量

对现有顾客推荐的新顾客，推销员也要精心地做好推销准备，尽可能多地从现有顾客处了解新顾客的情况，提高拜访质量。

3. 与推荐人协商

约访新顾客的时候是否告知推荐者的姓名，要事先征得现有顾客（即推荐人）同意，以免引起推荐人的反感，那样下次就不会再为你推荐了。

4. 信息及时反馈

约见新顾客后要及时向推荐人回馈情况，便于对方随时掌握信息。

5. 答谢推荐人

准顾客变身为现实顾客后，要及时答谢推荐人。

（四）优点

1. 针对性强

寻找新顾客要针对性强，这样商品才容易被接受，成功率才高。由于挖掘名单的时候已经经过筛选，所以购买可能性高；因新顾客顾及介绍人的面子，推销员被回绝的可能性小。

2. 适用范围广

只要是关系好的老顾客都可以要求其帮助介绍准顾客，甚至个别热情老顾客会主动推荐新顾客。

（五）缺点

1. 易陷入被动

现有顾客介绍新顾客具有不确定性，推销员易处于被动。每个顾客性格不同，有的外向，有的内向，一般内向顾客不愿意帮助推销员介绍新顾客，过度依赖这个方法会使推销员陷入被动境地。

2. 易打乱计划

推销员偶然间得到新顾客的名单，不拜访就会使介绍人不高兴，拜访又有可能打乱自己原先的计划。

（六）适用范围

连锁介绍法对于有特定用途的商品、专业性强的商品、服务性商品都有较好的推销效果。

（七）实战例句

"王姐，您对我们的商品满意吗？您对我的服务满意吗？如果都满意，帮我再介绍一个顾客呗，我这月还差两单才能完成任务。"

"我当然认可你的服务了，行，我手机里这两个人可能会买，你记下他们的号码。"

三、中心开花法

（一）含义

中心开花法也叫中心人物法、中心辐射法、名人介绍法、有力人士利用法，是指推销员在某一特定推销范围内，发展一些具有影响力的中心人物或核心组织先行购买，然后在这些中心人物或核心组织的协助下把其范围内的组织或个人变成准顾客的方法，它是连锁介绍法的特殊形式。

该方法遵循的是"光环效应法则"，即中心人物的购买与消费行为，可能在他的崇拜者心目中形成示范作用与先导效应，从而引发崇拜者的跟随行为。在许多商品的销售领域，中心人物是客观存在的，特别是对于新潮性商品的推销，只要搞定中心人物，使之完成购买行为，就很有可能引出一批潜在顾客。一般来说，中心人物包括在某些行业里具有一定的影响力或声誉良好的领导；具备对市场的深刻认识的专业人士；业界知名度较高的学者；某领域里的知名人士等。这也就是很多新上市的商品都愿意花高价找明星做代言人的主要原因。

中心开花法是连锁介绍法的一种特殊演变形式，连锁介绍法是推销员借助顾客的感召力寻找或接触到准顾客，然后利用自身优势或推销技巧最终搞定准顾客，实现购买行为的方法。中心开花法是希望利用中心人物的优势，直接引导周边的准顾客自主实现购买行为，推销员隐藏在幕后。换句话说，两者前期找顾客的难度有差异，后期推销员的努力程度也有差异。

（二）注意事项

1. 找准中心人物

这就要求推销员根据商品特性、用途、功效限定好商品适用范围，在界定的目标市场范围内寻找到有影响力的中心人物。

2. 博得中心人物的信任和好感

推销员要挖掘其需求，量体裁衣，为之提供高质量的服务，满足其需求，并与之建立良好的合作关系。

3. 给予适当的回报

推销员要想充分利用中心人物优势，希望对方愿意与己合作，应考虑给予对方一定物质或精神上的回报。就如同企业想让明星代言自己的商品，一些明星看中的是高额的代言费。

（三）优点

1. 扩大商品影响力

智者应借力而行，有中心人物的支持，可以快速地打开商品的销路和影响力，便于大范围推广。

2. 节省时间和精力

重点做好中心人物的推销工作，只要他满意就相当于其他顾客满意。

（四）缺点

1. 中心人物难以接近

由于不了解实际情况，推销员很难在短时间内找到中心人物，即使找到，对方也很难接近和说服。如果中心人物拒绝合作，就会浪费很多时间和精力。

2. 单位存在两个中心人物时，易发生摩擦

个别单位会有两个或两个以上的决策人，如果选错中心人物，就会导致满盘皆输。

3. 容易引起官司

为了便于与中心人物合作，有的公司会提供礼品、购物卡等物品，有行贿之嫌，操作不当可能会有官司缠身。

（五）适用范围

该法适用于投资类、保险类、旅游类等商品及高科技等有型商品。

（六）实战例句

"先生您好，您看这款衣服质量、款式都特别好，您单位领导都买了。"

"这衣服是远红外线的，刚才您说您是市总工会的，你们工会的王主席上周才买走一套，您看这是售后登记卡，这是王主席的签名。"

四、个人观察法

（一）含义

个人观察法也叫现场观察法、直觉寻找法，是指推销员依靠个人的知识、经验，通过对周围环境的直接观察和判断，寻找准顾客的方法。个人观察法主要是依据推销员个人的职业素质和观察、判断能力，通过察言观色，运用逻辑判断和推理来筛选准顾客，是一种古老且基本的寻找顾客方法。推销员要养成敏锐的观察能力，善于在各种场合做到"察言观色"。个人观察法是推销员寻找准顾客的主要方法和手段，比如捏糖人的小贩，看到大人领着孩子出现，就高声叫卖吸引孩子的注意力；擦皮鞋的大嫂看到行人穿皮鞋，就主动上前询问；饭店的营业员看到门前路过的人，积极揽客等。

（二）注意事项

1. 善于观察

推销员要善于提高观察和分析能力，不管是在何处与何人交谈，都要随时保持警觉，收集潜

在购买者的线索。

2. 善于判断

这一点对推销员的能力有一定要求，刚入门的推销员可能会很难通过准确判断找到潜在顾客。

（三）优点

1. 直接接触顾客，排除他人干扰

推销员可以更主动、更直接地寻找顾客，避免受外界干扰。

2. 锻炼观察能力

这种方法利于提高推销员的观察、判断能力，加速其快速成长。

（四）缺点

1. 局限性大

成功与否完全取决于推销员个人的经验判断，具有不确定性。

2. 被拒概率高

由于对顾客陌生，推销员使用这种方法被拒绝的概率较高。

（五）适用范围

该法适用于绝大部分的推销品。

（六）实战例句

推销员看见一男士衣着质地比较讲究，说道："先生，您喜欢喝茶吗？我们这儿有高端红茶。"

五、广告开拓法

序号3

（一）含义

广告开拓法又称广告拉引法，是指推销员利用广告媒介手段寻找准顾客的方法。这种方法依据的是广告学的原理，即利用广告的宣传攻势，向广大的消费者传递有关商品的信息，刺激或诱导消费者产生购买动机、做出购买行为，然后推销员再向被广告宣传所吸引的顾客进行一系列的推销活动。目前市面上，推销员主要用邮寄广告和电话广告的方式寻找准顾客。

（二）分类

根据传播方式不同，广告可分为单方式广告和双方式广告两类。

1. 单方式广告

单方式广告又称为被动式广告，潜在顾客看见或听到后，发布者不能及时了解接收者的态度。对于使用面窄的商品（如一些特殊设备、仪器、疑难病症的治疗）和潜在顾客范围比较小的情况，则适宜采用如电视广告、电台广告、报纸杂志广告等单方式广告来寻找潜在顾客。

2. 双方式广告

双方式广告又称为互动式广告，它直接传至特定的目标对象，发布者至少知道接收者的感觉，能了解到顾客对于广告的态度。对于使用面广泛的商品，如餐饮、娱乐等，适宜运用电话广

告、网络在线调研广告等双方式广告寻找潜在顾客。

案例 3.5

现在很多电台的专题节目播放一些疑难问题的专题讲座，借助电波的传播寻找有类似症状的病人进行电话咨询，尤其一些心脑血管疾病的特效药更是普遍使用这样的模式拉引顾客，如脑血栓胶囊、顽疾性肠道炎等，这些患者听过多次讲座后，最终会到指定的地点接受治疗。传播者因无法确定潜在的消费者究竟处于城市的哪一方位，也无从普遍拜访，所以采用这种单方式广告比较适宜。本着谁受益谁关注的原则，只有家里有类似病人的听众才会对该广告感兴趣，这样潜在的顾客就产生了。

【案例解读】

（1）单方式广告属于强迫性广告，就是插播在电视剧或者精彩的节目中，观众（听众）愿意听就听，不愿意听就可以调台，传播者本人不知道具体哪些观众（听众）收听了，只有患者电话来咨询或到指定地点寻医的时候，才知道有效。

（2）生活中会有一些患有疑难病症的人，但是毕竟隐藏在大多数的健康人群中，如果雇用推销员一一拜访，开口问人是否患有疾病，必然会招人责骂，也很难收到良好的效果，因此借用广告拉引既节省很多人力，效果还很显著。

（三）注意事项

序号4

1. 依商品特质确定适合的媒体

选择广告媒介的目的在于用较经济的费用达到较好的广告效果，最大限度地影响潜在顾客。

2. 充分做好调研

推销员要认真做好市场调查，制订周密的计划，并搭配其他方法，以免出现较大的失误。

（四）优点

1. 传播范围广

广告传播的范围广，节省推销人工费用。广告传递的信息量大，速度快，接触面广，推销员节省体力和精力。

2. 提高影响力

既能寻找顾客又可提高商品影响力，利于顾客接受。生动、逼真的广告效果，对观众充满冲击力，能有效弥补推销员的介绍的不足，还可以间接提高企业知名度。

（五）缺点

1. 费用高昂

高质量广告难以制作，又难以实际测定效果。现代广告载体种类众多，各种媒介都有优缺点，因此选择合适的载体很难，且高质量的广告更是需要花费大量资金，一旦选择失误，就会造成巨大的浪费，而且实际测定的效果很难掌控，反馈信息不一定真实准确，有很明显的滞后性。

2. 有局限性

受广告法等法律约束，部分商品不能用此法推广。

3. 顾客反感

顾客受多种广告吸引，产生麻木感。由于大量的电视广告被动性传入顾客视线，易造成其选择困难，甚至引起顾客反感。

（六）适用范围

该法适用于市场需求量大、使用范围广的商品，如牙膏、沐浴露等日常用品；三九胃泰、优卡丹等药品；保健品等。

（七）实战例句

电视剧插播广告："秃发朋友的福音，本店征集本市 50 名严重脱发者免费治疗，地址是……"

六、委托助手法

（一）含义

委托助手法又称"猎鹰法"、探子法，就是推销员委托他人（兼职推销员、信息情报员）寻找准顾客的一种方法。在西方国家，这种方法运用十分广泛，推销员常雇用门卫、电梯管理员作为助手收集顾客名单，而推销员按名单前去推销访问。

委托助手法依据经济学的成本最小、利益最大化原则与市场关联性原理，委托一些有关行业与外单位的人充当助手，在特定的销售地区与行业内寻找顾客及收集情报、传递信息，推销员按助手提供的名单去接见与洽谈以寻找顾客花费的时间必定比推销员亲自寻找顾客节省很多。越是层次高的推销员就越应该委托助手进行寻找顾客，推销员只把精力集中放在那些影响大的关键顾客身上，这样可以保证经济利益最大化。此外，行业间与企业间都存在关联性，某一行业或企业生产经营情况的变化，会首先引起与其关系最密切的行业或企业的注意，适当地运用委托推销助手来发掘新顾客、拓展市场，是一个行之有效的方法。

案例 3.6

张明是某 4S 店的销售员，人长得又高又帅，性格外向，办事周到，很愿意广交朋友，平时出手也非常大方，喝酒也很豪爽，处处让人觉得热心肠，很多人也愿意和他交往。张明和这些新认识或以前认识的朋友许诺，如果谁能介绍单位同事、同学到他的 4S 店购买汽车，他可以支付所获佣金的 20%，并且可以享受到最低的折扣。这些朋友也非常愿意帮他介绍，因为帮同事推荐一下，本身就是举手之劳，如果购买成功了，不光得到同事的感谢不说，还可以从张明那里拿到不少于 300 元的红包，何乐而不为呢！

【案例解读】

（1）张明新认识的或以前认识的朋友，其实就是张明的助手，他们负责帮张明收集名单，而张明所要做的，就是努力留住顾客，说服顾客购买成功。

（2）三方属于共赢，张明得到了业绩，助手得到了辛苦费，顾客得到了最低的折扣。

（3）推销员要充分利用每个人的优势，他们都有可能成为你潜在顾客的寻找者，哪怕是个做保洁的钟点工，他也能向你提供所服务的东家的经济富裕程度的信息，这种方法拓展顾客非常简便。

（二）注意事项

1. 找到合适的助手

理想的推销助手是成功的关键，助手一定要心细、善于捕捉信息。

2. 双方共赢

推销员与助手是双利互赢的，推销员收获佣金后要及时向推销助手支付报酬，以确保双方建立长期的友好合作关系，要信守承诺，勿食言。

3. 首创性

推销助手提供准顾客名单时，推销员应及时告之该名单的首创性，即顾客是否已知或其他助手已推荐。这个类似媒体爆料，同一突发事件或许有多人电话爆料，但是媒体只能将奖颁发给最先爆料的人。

案例3.7

如今突发事件很多，而各家报社的记者因要采访重大事件并不能满大街找新闻，因此新闻爆料人的职业应运而生。所谓爆料，就是市民在遇到紧急事、突发事等时可以第一时间给报社、电视台、电台等媒体报告突发新闻，当电话接线员感觉有很大的新闻价值时，会派出值班记者前去采访、进行报道，而爆料人根据所爆料的新闻价值大小也会得到20～500元的奖励。据不完全统计，一些重大刑事案件和严重车祸大多是普通市民第一时间报告给媒体的。如今爆料人不再单纯打个电话、发个短信了，更有"拍客""视频人"等新形式，甚至有的城市为树立市民规范，鼓励市民用手机、DV、摄像机拍摄不良新闻，并从职能部门获得拍摄补助，这些拍客的存在对城市的文明也起到了一定的推动作用，闯红灯、随地便溺现象有明显减少。

【案例解读】

（1）新闻爆料人的出现是市场所需，这些爆料人其实就是媒体的助手，不拿工资，按条计费。

（2）"拍客"用自己的劳动所得生存，他们充当政府职能部门的助手。城市文明有所好转，拍客的价值也有所体现。

（3）"拍客"受益不等，有的月薪上万元，有的月薪少得可怜，这完全取决于爆料人的观察、分析能力。推销助手的水平其实也参差不齐。

（三）优点

1. 节省人力、物力

该方法能有效节省推销时间和费用，便于推销员集中精力地进行重点顾客拜访。由于雇用了助手，推销员就不必花大力气去进行陌生拜访，省时省力，把主要精力用来攻克重点顾客，成功概率大。

2. 扩大影响力

利于开拓新的市场，便于扩大商品的影响力。有多名助手替自己宣传、推荐商品，可以快速扩大商品的影响力。

（四）缺点

（1）合适助手难寻且增加费用。

（2）推销员业绩受限于与助手的合作。

（3）助手有反戈风险。

（4）信息准确性欠佳。

（五）适用范围

该法主要适用于高档奢侈品、单位价值较高的服务类商品。

（六）实战例句

"张保安，你巡查时帮我顺便登记下小区开宝马车业主的车位号，每登记一个给你 5 元红包。"

七、资料查阅法

（一）含义

资料查阅法又称文案调查法、间接市场调查法，是指推销员通过收集、整理、查阅各种现有文献资料，来寻找准顾客的方法。这种方法是利用他人所提供的资料或机构内已经存在的可以为其提供线索的一些资料，帮助推销员较快地了解到市场容量及准顾客的分布等情况，推销员再通过电话拜访、信函拜访等方式进行探查，对有机会发展业务关系的顾客开展进一步的调研，将调研资料整理成潜在顾客资料卡，以此形成顾客资源库。

推销员经常利用的资料有：统计资料，如统计年鉴、行业协会在媒体上刊登的统计调查资料等；名录类资料，如顾客名录（现有顾客、旧顾客、失去的顾客）、工商企业目录、会员名录、电话黄页等；大众媒体类资料，如电视、广播、报纸等媒体；其他资料，如顾客发布的消息、企业内刊等。

案例 3.8

城市中有很多经营租房、卖房的中介公司，有关房源的信息除了雇用专职信息员收集，还收听电台的中介热线节目，获取听众发布的外租、出售楼房的信息，中介的工作人员会认真记录，并把其作为自身的房源之一，有前来求租、求购者，中介再和房主联系，从中收取看房、租房等费用。

【案例解读】

（1）信息就是金钱，借助资料查阅法也可以快速地获取潜在的顾客。

（2）借助资料的来源有多方面，但是资料的可用性只有一次，这就要求讲究速度，如出租信息，电台听众很多，谁抢先，谁就是资料的最终受益者。

（二）注意事项

1. 辨析真伪

认真核实资料的来源，对信息要进行真伪辨别。

2. 资料的时效性

注意所收集资料的时间效力，保证资料的有效性。

（三）优点

（1）省时、省力、省费用，减少推销工作中的盲目性。
（2）简易、便捷、效率高。

（四）缺点

（1）资料受时效性限制。
（2）资料需要核查、筛选。
（3）部分资料难于查找或找不全。

（五）适用范围

该法主要适用于团体顾客或组织购买的商品。

（六）实战情景

为了提高商品销量，小张找来一大堆企业发布的内刊，认真记录对自己有用的信息。

八、市场咨询法

（一）含义

市场咨询法，是指推销员利用各种专门的行业组织、市场信息咨询服务等部门所提供的信息来寻找准顾客的办法。一些组织，特别是行业组织、技术服务组织、咨询单位等，他们手中往往集中了大量的顾客资料和资源以及相关行业和市场信息，通过向他们咨询的方式寻找准顾客是一个行之有效的方法。

案例3.9

陕西某广告公司开发了一套掌上视频监控设备，主要的目标顾客是幼儿园，该设备是在幼儿园设置终端，家长可以通过手机视频及时了解孩子在幼儿园的表现，以让家长随时随地了解孩子在幼儿园的状况。该设备前期推广的时候，受到大多数幼儿园的抵制，效果不是很理想。时值贵州某地发生幼儿园虐童事件，公司老总借此通过关系联系到当地的教委，作为试点工程在该区最大的公立幼儿园安装，由于幼儿园本身不需投资，家长按终端号码付费，每月只花20元，就可以随时关注自己的孩子，项目一经推出后，大受家长好评，该公司一举拿下该地区幼儿园的视频监控的安装项目。

【案例解读】
（1）市场咨询法，最主要的突破口是咨询服务部门或行业协会。
（2）当查找顾客很费力的时候，借助此法可能收到意想不到的效果。

（二）注意事项

（1）主动寻找适宜的咨询机构或行业组织。
（2）详细介绍推销品的信息，密切配合咨询机构。

（3）搭配使用其他方法，获得最好的推销效果。

（三）优点

（1）节省时间、费用。
（2）方便迅捷、信息真实可靠。
（3）可以充分利用相关行业或组织的优势，为推销员和顾客之间牵线搭桥，成功概率较大。

（四）缺点

（1）工作处于被动地位，易错失良机。
（2）咨询信息具有间接性、时限性、局限性。
（3）有些重要信息，咨询机构难以提供或提供得不全面。

（五）适用范围

该法主要适用于专业性较强的商品。

（六）实战情景

小张是推销煤炭的业务员，投标又一次失败后，直接找了煤炭行业协会领导寻求帮助。

九、网络寻找法

（一）含义

网络寻找法就是推销员利用现代信息技术与互联网来寻找准顾客的方法。它是信息时代一种非常快捷的寻找顾客的方法。互联网的普及使得在网上寻找潜在顾客变得十分方便，推销员可借助谷歌、百度等搜索引擎，寻找到大量的准顾客。

（二）注意事项

（1）及时回复顾客的电子邮件。
（2）明确自我身份，给顾客留下好印象。
（3）设计精美的页面吸引顾客注意。

案例 3.10

如今很多公司都有自身的网站，并留有供顾客咨询的 QQ、电话等，要想留住顾客，一定要设专人回复顾客的问询信息，只有让顾客认可了服务，才有可能让顾客选择购买。很多学生也进行过网上商城的创业，一些成交量大的学生，更是花了很多心思和顾客交流，这也是很多淘宝店专门开通淘宝旺旺的主要原因。

【案例解读】
（1）网络上寻找顾客，如同"钓鱼"，关键是你得让"鱼儿"认可你的"鱼饵"，当顾客有疑问的时候，你要耐心细致地解答，否则顾客就会到别的商家购买商品了。
（2）网络有不透明性，存在购买风险，因此寻找顾客的关键是如何打消顾客的疑虑，让顾客信赖你。

（三）优点

（1）成本低，简单便捷，能及时了解顾客的需求。
（2）寻找顾客的范围无边界限制。
（3）节省了人力、物力，坐等顾客上门。

（四）缺点

（1）可信度不高，难以找到重要资料。
（2）较难引起顾客的回应。

（五）适用范围

该法主要适用于新上市的商品、高科技商品、消费需求范围大的商品。

（六）实战情景

小王想发表一篇论文，在网上查找期刊的时候，自动弹出 QQ 对话框，他的提问，有专门的编辑在线解答。

十、会议寻找法

（一）含义

会议寻找法是指推销员利用参加各种会议寻找准顾客的一种方法。中国是一个有很多会议的国家，诸如广交会、展销会、中小企业博览、技术交流会、校友会等，充分利用好各种会议与准顾客进行沟通了解，是一种很好的获得准顾客的方法。参加展销会往往会让推销员在短时间内接触到大量的潜在顾客，获得相关的顾客信息，对于有合作意向的重点顾客也可以互留联络方式，另约时间，公关拜访。

推销员应该在每月初通过网络，或留意查看报纸等方式关注近期的会议信息，筛选出适合自己商品的会议选择性地参加，以增加自己的顾客数量。

（二）注意事项

1. 记住称谓
要尽量获取潜在顾客相关人员的名片，至少要明确主管人员的姓氏。
2. 做好归类工作
对索取到的顾客的资料进行分门别类；在电话沟通前，设计好开场白。

（三）优点

1. 成本相对较低，效率高
展会上可大量接触顾客，便于直接与有购买意向的顾客联络。
2. 扩展人脉
可以有效提升个人影响力，便于日后开展推销工作。

（四）缺点

（1）信息筛选工作量大。

（2）重点顾客的信息难以收集。

（五）适用范围

该法主要适用于食品类、日用品类等商品的推销。

（六）实战场景

某食品公司在某地举行的糖酒会上专门放了一些沙琪玛样品，只要留下名片就可以免费拿走一小袋沙琪玛。

十一、电话寻找法

（一）含义

电话寻找法是指推销员在获得了准顾客的姓名、电话号码后，用打电话的方式寻找准顾客的方法。电话可以突破时间与空间的限制，是最经济、最有效率的接触顾客的工具之一，很多投资理财、期货交易公司等都是通过电话寻找到潜在的顾客，尤其一些培训公司专门聘请电话促销员每天不停地给顾客打电话，遇到重点顾客，则登记号码后转交给业务部，由资深的业务人员沟通，以期将其发展成为公司的正式顾客。

（二）注意事项

1. 选择恰当的时间
推销员应该选择适宜的时间拨打电话。避免顾客因为忙碌而不能很好地沟通。

2. 做好铺垫
注意打电话的礼仪，准备好话术，讲话应简单扼要。

3. 避免骚扰顾客
与顾客电话沟通后，做好标记，同一个电话号码切不可重复拨打。

案例 3.11

近期很多炒股人士每天都会收到一些私募公司、期货公司、房屋销售公司的电话拜访，这些公司是从什么渠道知道炒股人的号码的呢？其实，很多专业炒股网站充当着传递号码的角色。初次炒股的人对股市的把握欠缺水准，因此一些网站开通了免费荐股、免费咨询的优惠业务，很多股民将手机号码留在了网站，股民接到网站推荐股票的同时，也把自己的信息泄露了出去，这些网站将股民的信息进行整理、归类，然后根据股民的资金量大小，按照不同的价格出售给那些小的私募公司，如资产大于100万元的，2元；资产达50万元的，1元；资产50万元以下的，0.5元（2010年的行情）。私募公司雇用的专职电话推销员每天要拨打出1 500个电话号码，虽然是大海捞针，但也有很多淘金成功的例证。

【案例解读】

（1）电话寻找顾客最主要的优势就是无地域限制，只要有顾客的号码，就可以找到顾客。

（2）淘金成功的概率不大，但是要想成功，一定要讲究策略。

（三）优点

（1）方便迅捷，信息反馈及时。
（2）单线联系，不受外人干扰，不受地理区域限制。

（四）缺点

（1）信息准确性差，被拒绝的可能性大。
（2）顾客警惕性高，很难了解顾客的真正需求。
（3）易引起顾客反感，对商品排斥。
（4）无法寻找无电话线路地区的顾客。

（五）适用范围

除偏远地区无通信信号的顾客外，都适用于电话推销。

（六）实战例句

"先生，您家绿谷庄园的房子装修了吗？我们是 AA 装修公司的，现在正搞活动，半包、全包都打 8 折。"

"咦，你怎么知道我的电话号码的？"

十二、关系开发法

（一）含义

关系开发法就是推销员充分利用与人交往的各种机会，尽量使他的熟人、亲友、同学、校友、邻居等都成为他的顾客，使潜在顾客量不断增加。中国本来就是个人情大国，每个人和另一个人都可能有千丝万缕的关系，比如姓氏相同，五百年前就是一家人，推销员利用好自身与社会各界的种种关系，就可以收到意想不到的效果。

（二）注意事项

1. 不可杀熟
关系是推销员无形的资产，推荐商品的时候，一定要重质保量，价格优惠。

2. 考虑对方需求
商品要满足关系顾客的需要，不要有央求、强迫对方购买之嫌。

案例 3.12

张梅是某事业单位的一名工作人员，偶然的机会被大学同学发展成一位完美商品的兼职营销员，由于每天单位的工作也很忙，张梅没多少时间拜访顾客，但是她充分挖掘自身的优势，经常在周末的时候在家里开开小派对。由于是税务机关的家属楼，各家的经济情况都不错，这些带孩子的女人们也乐于在一起聊聊孩子的一些事情和收拾家务的烦恼，张梅就总会借机分享她清洗水果的诀窍，擦玻璃和地板的小心得，不时地把完美商品放在家里比较显眼的地方。由于她的现身说法，这些家庭主妇也渐渐接纳了完美商品，楼上、楼下的左邻右舍纷纷都到她那里购买了水果清洁液、洗涤剂、多乐多等商品。大致算了一下，张梅梅七天的销售收入都快赶上她半个月的工资了。

【案例解读】

（1）不要忽视你身边的顾客群，只要你留心，其实所有和你有过联系的人，都可能成为你的顾客。

（2）不要直白地推销你的商品，应该在叙旧、闲聊的时候，把你用商品的益处当经验分享给他们，让他们在不知不觉中接纳你的商品。

（三）优点

1. 成本低，速度快

推销员可以发挥个人关系优势，充分挖掘自身资源，在身边的朋友中寻找顾客。

2. 可信度高，易于顾客接纳

由于彼此很熟悉，有关系铺垫，容易被顾客所接受。

（四）缺点

（1）顾客期望值高，易对商品性价比产生怀疑。

（2）有"杀熟"之嫌，易引起反感。

（五）适用范围

该法适用于大部分商品。

（六）实战例句

"老同学，我李海啊，我这月任务没完成，帮我介绍几个客户呗。"

任务验收

（1）请举例说明委托助手法。

（2）目前各大保险公司都比较愿意雇用年龄30岁以上、有过生育史的女性，请你从寻找顾客方法的角度，分析这是为什么。

（3）连锁介绍法和关系开发法有什么相同点？

中阶任务

任务情境

场景：某学校，天下起了大雨，小王拿着两把伞等待接儿子回家。

旁白：好大的雨啊，11点30分，学校的放学铃已经响起，很多家长都在门口等着接自己的孩子回家。

儿子："妈妈。"

小王："快拿着伞。"（接过儿子的书包，抬头看见门口还有个孩子，在焦急地等待着家长）

儿子："妈妈，快走啊，我都饿了。"

小王："儿子，那个同学，你认识吗？"

儿子："啊，我们班的刘翔，今天没人接他。惨喽，这么大的雨，真是悲剧！"

小王："小同学，别着急，去阿姨家吃饭吧。你先给你妈通个电话，也许她忙不开工作，忘了接你了。"

儿子："刘翔，这是我妈，去我家吃饭吧，我妈做饭可好吃了！"

刘同学接过电话，拨了个号码："妈，您在哪儿啊？哦，我去同学孙小牛家吃饭了。"

旁白：过了几天，刘翔和她妈妈去小王家拜访，两个小孩子到一边玩儿去了。

刘翔妈："谢谢你，大妹子，你看我那天单位有点急事，就没来得及接儿子，多亏你了！"

小王："别客气，我也是顺便而已。哦，对了，大姐您在哪儿高就啊？看您的气质很高贵。"

刘翔妈："高就什么啊，就是一个企业的工会主席而已，成天婆婆妈妈的事情，很操心的。"

小王："嗯，工会主席是职工的贴心人，你们公司的职工有您这样的热心人，肯定是很幸福的。"

刘翔妈："咳，领导信得过，职工没意见我就好好干呗。小王啊，我看你皮肤很水灵，我这皮肤啊，就差得远了。"

小王："其实，皮肤在于保养，来，我帮大姐打理一下吧，我会点美容的东西。"

旁白：十几天后，小王接到刘翔妈的电话。

刘翔妈："小王啊，你下午有空没，自从你帮我做美容后，我们单位的人都说我变漂亮了，我科室的人都想着早点让你给他们打理一下呢。"

小王："嗯，好的，范大姐，我下午是14点过去，还是15点过去？"

刘翔妈："15点吧，我公司在糊涂街，八戒路，3721号。"

旁白：哇塞，可不得了啊，小王一下子就卖出去了一大笔商品，顾客数有500多人了。

刘翔妈："小王啊，你明天去下WC公司，找下麦当娜吧，她是那的工会主席，你直接找她，上次去市里开会遇上了，她非得让我把你介绍给她，还有丽水市政府的张明白，她也需要。我给你她们的号码，你记下啊，麦当娜，××××××××××，张明白，××××××××。其实还有呢，到时候我再告诉你。"

小王："啊，好的。范大姐，太谢谢您了，哪天我专程带礼物再拜访。"（关上手机，做了个夸张动作，一脸灿烂）

任务目的

（1）加深对寻找顾客方法的理解。

（2）熟悉各方法适用的商品范围。

（3）能够利用各种顾客寻找方法，进行顾客寻找。

任务要求

（1）组建任务小组，每组5~6人为宜，选出组长。

（2）各组分角色分析情境，讨论表演流程，选择一人负责观察、指导。

（3）进行交叉打分，即选取一个小组表演后，其他小组各选派一名成员担任评委，负责点评。

（4）课代表要做好记录。

任务考核

（1）情境表演真实性、合理性：2分。

(2) 小组成员团队合作默契：3分。

(3) 角色表演到位：4分。

(4) 道具准备充分：1分。

(5) 满分：10分。

任务三　顾客资格审查

~~~~~初阶任务~~~~~

任务情景剧

旁白：张明去嘉禾人寿保险公司已经1个多月了，看到别人都出单了，唯独自己还没有开首单，因此非常着急，好不容易遇到了一个有钱的大顾客，张明非常高兴。

张明："大妈您好，让您久等了，刚才路上堵车，真不好意思。"

客户："没事，我退休在家，闲着也没事情。"

张明："大妈，我上次和您说的那个'智赢天下'险种，您觉得还不错吧？"

客户："嗯，我和老头子都商量好了，儿女都在国外，日子过得不错，也不用我们操心，我们可以少买一点，就买个十万元吧，投保人就写我就好了。"

张明："那好，大妈这是保单，投保还得需要您的身份证、户口本的原件和复印件。"

客户："嗯，我都给你准备好了，在这里写名字，王达梅，年龄67岁……"

张明拿着保单坐上公交车后，脸上浮起了笑容："哦，这回真的要开单了，加上佣金和公司的奖励，起码得有5 000元呢！"

场景：嘉禾保险公司，经理办公室。

张明："王经理，我的第一单搞定了，整整十万元呢！"（一脸的兴奋）

王经理："小子，不错吗，真是一出手就是大单。"（说完接过保单）

张明："王经理，我这次拿到10万元标准保费，可以享受公司的马尔代夫旅游了吧？"

王经理看过保单后，脸色立马凝重："还马尔代夫旅游呢？你啥都没有，这是一张无效的保单，投保人年龄已经超过65岁了，能换投保人不？"

张明："啊？可是她的子女都不在国内，她老头比她年龄还大啊！"

王经理："得，你又白忙活了，咳！"

……

任务描述

(1) 为什么张明白忙活了？

(2) 顾客资格审查的内容及意义是什么？

任务学习

一、顾客资格审查的含义

推销员通过上述寻找确实找到了很多顾客，但是这些顾客并非一定能购买商品，有的会主动做出购买实现买卖双方所需，有的则是出于观望，成交难以快速实现，有的根本就没有购买的欲望，因此寻找到的顾客还要经过再一次筛选。所谓资格审查又称为顾客评价，是指推销员对已选定的准顾客再次进行审查，以确定其是否合格的整个过程。对顾客资格的审查主要应围绕以下几个方面展开：

（1）是否有明确的购买需求？

（2）是否有足够的货币支付能力？

（3）是否有购买自主权？

（4）是否符合购买条件？（即顾客资格条件）

只有同时符合上述四个条件，才表示你找到了一名真正的顾客。顾客资格审查包括购买需求审查、支付能力审查、购买资格审查。

二、顾客资格审查的内容

（一）购买需求审查

顾客购买需求审查是顾客资格认定的首项内容，指推销员对准顾客是否需要推销商品而做出审查与评估。

1. 对明确需求的审查

明确需求是指已经发现的而没有被满足的需求，这时顾客已经认同推销商品，同时愿意通过购买行为满足其某种需要。以买房为例，这类买房的顾客会主动说"我要扩大房屋居住面积，我可以购买一套大房子"。推销员做好这类顾客的工作，实现成交的概率就较大。

2. 对潜在需求的审查

潜在需求是指对现状还未有明显的不满意，但也意识到存在着不足，努力想改善，但似乎还欠缺一定的条件。这类顾客会说"房子吗，是要买的，但现在还不是时候，到年底房价降了，我再买"。推销员对这类顾客不要轻易放弃，环境在不断变化，这种潜在的需求有可能一夜之间就变成现实需求。

（二）支付能力审查

支付能力审查是对准顾客是否具备购买推销商品的货币支付能力的审查。顾客购买能力审查的目的，在于选择有充足购买能力的目标顾客，排除无支付能力的顾客。顾客支付能力审查的内容主要可分为个人或家庭购买和组织或企业购买。

1. 个人或家庭购买者

主要审查内容：个人或家庭的实际收入、可支配收入、股票投资与信贷借款等。

2. 组织或企业购买者

主要审查内容：企业的生产状况、经营状况、资金状况、财务状况、信用状况等。

从可操作性上讲，推销员对顾客支付能力的审查主要是通过了解顾客此项购买的资金来源及到位情况而对顾客的支付能力做出判断。当订单金额不大于顾客业务规模时，或款到发货时，只要看顾客是否有足够的现金支付即可。但当订单金额大于顾客业务规模或要求分期偿还货款时，推销员就一定要对顾客的支付能力进行谨慎的验证。既要打探顾客的购买能力，又要了解未到位的资金到位的可能性大小，谨防上当受骗。

（三）购买资格审查

对推销商品具有购买需求和足够的支付能力的顾客，如果不具备购买资格，也不能实现购买。因此，推销员要对准顾客的购买资格进行审查，审查准顾客是否具有自主购买决策权和对推销商品是否具有购买资格。

1. 具备购买资格

由于国家法律或商品购买条件的制约，并不是任何自然人都具有购买资格，因此在筛选顾客时，一定要谨慎细分。如一些城市对购买首套房屋设定了购买条件限制，国家法律规定了不准向未成年人出售香烟，某些保险险种对保险年龄及工种、健康状况都提出了限制，某些医疗用品也对购买者是否有过敏史提出了要求。

案例 3.13

小学生大手笔买 5 000 元游戏卡，商店拒退款

5 000 元在大人手里也算一笔不小的数目，可浙江温州吴先生年仅 10 岁的儿子却很大手笔，一口气购买了价值 5 000 元的游戏充值点卡。吴先生知道后要求售卡商店退掉游戏卡，可是商店以卡已开通为由，拒不退款。不想眼看着自己辛苦赚的血汗钱变成虚拟游戏币，吴先生遂向浙江温州鹿城工商分局求助。

鹿城工商分局执法人员了解到，吴先生的儿子今年 10 岁，上小学三年级，因为过年时手里存了点压岁钱，加上从父母包里拿去的钱，一次性在小区门口的商店购买了 5 000 元的游戏充值点卡。吴先生发现后非常生气，他觉得孩子还小，没有自我控制能力，是在他不知情的情况下，花这么大一笔钱买游戏币的，遂要求商店退回相应的钱款。

可是商店业主说，由于游戏点卡已经开通，充进了游戏账号中，不能退款。工商部门调解人员联系到点卡发行公司和游戏运营公司，两家公司均表示点卡一旦充进账号中就无法退款。吴先生坚持认为商店业主未经监护人同意，卖这么大数额的游戏点卡给小孩，必须承担责任。

工商部门对商店业主卖如此大金额的游戏点卡给小学生进行了批评教育，并考虑到游戏点卡已经被消费，最终协商游戏账号由小孩的父亲折价出售变现，出售点卡的商店业主负责其中 1 000 元的损失。

【案例解读】

（1）虽说孩子有足够的支付能力，又有需求，还能自我决定购买权，但是年龄小也是事实，属于限制民事行为能力人，其购买资格应受到限制和审查。

（2）君子爱财，取之有道。鉴别好合格的顾客，方可双方受益，推销的宗旨就是满足彼此的需要。

2. 个人及家庭的购买

（1）家庭购买决策类型。家庭购买决策的类型有：丈夫决定型、妻子决定型、孩子决定型、民主决定型。这就要求推销员在接待家庭顾客的时候，及时查找谁是最后做决定的人。

（2）购买角色。家庭的购买角色有五个：发起人、影响人、使用人、决策人、购买人。

3. 组织购买

每个组织购买情况虽都有所不同，但大体上还是有一些相似之处的。

（1）谁有决策权。推销员必须清楚组织机构哪些部门有购买权，具体哪个部门负责买哪种商品；还要摸清负责购买特定商品的具体部门的购买决策人。

（2）购买习惯。每个组织机构都有其特定的购买习惯，有的是总部负责统一购买，有的是各部门自主负责购买，有的是指定某一部门集体负责购买，推销员如果不摸清楚这些情况，就会遇到跑了一大圈，拜访了一大堆人，可商品没卖出一件的情况。

（3）资信情况。组织机构购买一般都是大批量购买，购销金额数目比较庞大，一般都是通过银行转账的方式实现交易，为了保证货款安全到位，还有必要对组织机构的资信情况做调查。

三、建立顾客档案

建立顾客档案可以为推销员拜访、接近顾客提供准备资料，便于推销员牢牢地抓住顾客，为制定推销策略、采用技巧提供铺垫。

（一）收集准顾客资料

"话不投机半句多"，推销员拜访顾客的时候，要投其所好，注意收集对方感兴趣的话题，因此顾客资料除了要包括顾客的自然情况，如姓名、性别、出生日期、学历、电话、住址、工作单位、职业职务，还要包括其个人信息，如业余爱好、配偶姓名、子女状况等；另外，还要了解顾客的需求状况。

个人顾客档案信息如表3.1所示。

表3.1 个人顾客档案信息

姓名		性别		出生日期	
学历		职业/职务		住址	
工作单位		年收入		兴趣爱好	
婚姻状况		配偶姓名		子女情况	
购买商品				购买时间	
备注					

企业顾客档案信息如表3.2所示。

表3.2　企业顾客档案信息

顾客名称		法人代表	
单位性质		经营范围	
单位地址		联系电话	
经营规模		订购商品	
订购数量		直接负责人	
办公电话		手机	
签订合同时间		付款方式	
收款时间		资信等级	
备注			

（二）顾客资料的评估

1. 分级、归类

根据现有的顾客资料，根据经济条件、需求条件、商品的适用度对顾客资料进行分级、归类。如把经济条件好、有强烈需求、商品比较适用的顾客归为 A 类；把经济条件稍好，虽未表示有需求，但具有拜访价值的顾客归为 B 类；把经济条件尚可、没有购买需求，但偶尔可以顺便拜访的顾客归为 C 类；把经济条件差、需求意识淡薄，但从长远角度看尚有待开发的顾客归为 D 类。将顾客分级、归类后，推销员按级别顺序拜访，利于提高推销效率，具体如表 3.3 所示。

表3.3　准顾客的分级情况

等级	经济情况	需求情况	拜访频率	预期购买时间
A	非常好	强烈	每周 1 ~ 2 次	一个月内购买
B	好	模糊	两周内拜访 1 次	2 ~ 3 个月内购买
C	一般	基本无	四周内拜访 1 次	6 个月内购买
D	较差	无	顺路拜访或电话访问	12 个月内购买

2. 排除不合格的顾客

顾客档案要随时调整，对一些明显不符合推销条件的顾客，或者对推销商品很抵触的顾客分批次删除，随时补充新的顾客资料。

3. 顾客档案的几种常用整理方法

（1）按顾客姓氏排列。这样整理的好处是不会遗漏每个顾客，也不会打乱原来顾客档案的排列顺序，想要查找顾客资料的时候，完全可以像查《新华字典》一样，按照字母排列顺序查找，简单、便捷，但缺点是档案利用率相对较低，不能及时在顾客的生日或其他重大日子，给顾客发送祝福或提示信息。

（2）按顾客出生日期排列。按照顾客的出生月份排列，这样就可以及时了解到哪一天是顾客的生日，推销员把该月份即将过生日的顾客的名单列出来，就可以顺便做个拜访计划，使自己的推销工作始终井井有条，同时也方便在顾客生日当天发送祝福短信，加强感情交流。

（3）按顾客职业类别排列。相同职业类别的顾客就会有很多的共同语言。保险营销人员的主要工作就是推荐保单、服务顾客，如果把相似职业的顾客组织起来，他们的交际圈子就会得到扩展，职业类别相似的顾客就会有更多相同的话题。参与聚会的顾客也更乐于参加，他们心情愉快了，自然更认同保险推销员，也愿意让自己身边的同事加入聚会小团体当中。所以毫无疑问，保险推销员的准顾客群会如同滚雪球一般，规模越来越大。同时这些已经参保的顾客还可以作为潜在顾客的佐证，对有从众心理的准顾客起到很好的促进作用。

（4）按顾客的职务高低排列。任何推销都需要榜样的力量，推销员按顾客的职位高低排序的好处是，便于借用名人效应，如"您看，张局长都是我的顾客，他对我的服务非常满意，您就放心购买吧"。

（5）按购买金额或数量排列。按照二八定律，将最有限的时间用于对重点顾客的服务上。通常来说，重点顾客的交际面的层次相对来说更高一些，这类顾客的购买能力也略好于普通顾客。

（6）按购买商品的日期排列。这样整理顾客档案的好处是，可以了解顾客购买的时间和购买商品的频率，及时开发和督促他们的二次购买。

（三）建立顾客数据库

可以利用 EXCEL 软件，建立顾客数据库，将所有的资料保存在计算机中，方便及时查阅。

推销并非一次拜访就能搞定的事情，因此推销员要养成及时记录拜访日志的习惯，把和顾客接触的时候，顾客的态度、行为做好登记，如有70%的购买意愿，还需再次进行深入沟通等，并及时做好跟进，直到成功攻下顾客，使推销工作富有条理性。

任务验收

（1）顾客资格审查的内容是什么？
（2）顾客支付条件审核的意义是什么？
（3）对于组织购买如何进行购买决策审查？

～～～～～中阶任务～～～～～

任务情境

请自行寻找5名顾客，设定好顾客登记表，并对顾客资料进行等级划分。

任务目的

（1）掌握顾客资格审查的具体方法。
（2）学会如何审查顾客的需求。
（3）了解顾客信用审查有哪些判断因素。

任务要求

（1）组建任务小组，每组5~6人为宜，选出组长。
（2）根据所给的任务，吸收教材的理论知识，找出准顾客。
（3）每组派出一名代表，将整理的小组讨论结果和大家分享，回答其他组的提问。

（4）课代表要做好记录。

任务考核

（1）组长协调效果好、组织有序：2分。

（2）小组成员积极讨论：2分。

（3）分析到位、结果准确：4分。

（4）回答其他小组疑问：2分。

（5）满分：10分。

知识点概要

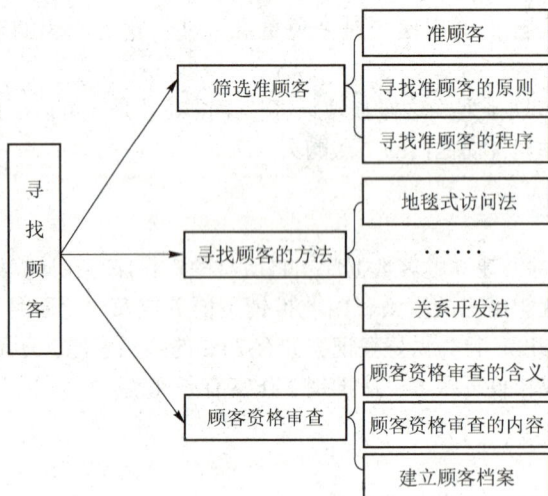

项目三知识结构图

※重要概念※

顾客　准顾客　地毯式访问法　连锁介绍法　中心开花法　广告开拓法
委托助手法　网络寻找法　电话寻找法　顾客资格审查

※重要理论※

（1）寻找顾客的原则。

（2）寻找顾客的方法及优缺点。

（3）顾客资格审查的内容。

（4）顾客档案采集的内容。

※重要技能※

（1）用不同的方法寻找顾客。

（2）建立顾客档案。

客观题自测

一、单选题

1. 地毯式访问法遵循的是（　　　）。

　A. 平衡原则　　　　　　B. 平均原则　　　　　C. 连锁反应　　　　D. 光环效应法则

2. 下列选项不属于市场咨询法缺点的是（   ）。

    A. 有些重要信息，咨询机构难以提供或提供的信息不全面

    B. 耗费大量时间和资金

    C. 工作处于被动地位，易错失良机

    D. 咨询信息具有间接性、时限性、局限性

3. 在寻找顾客的方法中，能够减少推销工作盲目性的方法是（   ）。

    A. 网络寻找法   B. 市场咨询法   C. 电话寻找法   D. 资料查阅法

4. 适用于食品类、日用品类等商品的推销方法是（   ）。

    A. 关系开发法   B. 会议寻找法   C. 电话寻找法   D. 广告开拓法

5. （   ）一般适用于市场需求量大、使用范围广的商品。

    A. 广告开拓法   B. 委托助手法   C. 会议寻找法   D. 中心开花法

二、多选题

1. 顾客资格的审查主要应围绕以下哪几个方面展开？（   ）。

    A. 明确的购买需求   B. 足够的货币支付能力

    C. 购买自主权   D. 顾客资格条件

2. 顾客支付能力审查的方式是（   ）。

    A. 从推销对象内部打探情况   B. 通过上级主管部门查看虚实

    C. 通过与企业有业务往来的单位判断   D. 推销员个人判断

3. 下列选项中，属于寻找顾客的必要性的是（   ）。

    A. 顾客是企业的服务对象   B. 市场竞争的客观要求

    C. 降低推销费用的要求   D. 提高推销成功率的保证

4. 现实的顾客必须满足的条件是（   ）。

    A. 对商品有需求   B. 足够的支付能力 C. 有购买的决策权 D. 有议价能力

5. 个人观察法需要注意哪些方面？（   ）。

    A. 明确自我身份，给顾客留下好印象   B. 选择正确的广告媒介

    C. 制订周密计划   D. 随时保持警觉，留意收集顾客资料

~~~~~~ 高 阶 任 务 ~~~~~~

任务情境

场景：ZJ 省 JH 市某服装厂张经理办公室。

人物：张经理，LS 市某高校相关人员。

背景：ZJ 省 L 市某高校迎接百年校庆定制校服。

任务说明：运用适宜的方法找到顾客。

任务目的

（1）掌握筛选准顾客的标准和要求。

（2）根据不同的顾客熟练运用适宜的寻找顾客的方法。

（3）娴熟地制作顾客档案。

📖 任务要求

（1）分别组建一支销售团队，每组 5～6 人为宜，选出组长。

（2）每组集体讨论台词的撰写和加工过程，各安排一个人做好拍摄工作。

（3）每组各选出 1 名成员作为顾客或推销员的角色表演者，通过角色表演 PK 的形式来确定各组的输赢。

（4）其他组各派出一名代表担任评委，并负责点评。

（5）教师做好验收点评，并提出待提高的地方。

（6）课代表做好点评记录并登记各组成员的成绩。

📖 任务验收标准

高阶任务验收标准

项目		验收标准	分值/分	验收成绩/分	权重/%
验收指标	理论知识	基本概念清晰	15		40
		基本理论理解准确	25		
		了解推销前沿知识	20		
		基本理论系统、全面	40		
	推销技能	分析条理性	15		40
		剧本设计可操作性	25		
		台词熟练	10		
		表情自然，充满自信	10		
		推销节奏把握程度	40		
	职业道德	团队分工与合作能力	30		20
		团队纪律	15		
		自我学习与管理能力	25		
		团队管理与创新能力	30		
最终成绩					
备注					

项目四

接近顾客

知识目标

1. 熟悉推销接近的准备工作
2. 领会约见顾客的内容和方法
3. 掌握接近顾客的方法

能力目标

1. 提升接近顾客准备的能力
2. 具备接近顾客的掌控能力
3. 提高接近顾客的能力

任务构成

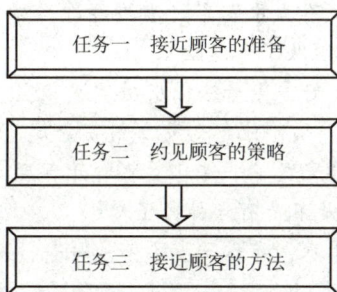

任务一 接近顾客的准备

↓

任务二 约见顾客的策略

↓

任务三 接近顾客的方法

任务一　接近顾客的准备

～～～～初阶任务～～～～

任务情景剧

旁白：小王是个工作5年以上的老推销员了，被猎头公司挖到HK外资公司，推销打印机设备，月薪也从原来的4 800元涨到了7 000元。这天部门经理交给他一个任务，要他去金茂有限公司搞定他们的总经理侯总。以下就是小王在推销中发生的故事，大家寻找一下小王用了哪些策略实现了推销接近。

场景：部门经理办公室。

（铛，铛，铛）

经理："请进。"

小王："经理，您找我？听猎头公司说，就是您提议把我招过来的，谢谢您看重我。"

经理："那你可要好好干啊，我们都毕业于××职业技术学院，你小子，可千万别给母校脸上抹黑。"

小王："放心吧，经理，我肯定好好地跟您干的。"

经理："嗯，我给你个任务，把金茂有限公司的那个侯总拿下。这老头很古怪，我派出那些业务员去了很多次，都没推销成功，这硬骨头，你得必须给我啃下来。"

小王："经理，我只吃肉，不啃骨头。"（看到经理迟疑的眼神，扑哧又笑着说）"放心吧，保证完成任务。"（冲经理做了个鬼脸）

经理："你小子真有你的，好，等着给你庆功。"

旁白：小王回到了办公室，咦？他怎么没立刻去金茂有限公司啊？他打开了计算机，上起了QQ，还聊起了天，在群里发了个信息，又打开百度，不停地搜索什么。他啪啪地敲着键盘，他到底在做什么？是不是有点神经了？

小王：（看着群里回复的消息，在本子上不停地写着，最后把笔往桌上一丢）"哈哈，搞定。"

旁白：他搞定什么了？请看大屏幕。

姓名：侯耀华　**职务：**金茂有限公司　总经理

年龄：56岁　**性别：**男　**民族：**畲族　**出生地：**丽水 松阳　**家庭状况：**已婚

夫人：50岁，某高校 教授

子：36岁，杭州萧山机场 办公室副主任

女：30岁，浙江经济电视台记者

相貌：高鼻梁，大嘴巴，小眼睛，高170厘米，重75 kg，肚子大，戴眼镜。

身体状况：高血压，高血脂，高血糖，胆囊做过手术，目前恢复情况良好。

政治面貌：中共党员，党龄38年，S市第15届、第16届人民代表大会代表。

> 学习经历：浙江S校园林艺术专业，浙江大学经济管理专业。
> 工作经历：……
> 兴趣爱好：书法艺术，集邮，收藏。
> **旁白**：这是干什么？搞人肉搜索吗？这和搞定订单有关系吗？……

任务描述

（1）你觉得小王在拜访侯总前寻找这些信息，对接近顾客有用吗？

（2）如果是你，你觉得在拜访顾客的时候要做哪些准备工作？

任务学习

一、接近顾客准备的含义

所谓接近顾客准备，是指为了更好地达到接近顾客的效果，推销员在接近顾客之前尽可能多地了解一些顾客的情况，做好一系列的准备工作。推销接近准备阶段实际上是顾客资格审查的延续，其主要目的是为接近顾客的时候尽量多地提供一些洽谈的"材料"，知道顾客的资料越多，越有主动权，避免出现互不投机的尴尬局面。

二、接近顾客准备的内容

（一）心理准备

推销员在接近顾客前，最容易出现的问题就是信心不足，具体表现为忐忑不安、紧张，遇见顾客时心跳加快、说话语速过快、声音过低等。

产生原因：这是推销员缺乏自信的典型表现。

解决对策：其一，"演戏的是疯子，看戏的是傻子"，大声地说出你心中想说的话。

其二，见顾客敲门前，深呼吸一口气，脑海默念："自信，自信，再自信!"

其三，即使被拒绝也没什么大不了的，这次不行，还有下次，还有下下次，只要功夫深，铁杵磨成针。

（二）顾客资料的准备

顾客一般分为新顾客、团体顾客、老顾客。推销员要针对不同顾客进行相应的准备。

1. 新顾客资料

（1）姓名。"张先生您好"和"张强您好"这两种称呼给顾客的感觉不同，初次打交道就能直呼姓名会瞬间拉近推销员与顾客之间的距离，让人产生亲切感。每个人对自己的名字不但重视，还很敏感，因此，拜访前，要弄清楚顾客的姓名。

（2）年龄。个性差异和购买习惯会因年龄不同而差别很大，因此兴趣点也截然不同，在拜访顾客之前，推销员应通过合适的方法和途径了解顾客的实际年龄，这有利于实现推销接近的目的。

（3）性别。性别不同，看问题的方法和角度也不同，为了迎合不同顾客的个性需求，推销员要区别对待。了解性别还有一种好处，即可以区分重名的顾客。

（4）民族。民族不同，风俗习惯自然不同。我国是个多民族国家，如果不能准确了解顾客所属的民族，推销员在与顾客交流时难免会犯一些低级错误。

（5）出生地。推销员在做接近准备时，应尽可能了解顾客的籍贯和出生地。中国人对于乡土有着浓厚的感情，所谓"美不美家乡水，亲不亲故乡人"，如果顾客与推销员同属一个出生地，则更能缩短两者之间的距离，俗话说，"老乡见老乡，两眼泪汪汪"。

（6）职称、职位状况。不同职业的人在价值观念、生活习惯、购买行为和消费内容、消费方式等方面，存在着比较明显的差异。因此，针对不同职称、职位的顾客，推销员在约见方式上应该有所差异。

（7）学习、工作经历。对于推销员来说，了解顾客的学习及工作经历有助于约见时与其寒暄，易于形成共鸣，拉近双方之间的距离。

（8）业余爱好。任何人都有一定的个人喜好，如果推销员能够在接近顾客的时候与顾客"不谋而合"，会有利于建立和谐的聊天气氛，会更加容易找到接近顾客的话题。

案例4.1

张明拜访顾客的时候，顾客既不热情也不冷淡，双方东拉西扯地聊着，都感觉没什么滋味。就在张明起身准备告辞的时候，突然看到顾客窗台上的鱼缸，鱼缸里饲养的是"地图"，这鱼很娇气，很难养，张明转而请教"地图"的饲养方法。顾客见张明对自己的"地图"赞不绝口，而且也是一个养鱼爱好者，便说起自己的饲养经历。从育苗到喂食，再到清理鱼缸卫生，顾客和张明滔滔不绝地聊了起来，张明也一句接一句附和着，不时地也提出自己养鱼的一些小心得，双方都感到像遇见知音一样，在融洽的交谈中，合同也是顺水推舟般签订了。

【案例解读】

任何人都有爱好，我们不要谈论顾客爱好的好坏，只要能让顾客打开尊口，讲下去，成交的可能性就很大。所以推销员至少要培养一种以上的爱好，投其所好，就会收到意想不到的效果。在推销中，捕捉到顾客的兴趣与爱好，是推销活动顺利进行的催化剂。

（9）需求内容。这是顾客资格审查的重中之重，接近顾客的目的主要是希望顾客做出购买行为，而影响顾客购买的主要因素就是顾客的需求。

（10）办公场所及居住地址。顾客的住址、办公地点和经常出入、停留的地方，对推销员而言是非常重要的资料，在接近准备阶段，一定要仔细核对清楚。

案例4.2

张梅是一家保健品公司的专职推销员，她在公园晨练时发现有个年长者也经常在公园里晨练。于是张梅每次都到长者锻炼的地方锻炼，每次看见长者的时候，张梅都点头示意。起初，长者并未给予任何回馈，但时间长了，也就和张梅熟悉起来，双方运动间歇也闲聊几句。有一次长者无意中说出自己的小孙子总爱咳嗽，吃饭也有挑食的毛病，张梅就说自己有种商品或许可能有效，于是就把试用装给了长者两小包。长者回家给孙子服用后效果还真不错，第二天长者一下子买了5大盒。

【案例解读】

很多年前有个小品说"电视明星比电影明星好，因为至少可以天天和观众混个脸熟"，其实这话也没错，在顾客经常出现的地方出现，顾客渐渐对你就会产生熟悉感，如果你的商品正逢他需要，他或许就会少量尝试，如果商品效果不错，他就可能是你长期的顾客。

（11）家庭成员。顾客的家庭成员资料也是推销员应提前准备的一项主要内容，有的时候正面无法突破时，可以通过家庭成员走亲情路线，我国古代就有"枕边风"的典故，了解顾客的家庭成员可以为日后合作提供契机。

案例 4.3

王明在拜访一个重要级别的顾客之前，了解到顾客的儿子今年高考考上了重点大学，而且还是一个集邮爱好者。在拜访顾客时，王明刚一见到顾客就向顾客表示祝贺，并从包里拿出一个精美的邮票小型张作为祝贺礼物，东西虽不值多少钱，但是起的效果非同小可，双方在融洽的气氛中，顺利完成交易。

【案例解读】

约见顾客时，你对顾客的家庭情况、家人情况了解得越多，越能给顾客一种你特别关注他的感觉，顾客心头充满了温暖，对你的推销就会很热情。俗话说："投我以木桃，报之以琼瑶。"

2. 团体顾客

团体顾客是指除个体顾客以外的所有顾客，包括政府机关、行政事业单位、企业组织及其他社会团体组织，对于团体顾客，主要是搞定购买执行人或购买决策人。

（1）基本概况。团体顾客的基本概况包括机构名称、机构性质、办公场所、所有制性质、注册资本、上级主管部门、员工数量等。推销员还要了解如何能顺利找到接洽人、接洽人的所在部门、电话号码，及拜访的最佳路线。

（2）购买用途。即团体组织购买商品的主要用意。对于企业组织来讲，是用于生产销售还是产品辅料；对于行政事业单位来讲，是自用还是作为转赠使用。要摸清具体情况，因为用途不同，订购的数量和对商品的要求都不同。

（3）采购习惯。采购组织性质不同决定了采购习惯也迥然不同，有的单位是上半年采购，有的单位是下半年采购，有的单位是上级部门统一采购或者组织政府招标。只有了解了采购习惯才知道拜访是否能起到实际作用。

（4）购买决策人。接近团体顾客前要了解购买流程，搞清楚到底谁才是具体的负责人，换句话说单位里到底谁说了算。

（5）购买数量。团体组织的购买数量既决定成交金额的大小，又决定产品的优惠幅度，本着量大价优的原则，推销员要大致核算给予对方什么样的优惠力度，因为团体组织的大额购物必然招揽同行竞争者进入，如果还是一味地抱着价格不撒手，很显然会缺乏优势。

3. 熟悉顾客

熟悉顾客又称为老顾客、常客，是推销员熟悉的、比较固定的买主。保持与老顾客的密切联系，是推销员保证顾客队伍的稳定、获得良好推销业绩的重要条件。

对老顾客的接近准备工作与对新顾客的接近准备工作有所不同，因为推销员对老顾客已经有一定程度的了解，接近的目的主要是对原有资料进行补充、更新和调整，是对原有顾客关系管理工作的延续。

案例 4.4

推销员小马一直和供销社王主任保持联系，王主任对小马的印象也一直不错，虽然供销社采购的任务不多，但是小马还是一如既往地对王主任进行关注。当王主任住院生病的时候，小马抽时间带着水果慰问，这让王主任心存感激。不久便传来了王主任要退休的消息，小马没像别的推销员那样不闻不问，还是第一时间给王主任打电话慰问。

几天后，小马接到王主任的电话，邀请他去家里赴宴，小马立即应允，又备了一些补品前去拜访。落座后，王主任把他介绍给了自己的朋友，某物资局的钱局长和某生产单位的钱科长，从此小马又多了两位老顾客，光物资局一年的采购量就让小马获得了 10 万元之多的佣金。

【案例解读】

顾客是有生命力的，切不可现用现交，没那么快的效率。虽然联系老顾客很费时间，有的时候还搭工搭料，但是付出总会有回报，而且辛苦越多，收获也越大。

（三）工具准备

1. 报价单、合同的准备

推销的商品种类很多，价格也有差异，那么报价单是最后的推销工具，打印好的商品报价单既可以让顾客清楚报价，又可以让顾客感觉公司比较正规。

合同事先拟订好，文字表述清楚无歧义，无错别字；合同中要适当留有空白，顾客如有特殊要求，可以在原合同的基础上增减。

2. 文件资料的准备

文件资料包括企业商品宣传册、样品、个人名片、身份证、签字笔、笔记本等，推销员应携带与职位匹配的文件包，文件包宜简朴大方，勿有油污及破损。

3. 礼品准备

"礼多人不怪"，初次拜访顾客，可以适宜带些礼品，礼品要新颖别致，价格既不能过高，也不能过低，要做到投其所好。

任务验收

（1）接近顾客准备的内容有哪些？
（2）对新顾客要收集哪些资料？
（3）工具准备包含哪些要素？
（4）为何接近顾客要适当准备礼物？

～～～～～中 阶 任 务～～～～～

任务情境

假设你是某文具公司的销售代表，想要把文具推销给某学校的总务长王强，请准备顾客资料。

现有信息：王强，男，年龄 50 岁，其他资料无。

任务目的

（1）加深对接近顾客准备的理解。
（2）知晓如何建立顾客资料。

任务要求

（1）组建任务小组，每组以 5～6 人为宜，选出组长。

（2）各组分角色分析情境，讨论表演流程，选择一人负责观察、指导。

（3）进行交叉打分，即选取一个小组表演后，其他小组各选派一名成员担任评委，负责点评。

（4）课代表要做好成绩记录。

任务考核

（1）情境表演的真实性、合理性：2分。

（2）小组成员团队合作默契：3分。

（3）角色表演到位：4分。

（4）道具准备充分：1分。

（5）满分：10分。

任务二 约见顾客的策略

~~~初阶任务~~~

任务情景剧

> 旁白：西安某广告公司通过竞标拿到火车站站台灯杆、灯箱广告的使用权，为了能寻找到顾客，该公司经理带领员工使用了以下约见顾客的方法，让我们找找都是哪些方法吧。
>
> 王总："孙经理，明天我去咸阳出差，公司的广告牌子抓紧卖出去啊，都挺了三个月了，我都赔死了，一个月就赔10万元啊。"
>
> 孙经理："好的，我尽力带业务员去约见顾客，您先放心去吧，不过我先申请5 000元广告预算，您先签字，我好到财务取钱。"
>
> 王总："什么预算？哦，行，我同意了。可别再让灯杆、灯箱广告成摆设了啊！三个月搞定了，我请你们员工吃大餐。"（说着把签好字的预算单给了孙经理）
>
> （次日孙经理召集业务员开会，大家各抒己见）
>
> 孙经理："小王，你明天去西安各大民办高校跑一跑，应该有市场。小张，按照我给你圈定的黄页打电话。小李，我给你邮箱里发了一份广告招商函，你打印出来立刻给下面单位发传真。小吴，你按照我拟定好的文件去陕西分众网页上发布信息。侯姐，您从银行帮我提5 000元，我明天跑电台广告部，托熟人发布电台广告。大家都清楚了吧？好，我们分头行动。"
>
> 设计小美："孙经理，那我呢？你们都跑出去了，我也想跑跑市场。"
>
> 孙经理："那也成，这样，我明天派你去移动公司找下蓝经理，到时候我给我同学张铭打电话，让他安排你和蓝经理见面，我同学和企划部的蓝经理关系很铁。"

（1）该公司商品顾客应该是哪些人？

（2）孙经理安排业务员去约见顾客都使用了哪些方法？

（3）请帮小张设计下电话约见事情，他需要说什么内容？

任务学习

一、约见顾客的含义

所谓约见顾客，是指推销员运用一定策略和顾客见面进行推销联系和沟通的整个过程。

（一）约见顾客的内容

约见的基本内容是4W1H，即WHO，WHY，WHEN，WHERE，HOW，包括确定约见对象、明确约见目的、安排约见时间、选择约见地点及如何约见五个方面。

1. WHO——约见谁

进行推销访问，就要先明确具体约见谁。对于团体组织顾客来说，要约见对购买行为具有决策权或对购买活动具有重大影响的人。对于个人用品的推销，约见对象就是购买者本人；对于生产用品的推销，约见对象一般是相关部门的负责人。但是在实际推销工作中，推销员一般很难直接约见访问对象，要利用"曲线救国"的计策，尽量和总经理助理、秘书、前台接待甚至保安等人搞好关系。这些人虽然没有最终购买决定权，但他们可以接近决策层，可以在公司中行使较大的权力，对决策者的决策活动有很大的影响。

案例4.5

李梅是某公司的前台接待，每天都会碰到很多的推销员，她一般总是告诉他们把资料留下，由她转交给有关部门。大部分推销员对此默然，随意丢下资料就走掉了，可是有的来访者听她说过后，不仅交付资料，还对她的辛苦工作表示感谢，更是有的干脆会送她小花瓶、小镜子等礼物。虽然东西不多，但也表示一份心意。上次有个AD公司的推销员无意中听她和朋友抱怨道，某歌星的演唱会门票又没买到，于是他在第二次来的时候，就帮她买来了，对此李梅也表示非常感谢。别小看她这个前台接待，推销员走后，她会将收到的资料整理一下，将给她留下好印象人的资料放在下面，将送她小礼物的人的资料放在中间，将那个AD公司的资料放在最上面，至于其他的资料她就随意地投入废纸篓里了。

【案例解读】

推销员要想见到某些部门负责人一般是很难的，一般来说，相关资料都由前台转交，那这里就有个转交的学问了，如何能保证你的资料及时被转交，这是推销员必须做好的地方。每天前台收到的相同的资料不下10份，但是并不是需要都转交给相关部门，一般重点性地选择2~3份就可以了，要想成功地接到相关负责人的电话，让前台记住你、对你留有好印象，是成功的前提。

2. WHY——约见事由

约见的第二项主要内容就是为什么约见，约见顾客后会得到什么利益。推销员属于不速之客，任何顾客都不想无缘无故被打搅，因此约见的目的尤为重要，这决定着顾客是否同意你的约见，即注定着你的约见能否成功。常见的约见目的有：

（1）推销商品。约见的主要目的是商品的销售，询问顾客是否对商品感兴趣。约见顾客时，推销员应设法引起顾客的注意和重视，强调推销商品广泛的用途、强大的效果、显著的特点等，让顾客迫切地希望能看见实际效果。

（2）市场调查。占用顾客几分钟时间了解企业商品的知名度或商品的美誉度等，这也是推销员约见顾客的一种方式，以市场调研为幌子，突显推销商品的实质。

（3）提供服务。以提供免费服务为约见事由，顾客会很乐于接受，推销本身就意味着服务，把提供服务作为约见顾客的理由，可以帮助顾客解决一些疑难问题，因此大多数顾客不会拒绝。

（4）收取尾款。无法收回尾款的推销是不完整的推销。以收取尾款作为约见事由，对方一般会提出种种借口推脱，推销员要想好解决对策。

（5）签订合同。这种约见一般是多次拜访的结果，双方达到一种默契，然后签订合同。以此为目的的约见，一定要沉得住气，要尊重顾客的时间，但是如果时机成熟，也不要拖延，最好能当时就签下，否则就会造成"煮熟的鸭子飞走了"的尴尬。

（6）回访顾客。以询问顾客使用商品的感受为事由约见顾客，会使顾客感受到企业的温暖，也会把这种温暖传递给身边的人，为企业的下次商品销售打好基础。

3. WHEN——约见时间

推销员约见顾客本身就是对顾客的一种打搅，因此为了不引起顾客的反感，必然要选择最适宜的时间进行约见。约见的时间应主要采取客随主便原则，尽量选择顾客空余时间拜访。采取"二择一"策略，让顾客挑选一个他比较方便的时间。当与顾客敲定约定时间以后，推销员要立即记录下来，并再重复一遍，和顾客确认，尽量避免顾客遗忘的现象发生。如："王经理，您看我们明天上午十点见还是下午两点见？""明天下午两点吧。""嗯，好的，王经理，那我们明天下午两点见。好，再见。"

4. WHERE——约见地点

约见地点一般遵从顾客的意见，尽量安排顾客比较方便的地点，如顾客的办公室、住宅等。如果在公共场合，那么一般可以选择比较清静、优雅的咖啡厅、茶吧等。

5. HOW——如何约见

约见的具体方法，随后会详细讲解。

二、约见顾客的方式

1. 当面约见

当面约见是指推销员与顾客当面约定约见的时间、地点、方式的约见方法。这种约见比较简便，一般是顾客和推销员在公众场合见面后，推销员直接提出约见的要求。这种约见往往适用于相对比较熟悉，或者初次相逢却谈得比较投机，顾客期待着继续找机会细谈的情况。

案例 4.6

方明参加一次同学生日聚会的时候，和邻座的一个年轻人聊得很投机，互有好感。双方有很多的相同爱好，而且对时下比较流行的"杀人"游戏都有浓厚的兴趣，彼此从陌生到熟悉，话语越聊越透，更巧的是两人的星座都是双子座。在融洽的氛围中，年轻人对方明的推销工作给予充分的理解，正好他们公司要上一套方明公司的系统，就这样双方商定好了拜访的事情。

【案例解读】

待人要真诚友善，认识朋友越多，推销渠道越广，就会得到意想不到的效果，做推销有的时候并不是那么难，关键看你是否有"心"，可能坐在你对面的人就正是你要寻找的顾客，关键看你是否能及时把握。

2. 电话约见

对于没有谋面的顾客，通常采用电话约见的方法。推销员手里只有顾客的名单和联系方式，其他材料掌握得并不是很多，在这种情况下一般采用这种电话约见的方式。这些顾客名单可能来自黄页，也可能来自行业协会的资料，上面仅仅有单位名称、负责人电话，推销员仅能尝试使用电话进行约见，从侧面了解顾客所需。

一般来说电话约见的程序包括这样几个步骤：问好及寒暄；介绍自己及公司；道明电话目的；"二择一"法确定约见时间；重申约见时间；礼貌结束通话。

案例 4.7

推销员："您好，张先生。我是××保险公司的业务员马磊。我听您的大学同学刘松说您太太刚给您生了一个宝贝儿子，祝福您啊！"

客户："谢谢啊！可是你找我有什么事情吗？"

推销员："哦，张先生是这样的，我们公司有一款少儿产品非常适合您的宝宝，不仅保障价值高，红利也丰厚，每月交的钱不多，可得到的利益却不少。"

客户："真的吗？不过我和太太还没考虑过买保险。"

推销员："那没关系，张先生我先把投保意向书给您带过来，再顺便给您看看我们保险公司的介绍资料。您先了解一下，如果觉得不划算，不买也没关系的。"

客户："哦，是这样的啊，那行吧！"

推销员："您认为什么时间面谈方便呢？是这个星期三上午 10 点还是星期四下午 3 点呢？"

客户："那你星期四下午 3 点到我办公室来吧，我应该有空。"

推销员："那好，张先生，我再和您确认下，星期四下午 3 点××保险公司的业务员方磊去您办公室拜访您！您办公室在东华路 A 座 16－03 号，是这样的吧？"

客户："对，没错。"

推销员："好的，谢谢您，张先生，我们星期四见。"

【案例解读】

电话约见，要开门见山，别故弄玄虚，顾客没那么多时间陪你周旋，所以要简明扼要地说明打电话的目的。尽量用"二择一"法则，按照顾客的意图选定约见的时间，千万别忘了再次确认，有的时候顾客过于忙碌，会将约好的时间遗忘掉，所以要提醒顾客一下。最后别忘了给顾客留下好印象，别忘了致谢，毕竟顾客花了时间听你的电话，还同意了你的预约！

3. 信函约见

信函约见是推销员利用写信的形式约见顾客的一种方法。信函通常包括个人书信、单位信函、参会邀请等。信函可以打印，也可以手写，不过手写时应注意字体要美观大方。

4. 他人引见

他人引见即委托第三人代为约见顾客的一种方法。中间人代为约见，更能使顾客接受约见，缩短与推销员的心理距离。

5. 广告约见

广告约见是指推销员利用广告的形式约见顾客的方式。如辽宁某保险公司利用当地电台搞讲座的形式发出广告信息，约见对保险感兴趣的听众。推销员可选用广告媒体，如电台广播、电视、报纸、杂志等。利用广告进行约见可以把约见的对象、需具备的资格、约见的目的、约见的时间、约见的地点等准确地告诉受约者。现实中企业在电视媒体上发布的招聘广告实质上就是广告约见。

6. 互联网约见

互联网约见是推销员利用互联网与顾客在网络上进行约见的一种方法。互联网约见包括电子信箱（E-mail）、商业网站留言、在线咨询等。

互联网约见的优点是快捷、便利、范围广，不受时间和地点约束。缺点是目标顾客关注度不高，难以及时沟通。

案例 4.8

李浩是个旅游爱好者，每天茶余饭后都喜欢打开计算机查找一些旅游网站，看看有没有什么新奇的旅游场所，尽量找到花钱少、实惠大的景点。最近他迷上了"团购"，看到五花八门的旅游景点，价格很实在，非常想去凑个热闹，可是随着看的资料多了，不禁也有点儿怀疑，原价 4 800 元的港澳六日游，团购仅需 480 元，这似乎有点太离谱了。于是他就按照提示，在线咨询网站的工作人员，可是每次都无人回应，虽想参团，但是充满疑虑，慢慢地也就没有再去购买的冲动了。

【案例解读】

如今是网络普及的时代，据媒体报道，中国现在有网民总数超过 4 亿人，有的年轻人甚至离开网络就无法生存。通过网络约见顾客是非常便捷的事情，但是要取得顾客信任是需要推销员用时间去沟通的。在线咨询如果长期没有回应，顾客对心中的疑惑不能消除，那永远也不能约见成功。

约见方式的优势及注意事项如表 4.1 所示。

表 4.1　约见方式的优势及注意事项

约见方式	优势	注意事项
当面约见	省时；直接；成功率高	要有信心；观察顾客反应；注重仪表；优秀的谈话技巧；娴熟的话术
电话约见	方便快捷；经济实惠；及时反馈	真心实意；优秀的谈话技巧；娴熟的话术
信函约见	准备时间充沛；专业；第一印象好；表达内容丰富	适用于与专业人士及企业决策人的联系；配合电话约见
他人引见	成功率高；见效快	找好第三人；优秀的谈话技巧
广告约见	传播速度快，受众多，提升推销者形象	选准媒体；防止外来竞争者模仿
互联网约见	快捷；便利；费用低；传播范围广；无地域限制	制作精美；及时答疑

任务验收

（1）什么是约见顾客的 4W1H？

（2）约见顾客的方式有哪些？

任务情境

约访对象事由：

（1）某校教导主任张某，推广辅导课程。

（2）某工厂叶总工程师，推广机器设备辅助零配件。

（3）某机关工会主席王某，推广某品牌运动服。

任务目的

（1）加深对约见顾客意义的理解。

（2）掌握各种约见顾客的方式。

任务要求

（1）组建任务小组，每组 5~6 人为宜，选出组长。

（2）各组分角色分析情境，讨论表演流程，选择一人负责观察、指导。

（3）进行交叉打分，即选取一个小组表演后，其他小组各选派一名成员担任评委，负责点评。

（4）课代表要做好成绩记录。

任务考核

（1）情境表演的真实性、合理性：2 分。

（2）小组成员团队合作默契：3 分。

（3）角色表演到位：4 分。

（4）道具准备充分：1 分。

（5）满分：10 分。

任务三　接近顾客的方法

初阶任务

任务情景剧

　　旁白：孙经理和业务员们齐心协力，使用了各种约见顾客的方法，还别说，真成功约见了很多单位，有学校，有制药厂，有移动公司、联通公司，还有酒厂等，接下来就要接近顾客了，大家看看都用了哪些方法。

张铭："侯总，您好，这是我大学同学孙凯，飞达广告公司的业务部经理。"

……

孙凯："侯总您好，我是飞达广告公司的小孙，您看这幅广告图气派吗？"

侯总："呀，太出乎意料了，这不是我们厂的产品吗？什么时候跑到火车站做广告了？效果很不错嘛。"

孙凯："侯总，您好，这是我让我们设计师制作的广告效果图，这样南来北往的顾客都能看到你们产品的大幅广告，我想对提升你们产品的知名度肯定有非常大的帮助。"

侯总："嗯，什么报价，说来听听。"

……

孙凯："王经理，多日没见，您怎么衰老很多啊？"

王经理："唉，别提了，产品一直没销路，虽说已经走出陕西了，可是销量还是不看长啊。"

孙凯："要想有销路，广告要先行，现在都什么年头了，还真以为'皇帝女儿不愁嫁'啊！"

王经理："公司没钱投广告，再说广告效果也不好，万一投了没效果，不是白投了！"

孙凯："你们是做拉杆箱的，这类产品主要适用于出差人群，如果投放在大众传媒上肯定收效小；相反专门针对出差群体，应该有效。如果现在有种广告对您的受众人群直接起作用，您愿意考虑不？"

王经理："那当然愿意。如果投了广告起作用，我肯定舍得花钱。"

……

孙凯："王校长，您好，我今天想向您请教个问题，您看我毕业很多年了，已经很少摸书本了，但是这个问题困惑我很久了，我知道您是著名的营销大师、资深的教授，享受国务院政府津贴，我看了您的精品课程网站，非常受益。"

王校长乐着说："算了，别贫了，你导师和我是老关系了，什么问题能难倒他的得意门生？"

孙凯："哪是什么得意门生啊？我都怕给我导师丢脸。王校长您帮我分析下，我们火车站的车柱广告为什么这么难销呢？不瞒您说，我忙活了一个月才卖出十二根柱子，我们总经理都批评我了，所以请您帮我指条路吧。"

……

任务描述

（1）孙凯使用了几种推销接近方法？

（2）每种推销接近方法应注意的事项是什么？

（3）你觉得他使用的方法当中，哪一种最有成效？为什么？

任务学习

接近准备和约见顾客的工作完成后，推销员终于有机会认识顾客的庐山真面目了，但是顾客愿意不愿意给你一个接近的机会，那要看推销员的实际本领了。在这个任务章节里，我们着重讲推销员接近顾客的方法，它直接影响到推销工作的成败。最常见的接近方法有以下几种。

一、介绍接近法

介绍接近法是指推销员通过自我介绍或第三人介绍接近顾客的方法。

1. 分类

介绍按媒介人不同可分为自我介绍法和他人介绍法两种方法。

（1）自我介绍法是推销员接触顾客后主动亮明自己的身份，进行自我展示的一种方法。有资料显示，推销员自我介绍并不能给顾客带来多深的印象，只有在对方比较欣赏你的时候，才会再次询问推销员的姓名，因此推销员在自我介绍的时候，要尽量有特点，不可千篇一律。如果你的名字可能和某个历史名人或者当下的电影明星比较相近，你就可以采用借"名人"之势来报出自己的名字。

（2）他人介绍法是指推销员借助与顾客熟悉的第三者，通过打电话、写推荐信、当面介绍等方式接近顾客的一种方法。一般来说，介绍人与顾客之间的关系越紧密，介绍的作用就越大，顾客也就越愿意接纳推销员。

就现实推销情况而言，介绍法若事先没有紧要人物代为引荐，这种方法很难引起顾客的注意和好感，介绍平淡会导致顾客没印象，介绍过于夸张会让顾客觉得有"王婆卖瓜，自卖自夸"之嫌，很难进入洽谈。介绍接近法是最常用的一种方法，但是效果也最差，建议搭配其他接近方法使用。

2. 注意事项

（1）要大方得体，给对方留有好感。

（2）要沉着、镇静，说话、举止有分寸。

3. 实战例句

"您好，马先生，您知道《郑和下西洋》的故事吗？对，我叫郑海国，郑和的郑，大海的海，国家的国，三通销售公司的推销员，很高兴认识您，这是我的名片，请多关照！"

"来，小王，这个是 HC 公司的技术员马强，清华大学毕业的高材生。"

案例 4.9

王海大学毕业后到一家保健品公司做业务员，由于是营销专业科班毕业，职业素养好，为人真诚实在，工作又勤奋，很多顾客接触他后，都愿意和他打交道，所以他工作不到一年就积累了很多的顾客。由于王海工作之余认真研读心理学，对老年人的心理掌握得非常透彻，这些老年的顾客都把他当自己家的孩子看待，虽然他没主动提出，但是这些老年的顾客都很愿意把他介绍给自己的朋友、同学、同事，这样一来，王海的顾客就越来越多了。

【案例解读】

小时候我们都玩过堆雪人，用一个雪球慢慢地滚在地上，转了几圈后，就会发现雪球越来越大，于是雪人也就这样堆起来了。顾客的第三人介绍的力量是无穷的，只要你得到顾客的认可，商品质量又过硬，那么你的顾客就如同滚雪球一样，会越来越多的！

二、商品接近法

商品接近法又称为实物接近法，是指推销员直接利用推销商品实物或者模型接近顾客，以引起顾客对推销商品产生直观的认识、兴趣，转而进入洽谈的接近方法。商品接近法是让商品直接同顾客说话，让商品推销自己。精心策划的实物接近法能够调动顾客的感觉、嗅觉器官，通过商品自身的魅力与特性引起顾客的兴趣，最终实现顺利销售的目的。

1. 注意事项

（1）有吸引力。最好色、香、味俱全，要能引起顾客注意。

（2）设计精美。既方便推销员携带，又方便顾客操作。

（3）有形商品。可以摸得着、看得见。

（4）质地优良，耐磨。经得起顾客把玩，不变形、不掉色、经久耐用。

案例 4.10 ▪▪▪

刘明和女朋友走在大街上，突然迎面走来一个穿红衣服的小女孩，问道："大哥哥，您买束玫瑰花好吗？看这花多鲜艳啊，才5元1朵！您买了，我和我妈妈就可以买点包子吃了。"小女孩穿着很寒酸，小女孩的妈妈好像病恹恹地蹲在角落里，可是玫瑰花确实很新鲜，幽香四溢。刘明想想，才要5元一朵，于是就掏出10元，买了两朵花送给了女朋友。

【案例解读】

"耳听为虚，眼见为实"，当用推销商品接近顾客的时候，顾客看到后会产生直观的购买意愿，于是推销就顺利实现了。

2. 实战例句

"来，这位先生，感受一下我们的5D按摩椅，这款式、这质地都是全市最好的。"

三、利益接近法

利益接近法又称为实惠接近法，是指推销员利用商品能为顾客带来的利益、实惠，来引起顾客的关注和兴趣，从而接近顾客的一种方法。用这种推销方法接近顾客时，不是从宣传商品的自身优点入手，而是强调顾客购买后可得到的好处和收益。利益接近法主要采用直白陈述的方式，语言可以没有惊人之处，但是一定要告诉顾客购买推销商品所要得到的具体利益，如跳楼价甩货、挥泪大甩卖等。

1. 注意事项

（1）利益真实存在。不可为了吸引顾客，把商品功效夸大。一旦顾客觉得被欺骗，就不会再信任推销员了。

（2）有真凭实据。商品利益最好有第三方权威证明。

案例 4.11 ▪▪▪

"好消息！好消息！本店因经营不善，需要回笼资金，商品一律两元，两元钱你买不到吃亏，两元钱你买不到上当，所有商品统统都两元。"如今两元店遍布各中小城市，低廉的价位吸引了很多顾客光临，顾客在店里精挑细选，纷纷带着自己喜欢的商品满意而去。

【案例解读】

顾客之所以愿意光临，是受了两元店内的高音喇叭广告的吸引，这里"买不到吃亏，买不到上当"，给顾客带来了实在的利益，所以顾客才愿意走进店内挑选自己喜欢的商品。商品之所以便宜，是因为店里经营不善，需要资金回笼，那货物肯定要贱卖啊！

2. 实战例句

"大减价，全场清仓，最后一天！"

"打折了，打折了，赔钱甩卖了！"

四、好奇接近法

好奇接近法是推销员利用顾客的好奇心引起顾客的注意和兴趣从而接近顾客的方法。好奇之心，人皆有之。好奇心理是人们的一种原始驱动力，这种驱动力促使顾客去了解和接触商品。使用好奇接近法时，推销员一般抛出一个问题，或者描绘一种奇怪的现象，使顾客的视线落到推销员或推销商品上，从而通过解释顾客的疑虑，促成销售。

1. 注意事项

（1）推销员发挥创造性的思维，制造新奇的环境或氛围。

（2）推销员做法新颖别致，收放自如。

2. 实战例句

"地上是谁的钱包……"

"其实您每天都在丢钱，难道您没注意到吗？"

案例 4.12

（某小区菜市场早市）

小贩："走，跳，走，跳。"

（一些市民循着喊声观看，白色纸板上有个5厘米高的小木头人，在一走、一跳，让人觉得很奇怪）

小贩："来，走一个，再跳一个。"（左手在拉着什么）

顾客："咦？真好玩！多少钱，怎么卖？"

小贩："十元，买了就告诉你怎么弄。"

顾客："给你十元。"

（小贩从袋子里拿出一个新的木偶人，大家才恍然大悟，原来有一条绳子拴在小木偶人身上，因为有白板做底衬，所以不仔细看就根本看不到细绳）

（顾客也无语地笑着拿着木偶人走了）

【案例解读】

市民之所以围拢小贩，就是因为被小贩的声音和夸张动作所吸引，都觉得好奇：为什么木偶人那么听话？小贩也正是利用市民的好奇，卖出了很多木偶人。

五、震惊接近法

所谓震惊接近法，是指推销员设计一件令人吃惊或震撼人心的事物来引起顾客的注意和兴趣，从而进入洽谈状态的接近方法。

1. 注意事项

（1）震惊提示有醒目效果。

（2）唤起顾客日常疏忽的事情。生活中的很多事情经常发生，大多数顾客已经习以为常，震惊接近法，让顾客从平淡中惊醒，因此很有效果。

（3）促使顾客正视现实，提高说服力，利于推销成功。

序号6

案例 4.13

老张有二十年吸烟历史了，从来就没想到过要戒烟，孙峰作为某戒烟烟嘴的推销员几次接触老张都没有任何进展。这次拜访老张的时候，他没有一如既往地说商品，而是丢给老张两张照片："您希望您的身体也这样吗?"老张一看，原来是一张肺癌患者的肺部 X 光片，照片上的肺特别恐怖，看了都觉得恶心；另一张是一个奄奄一息的中年男子，脸色蜡黄，手捂着肺部，一副痛苦的表情。再仔细一看，画面上的中年男子长得和自己几乎一模一样，老张警醒，立刻购买了戒烟烟嘴。

【案例解读】

这位推销员使用的方法别出心裁，起到了很强的震撼效果，使老张瞬间警醒。为了不英年早逝，他购买了戒烟商品，渐渐远离了香烟。

2. 实战例句

"大妈，您家有净水器吗? 看这就是您小区购买我们商品后的三个月的滤芯。"

"哇，太恶心了，都黑乎乎的，你这净水器多少钱啊? ……"

六、马戏接近法

马戏接近法又称为戏剧化接近法、表演接近法，是指推销员利用戏剧性情节和表演技法唤起顾客的注意和兴趣，从而接近顾客的一种方法。马戏接近法是一种比较古老的推销方法，如今也一直在使用。古时候，小贩在大街小巷里用耍杂技、玩把戏、吹喇叭等方式吸引顾客，如今也有人用搭舞台唱戏、表演节目的方式吸引顾客。马戏接近法既要有艺术性，又要有科学性，要能使顾客觉得耳目一新，激发顾客对商品的兴趣。

1. 注意事项

（1）表演有艺术性。表演要有戏剧效果，要能够引起顾客的注意，唤起顾客的兴趣。

（2）表演扣人心弦。

（3）引顾客入戏。

（4）有关联性。

案例 4.14

某钢化玻璃杯厂推销员去某酒店推销钢化玻璃杯，他没有简单地把玻璃杯拿给酒店经理看，而是带了一把小锤子，对经理说，如果经理能用锤子砸烂这只杯，他可以免费提供给酒店 100 只同样的酒杯。经理瞧了瞧桌上的杯子，掂了掂分量，什么都没说，转瞬拿起锤子使劲一砸，结果杯子碎了，经理哈哈大笑。可是推销员又拿出一只杯子，对经理说："刚才那个是你们酒店目前正使用的杯子，我是花了 10 元钱在餐厅里购买的，这个才是我们公司生产的杯子。"他请经理再用力砸一下，结果经理使足劲儿，杯子却一点痕迹都没有，于是经理很痛快地购买了 500 只这样的玻璃杯。

【案例解读】

东西好坏，不是单纯通过对比就可以得出结论的。你得让顾客自己愿意做对比，用一种戏剧化的开场，把顾客导入剧情中，他自然能感受到推销商品的优势，于是购买就可顺利实现了。

2. 实战例句

"卖彩色棉花糖嘞!"小贩一边说一边用木棒缠绕糖絮，很多孩子随声围拢过来。

➤ 七、问题接近法

问题接近法也叫提问接近法或讨论接近法，是指推销员通过直接提问来引起顾客注意、唤起顾客兴趣，转而接近顾客的方法。提问接近法以提出问题拉开对话序幕，通过一问一答的形式，拉近顾客与推销员的距离，消除顾客的戒备心理，在问答中促成交易。在现实推销中，推销员根据推销商品的某些特征和功能向顾客提出相关问题，容易引起顾客的注意和思索，顾客回答问题本身，就已经流露出对商品的注意。

1. 注意事项

(1) 问题要精心设计，推销员要能掌控对话局面，让顾客的回答围绕自己的思路。
(2) 问题与商品紧密连接，迅速引起顾客注意，能促进成交。
(3) 问题言简意赅，便于顾客回答，切莫不着边际，让顾客感到迷惑。

案例 4.15 ▪▪

一位中年女顾客逛超市的时候，路过超市的保健品专柜，推销员看了她一眼后，微笑着问道："大姐，您昨天晚上没休息好吗? 看您满脸的疲惫。"

顾客："是啊，最近总失眠。"

推销员："如果有种药非常适合您，价钱也合理，您愿意看看吗?"

顾客："那当然，失眠多遭罪啊!"

推销员："大姐，那我向您推荐曲美口服液，这个对失眠效果非常好，这几天搞促销，原价16元/盒，现在10元/盒，相当于每天不到1元钱!"

顾客："那，好吧，先给我拿一盒，有效果我再多买。"

【案例解读】

用提问接近法时，所提问题应与推销商品有着比较紧密的关系，从顾客自然状况入手，使顾客乐于接受，但要把握推销对象，如果面对一个身体健康的人，就不适合用刚才的开场白了，这时要问其父母或其他长辈的身体状况，也许就会奏效。

2. 实战例句

"大妈，您最近睡眠不好吧? 看您气色不是很好。"
"大哥，最近是不是缺乏运动啊? 看您比去年又胖了很多。"

➤ 八、求教接近法

求教接近法又称征询接近法、请教接近法、咨询接近法，是指推销员抛出一个问题以虚心的态度向顾客寻找答案的一种接近顾客的方法。在现实推销工作中，多数顾客由于年龄、资历、阅历等因素都有些"好为人师"的心态，一般不会轻易拒绝虚心求教的推销员，他们往往会以过来人的身份，耐心地为人们解决问题。求教接近法就非常受此类顾客的欢迎。

1. 注意事项

（1）先赞美再提问。提问的时候毕恭毕敬，先给顾客"戴一项高帽子"，然后抛出自己精心设计的求教问题，以拉近与顾客的距离。

（2）只求教，不推销。洽谈的重心在求教上，不要让顾客感觉你有推销之嫌，对求教的问题最好认真做记录，让顾客放松警惕。

（3）表情关注，态度真诚。向顾客求教切不可心不在焉，不可东张西望，要给对方留下虚心好学的好印象。

（4）勿耗时间。控制好求教时间，切不可纠缠顾客，顾客愿意和你继续交谈除外。

案例 4.16

"出去，我不是警告过你，不要再来烦我了吗？我对你们的商品不感兴趣。"张经理烦躁地冲推销员喊道。

推销员："张经理，麻烦您给我5分钟，好吗？"

张经理："有话快说，时间一到赶紧走，我真的不想再见到你了，烦死了！"

推销员："是这样的，张经理，您讨厌我，那么我拜访您的时候肯定有很多失礼的地方，为了以后不至于再让顾客讨厌我，您能帮我分析下吗？谢谢您了，我是刚走入推销岗位的大学毕业生，还有很多地方不懂。"

张经理面色缓和下来道："你看你拜访顾客的时候，穿着那么寒酸，进门的时候敲门声太小……"

（推销员认真地听着张经理的说教，认真地拿笔记录……）

张经理："啊，你的家乡是汶川？哦，怪不得你总穿得那么简朴呢，不过总体上你也做得不错了，行了，明天把合同带过来吧。"

【案例解读】

求教接近法其实也可以说是主动示弱法，都说软刀子才伤人，这话一点儿都不假。当我们遇到久攻不下的顾客时，不如换个方法，即主动求教对方，用自己柔弱的一面来"攻克"对方，就如同平常我们说的"以柔克刚"。

2. 实战例句

"王经理，您看我是一个刚出校门的新业务员，听说您已经有十多年的推销经验了，可以给我粗略讲下推销技巧吗？"

"李姐，我才入行，按您工作这么多年的经验来看，我该怎么找到目标顾客呢？"

九、馈赠接近法

馈赠接近法又称有奖接近法、赠品接近法，是指推销员以赠送礼品给顾客，以引起对方的兴趣和注意来接近顾客的一种方法。"礼多人不怪"，在某些情况下，推销员可以用一些小礼品来吸引顾客的注意力，从而使其对推销商品产生购买兴趣和意愿。初次拜访顾客的时候，顺便带点小礼物，可能会起到意想不到的效果，比如一些带有公司 LOGO 的笔记本、钥匙扣、启瓶器等。等推销员走后，顾客翻看着小礼物，还会对其留有印象，为今后合作打下基础。在现实推销工作中，推销员利用礼品可以快速地拉近与顾客之间的距离，营造和谐的推销气氛，利于成交。

1. 注意事项

（1）礼物适用。礼物不在于贵重而在于适用，选送礼物时最好对顾客有所了解，投其所好。

（2）礼物价值要适当。初次谋面，彼此并不熟悉，礼物过于昂贵，会让对方提高警惕，反而会弄巧成拙，直接被对方拒绝。

（3）与企业形象相关联。礼物只是媒介，重要的是商品的销售，要使顾客能记住你的公司或商品。如某公司推销员前去拜访顾客的时候，都会顺便送个刻有公司名称的16G的小U盘，它虽然价值不大，但是能使顾客牢牢记住该公司的名字。

案例 4.17

一个推销员去某大公司拜访业务经理前，打听到该经理酷爱韩剧，还是个典型的京剧迷。就在正式拜访该经理前，他特意去一个收藏店购得一套正版的《霸王别姬》（DVD）。双方见面嘘寒问暖后，推销员拿出准备好的DVD送给经理，经理看到是自己苦寻好久没找到的好片子，心情特别高兴，双方在愉快的交流中，签订了合同。

【案例解读】

拜访接见本身属于公事，但是因为推销员精心准备的一份小礼物，顾客觉得推销员有"心"，因此在同等情况下，自然而然就选择与有"心"的推销员合作了。

2. 实战例句：

"王老师，这是我们出版社纪念成立六十周年特意为每位老师准备的U盘，上面印有我们社的LOGO，送给您，希望您喜欢。"

"马女士，这是我们为到店咨询的有意向装修的顾客准备的除湿器，您做决定后联系我们，到时候我向经理申请给您个内部优惠价。"

十、赞美接近法

赞美接近法又称为恭维接近法、夸奖接近法，是指推销员利用顾客的虚荣心多说赞美、恭维的话以博得顾客的好感，从而接近顾客的方法。赞美接近法的实质是推销员利用人们希望得到赞美的心理来达到接近顾客的目的。喜欢得到别人的肯定、夸奖和赞美是人们的共性，推销员利用这种共性接近顾客，可以很好地满足顾客的优越感，会让顾客放松警戒之心，缩短与自己的心理距离，从而达到接近顾客的目的。赞美接近法顺应了顾客的优越感和求荣心态，恰当、准确的赞美会快速拉近与顾客之间的距离。

1. 注意细节

（1）恭维得体，发自内心。选择恰当的赞美目标，避免说错话。"人无完人，金无足赤"，任何人都有缺点，任何人也都有优点，因此推销员要抓住顾客的闪光点进行赞美，但是切忌信口开河、胡吹乱捧，避免发生"马屁拍在马腿上""矮子面前夸个高"的现象。

（2）掌握火候，适可而止。赞美不等于奉承，推销员赞美顾客，一定要把握分寸，说话不可以太绝对，不可夸大其词。事实上，不合实际的虚假赞美，会让顾客感到虚情假意，甚至让顾客感到自己被嘲讽，这样的推销肯定失败。

（3）因人而异，方式妥当。赞美不可千篇一律，要根据顾客的类型、特点有所调整。对于表情严肃的顾客，赞语应自然朴实，点到为止；对于爱慕虚荣的顾客，则尽量多说赞美之词。对于年长的顾客，应多用委婉的赞语；对于年少的顾客，则可用热情的赞语。

案例 4.18

一个推销员向一位体态发胖的中年女性推销化妆品。"这位女士，您生活真滋润，一看就知道您过得非常舒心，您先生工作也非常顺心吧，因为您长了一副旺夫相。"

女士起初还不解，疑惑地看着推销员。

"您这眉毛向下弯曲，这叫富月眉；您的眼睛略上翘，这叫登高眼，这在古代是大富大贵之相。"

女士嘴上没说，但是表情很自得，"嗯，我们家的条件还行吧，也还别说，上个月我老公刚提了正处。"

两人越说越近乎，化妆品也很顺利地销售出去了。

【案例解读】

遇见顾客，要积极寻找其闪光点，夸赞其没人注意到的地方。只要顾客觉得有道理，自然就能拉近与你的距离，距离近了，买卖自然就顺利了。

2. 实战例句

"大妈，您气色真好，一看就是生活特别幸福……"

"大姐，您真是天生丽质，您年轻时候肯定更漂亮……"

十一、调查接近法

所谓调查接近法，是指推销员利用走访、了解市场的机会接近顾客的一种方法。在许多情况下，无论推销员事先如何进行充分准备，总会有一些无法弄清楚的问题。因此，在正式洽谈之前，推销员必须进行接近调查，以摸清顾客的需求，确定顾客是否可以接纳推销商品。该方法可以被看成一种销售服务或销售咨询，它比较容易消除顾客的戒心，成功率比较高。推销员可以依据事先设计好的一份调查问卷，征询顾客的意见，同时捕捉顾客的真实需求，再从问卷着手比较自然地转为推销。调查接近法和问题接近法的区别是，调查接近法不一定以问题的方式来开场，而问题接近法也无须使用调查问卷。

1. 注意事项

（1）目的明确，围绕推销主题。调查的目的不是了解顾客的想法，而是要和推销挂钩，利于成交。

（2）精心设计，避免顾客怀疑。顾客本身对推销员充满警惕，甚至敌视的态度，推销员要精心设计调查氛围，让顾客放松警惕，缓解调查压力。

（3）适当补偿。通常来说顾客大都不愿意花费自己的时间配合推销员做问卷调查，即使配合也大都比较敷衍，会导致调查很难了解到顾客的真实意愿。推销员可以考虑给予物质或精神的补偿，有效激励顾客参与调查，如赠送小礼品、幸运抽奖等。

案例 4.19

一家治疗脱发的生产厂家在商品问世后，并没有急着投放到各大超市，而是雇用很多推销员，让他们拿着公司设计好的调查问卷，找一些中年顾客进行调查，了解他们平时的洗发、护发情况。在调查过程中，推销员会发些试验装小样品。通过这样的走访方式，该公司的商品日渐打入市场。

【案例解读】

我国古代有个典故是"围魏救赵"，有时看似做些不搭边的事情，其实又密切相关。通过问卷调查、提供服务来接近顾客，往往会化解顾客的防备之心，赢得顾客的好感，使生意顺利成交。

2. 实战例句

"大妈，您好，我们公司在小区做个问卷调查……"

十二、搭讪接近法

搭讪接近法又称聊天接近法、拉关系接近法、哈罗接近法、问候接近法，是指推销员利用各种机会通过主动与顾客打招呼、问好等方式接近陌生顾客的方法。搭讪接近法可以被形象地比喻为没话找话法。推销员看到目标顾客，通过闲聊、问事、问路、打听消息等方式，拉近与顾客之间的距离，建立与顾客之间的好感，借以进行推销。

搭讪接近法不会很快进入推销主题，有时要用很长的话语接近顾客，因此要花费很多时间。

1. 注意事项

（1）积极主动。寻找到目标顾客后，在没有其他更好方法的情况下，搭讪接近法是可以选择的一种方法。遇到合适的顾客，要积极主动上前搭讪，不要犹豫。

（2）真诚大方。推销员应主动创造条件和顾客进行搭讪，给对方以真诚之感，如问个路、借个火、打听个事情等。

（3）话题简单。"话不投机半句多"，要想和顾客建立好感，双方至少得聊天愉快，因此搭讪的话题要简单轻松，不要为难对方。

（4）面带微笑。初次见到陌生顾客，尤其是你主动和对方搭讪时，微笑的表情非常重要。

案例 4.20

张明在劳动节带着儿子逛公园时，看到一位衣着华丽的中年女士，巧合的是两人都是带着孩子逛公园，张明就主动找机会和这位女士搭讪："今天天气不错，您也带孩子逛公园啊？"

"嗯，是的，这几天孩子刚考完试，我带她出来放松一下。"

"一看您就是一位贤妻良母啊，您女儿长得真像您，尤其是眼睛太像了，一对凤眼，真是人见人爱。"

"谢谢，还好了……。"

双方就这样闲谈起来，张明知道了该女士的工作单位和职位，他们单位正在采购一批打印机设备。张明也主动自报家门，说其公司正好是生产打印机器材的，并且提出可以带商品资料给该女士做下参考。由于双方在孩子教育问题上聊得很开心，该女士同意了其拜访要求。

【案例解读】

"无心插柳柳成荫"，作为推销员要充分利用各种机会寻找顾客，与目标顾客进行主动搭讪，说不定对方就是你商品的潜在购买者。搭讪顾客时，要尽量地多获得对方的信息，但是绝对不能让对方厌烦。

2. 实战例句

"先生，18 路车站怎么走？"

"大姐，您也天天早晨锻炼啊！"

"大兄弟，现在几点了？"

接近顾客的方法除了上述 12 种外，还有连续接近法、表演接近法、接近商圈法等。其实在实际工作中，推销员可灵活运用，既可以单独使用其中的一种方法，也可以多种方法配合使用。

任务验收

（1）接近个体顾客时需要做哪些准备，需要准备的资料又有哪些？

（2）常用的约见顾客方法有多少种？各有何优缺点？

（3）在接近顾客的方法中，你觉得哪种最实用？请说明理由。

～～～～中阶任务～～～～

任务情境

场景：美化公司，孙经理办公室。

（铛，铛，铛）

孙经理："请进。"（看了一眼小王，表情严肃道）"怎么，你又来了，我都说了我们不需要打印机，怎么你们推销员都像狗皮膏药，死缠烂打啊。"

小王："别啊，孙经理，我不是属狗的，我属兔子的。"（表情扮可爱状）

孙经理："得，我甭管你属什么的，我顶多给你 5 分钟，我马上就要去开会。"（看了一眼手表）

小王："孙经理，您好，您是说你们公司所有的打印业务都交给下面的复印社去做吗？"

孙经理："是的啊，你看我们公司负责的业务都是大客户，这些零碎的东西，我们的员工实在忙不开啊。"

小王："哎呀，孙经理，您脚底下有张 100 元钱啊。"（说着用手指着孙经理的脚下）

孙经理立刻低下头，发现没有任何钞票的时候，很是生气："你小小年纪，怎么忽悠我，我这年龄都赶上你爸爸大了。"

小王态度可亲地说："其实，孙经理，我真没跟您开玩笑，我就是打了个比方。您想您公司顾客很多，那一年要打印的东西也很多吧？而且一台打印机不单纯是一个办公工具，还是连接顾客关系的一个纽带，打印出来的东西好坏代表着一个公司的形象。虽然看起来一台超清打印机要 40 万元，但是可以无故障使用 5 年，那每年也就 8 万元，我大致算了下，您公司每年打印的数量有 80 万张，除去打印纸，年消耗量是 10 万元，而委托给复印社打印，每年要花费 20 万元。如果您买了打印机，就算您再雇用一个专职打印员，年薪 3 万元，那您也会节省 7 万元，一年 365 天，是不是相当于您每天至少丢 100 多元啊？"

孙经理眼睛发亮，略微沉思："嗯，想想也是啊。不过，你们的技术……"

小王："孙经理，您放心，我们 HK 公司是家外资公司，科研技术实力雄厚，是世界上最强的生产打印机的公司之一，在业界有很好的口碑，拥有很多的高端顾客，连丽水市政府的打印机都是用的我们公司的。"

秘书："孙经理，开会了。"

孙经理："告诉他们，稍等我下。"（又仔细看着产品说明书）

（小王拿面巾纸擦去汗，眼睛却一直盯着说明书）

孙经理："小王，你先回去吧，我再考虑下，等我电话。"

小王立刻起身："好的，孙经理，再见啊，我等您电话。"（始终面带笑容，走出办公室）

旁白：次日，九点钟，小王正在写拜访日志。

场景：小王办公室。

桌上的电话响了起来，三声铃响后，小王接起电话："喂，您好，这里是 HK 公司。啊，孙经理啊。嗯，好的，那我准备合同，我们下午 3 点见。"挂上电话，"哦，耶！"

任务目的

（1）加深对推销员接近顾客的方法的理解。

（2）进一步熟悉接近顾客的准备内容。

（3）感受接近顾客的艺术性。

任务要求

（1）组建任务小组，每组 5~6 人为宜，选出组长。

（2）各组分角色分析情境，讨论表演流程，选择一人负责观察、指导。

（3）进行交叉打分，即选取一个小组表演后，其他小组各选派一名成员担任评委，负责点评。

（4）课代表要做好记录。

任务考核

（1）情境表演的真实性、合理性：2 分。

（2）小组成员团队合作默契：3 分。

（3）角色表演到位：4 分。

（4）道具准备充分：1 分。

（5）满分：10 分。

知识点概要

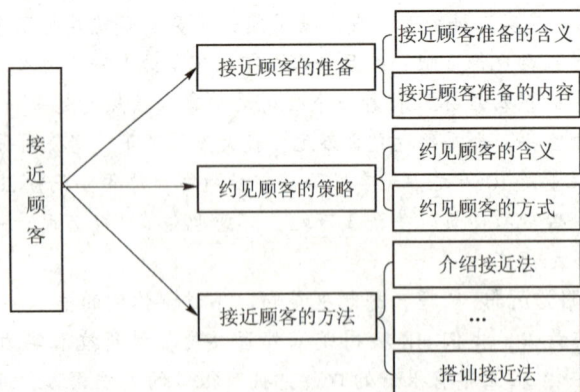

项目四知识结构图

※**重要概念**※

接近准备　团体顾客　介绍接近法　好奇接近法　震惊接近法　求教接近法　馈赠接近法
搭讪接近法

※重要理论※

（1）接近顾客要做的准备工作。

（2）约见顾客的方式。

（3）约见顾客的方法。

客观题自测

一、单选题

1. "其实您每天都在丢钱，难道您没注意到吗？"属于哪种方法？（ ）。

    A. 产品接近法   B. 利益接近法   C. 好奇接近法   D. 求教接近法

2. 推销员利用顾客的虚荣心多说赞美、恭维的话博得顾客的好感，从而接近顾客的方法是（ ）。

    A. 赞美接近法   B. 求教接近法   C. 利益接近法   D. 商品接近法

3. 接近顾客要做什么准备？（ ）。

    A. 资金准备   B. 心理准备   C. 礼品准备   D. 形象准备

4. 接近个体顾客与团体顾客的准备工作有什么不一样？（ ）。

    A. 年龄的考虑   B. 用途的考虑

    C. 采购习惯的考虑   D. 采购人兴趣爱好的考虑

5. "王经理，您看我是个刚出校门的新人，听说您已经有十多年的推销经验了，可以给我讲讲推销的技巧吗？"这使用了什么接近法？（ ）。

    A. 求教接近法   B. 问题接近法   C. 馈赠接近法   D. 好奇接近法

二、多选题

1. 求教接近法又称为什么接近法？（ ）。

    A. 征询接近法   B. 请教接近法   C. 讨论接近法   D. 咨询接近法

2. 顾客分为（ ）。

    A. 新顾客   B. 老顾客   C. 团体顾客   D. 个体顾客

3. 使用搭讪接近法应注意哪几个细节？（ ）。

    A. 积极主动   B. 真诚大方   C. 话题简单   D. 面带微笑

4. 下列哪些是属于利益接近法的？（ ）。

    A. 跳楼价甩货   B. 挥泪大甩卖

    C. 怒砸茅台酒   D. 店面到期全场清仓

5. 好奇接近法是推销员利用顾客的好奇心引起顾客的什么？（ ）。

    A. 注意   B. 瞩目   C. 喜爱   D. 兴趣

高阶任务

任务情境

某天你的主管给你一份任务，让你去拜访某公司的马经理，主管只告诉了你他的年龄（50岁）、工作单位，其他情况并不清楚。

任务说明：请说明你拜访的时候要了解马经理的哪些情况，并在接近对方时至少使用五种以上的接近方法。

假如你大学时的班主任刚好和马经理的儿子是大学同学，你采用哪种方式接近马经理？请描述经过并阐释你的理由。

任务目的

（1）掌握接近准备工作的内容。

（2）正确根据顾客采用适宜的推销接近方式。

（3）熟练使用各种推销接近方法。

任务要求

（1）分别组建一支销售团队，每组5～6人为宜，选出组长。

（2）每组集体讨论台词的撰写和加工过程，各安排一个人做好拍摄工作。

（3）每组各选出1名成员作为顾客或推销员的角色表演者，通过角色表演PK的形式来确定各组的输赢。

（4）其他小组各派出一名代表担任评委，并负责点评。

（5）教师做好验收点评，并提出待提高的地方。

（6）课代表做好点评记录并登记各组成员的成绩。

任务验收标准

高阶任务验收标准

项目		验收标准	分值/分	验收成绩/分	权重/%
验收指标	理论知识	基本概念清晰	15		40
		基本理论理解准确	25		
		了解推销前沿知识	20		
		基本理论系统、全面	40		
	推销技能	分析条理性	15		40
		剧本设计可操作性	25		
		台词熟练	10		
		表情自然，充满自信	10		
		推销节奏把握程度	40		
	职业道德	团队分工与合作能力	30		20
		团队纪律	15		
		自我学习与管理能力	25		
		团队管理与创新能力	30		
最终成绩					
备注					

项目五

推销洽谈

知识目标

1. 熟悉推销洽谈的目标与内容
2. 了解推销洽谈的原则与步骤
3. 掌握推销洽谈的方法
4. 理解推销洽谈的策略与技巧

能力目标

1. 提高对洽谈目标的理解能力
2. 提升推销洽谈的掌控能力
3. 提高推销洽谈方法的运用能力

任务构成

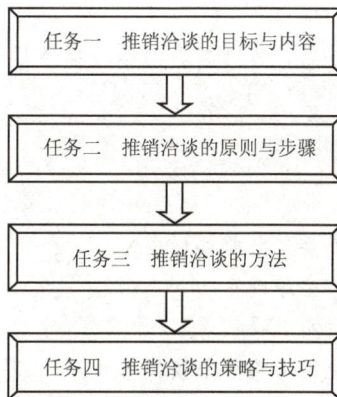

任务一　推销洽谈的目标与内容

任务二　推销洽谈的原则与步骤

任务三　推销洽谈的方法

任务四　推销洽谈的策略与技巧

~~~~~初阶任务~~~~~

任务情景剧

　　旁白：小张是××学院市场营销专业的毕业生，大学毕业后已经从事多年的销售工作了，如今她在vivo手机专柜工作。以下是发生在她身上的故事。

　　小张："欢迎光临，有什么需要我帮助的吗？"

　　顾客："我想买一款手机，要像素高的、照相自带美颜功能的。"

　　小张："这款vivo X27就很不错，带有4 800万广角三摄、升降式摄像头，买的人非常多。"

　　顾客接过手机："嗯，手感确实不错，多少钱？"

　　小张："8＋256 G内存的是3 280元。"

　　顾客："啊，这也太贵了！我打算买一个2 000元以内的。"

　　小张："那您看看这个，vivo X2手机配备8 GB运存＋128 GB内存，骁龙670处理器，全新的屏幕指纹系统以及后置3倍长焦镜头，独立音频DAC芯片。这个才1 980元。"

　　顾客："嗯，听起来还不错。不过，这机器不是前两年就推出来了吗？"

　　小张："嗯，这确实是2018年8月上市的，《偶像练习生》主要角色蔡徐坤代言的，机器采用6.41英寸的水滴屏设计，屏占比高达91.2%，买的人还是很多的呢。"

　　顾客："能优惠点儿不？1 800元怎样？"

　　小张："我们苏宁是明码标价，肯定货真价实。这款机器现在库存没几台了，再犹豫就断货了。"（顾客接过票，去交款了）

任务描述

　　(1) 请分析推销洽谈中推销员要完成哪些任务？

　　(2) 推销洽谈过程中要注意哪些原则？

　　(3) 小张使用了哪些洽谈方法？

　　(4) 小张顺利卖出手机，他使用了哪些洽谈技巧？

任务学习

一、推销洽谈的目标

　　所谓推销洽谈，是指顾客接近推销员后，推销员运用各种方式和手段推荐商品，设法说服顾客做出购买行为的过程。对于整个推销过程来说，这是一个关键性的环节。顾客接近是推销洽谈的基础，推销洽谈又是商品成交的前提。

只有转入推销洽谈后，推销才能接近成功。推销洽谈的具体目标如下：

1. 传递推销信息

顾客对推销商品不熟悉，甚至完全陌生，因此推销员在推销洽谈中的第一任务就是向顾客准确地传递商品品牌、功能等推销信息，顾客只有在充分了解相关信息后，才会有针对性地比较，从而做出购买决策。推销员传递给顾客的信息越多、越全面，就越有利于顾客获得对商品的感性认知，帮助顾客尽快了解和熟悉推销商品的特性及其所能带来的好处，增强顾客对推销商品以及生产企业的好感，激发顾客产生浓厚的购买兴趣，便于实现洽谈的目的。

2. 解除顾客困惑

在推销洽谈中，顾客接收到推销员传递的有关推销商品的信息后，往往会提出一些问题或建议，比如说商品的材质、功能等，作为推销员要认真、耐心地给以回答，只有消除了顾客的疑虑，才会激起顾客的购买意愿；相反，如果顾客提出问题，推销员一问三不知，或者不能解惑到位，顾客自然就不愿意购买商品。

顾客提出问题的原因主要有四种：

（1）推销员所发出的信息不够全面，不够准确。对于信息发布不全面导致的问题，推销员要迅速地补足信息，更全面客观地介绍商品；对于提供的信息不准确而难以让顾客信服的地方，推销员要拿出尽可能多的证据，出示给顾客，让顾客放心。

（2）推销员传递信息的方式不恰当或不正确。对于信息沟通不当产生的问题，推销员应设法更换沟通方式，再次发出推销信息，使顾客有效接收。如有的顾客文化层次低，听不懂普通话，那么可采用当地方言使他明白；对于不熟悉本地语言的顾客，请直接用普通话交流；对于外国友人或聋哑人士，请用书写代替语言交流。

（3）顾客对商品一无所知。此类问题是推销工作中最常见的问题，顾客不是专家，对商品没有清晰的概念，这就需要推销员像专家一样，一一解答顾客心中的疑问，只有这样才能帮助顾客加深对新商品的印象。

（4）顾客的误解或偏见。顾客出于对某种商品的不信任而道听途说导致故意扭曲商品时，推销员要耐心解释，通过举例子、摆事实、讲道理，更新顾客的认知观念。

3. 主动发现并满足顾客需求

推销的实质是满足顾客的需求。要想满足顾客的需求，首先要发现顾客的购买需求和动机，而顾客对商品的关注和兴趣直接影响着购买需求，因此就形成一连串的连锁反应：顾客的购买行为是受购买动机支配的，而购买动机又取决于顾客的需求，顾客的需求又受顾客兴趣的影响。因此，只有保持顾客长久的兴趣，有效诱导顾客的购买动机，顾客才会主动提出购买商品。为此，推销员在洽谈之初就必须先了解顾客的需求，并投其所好地进行推销洽谈。

为了更好地发现顾客的需求，推销员可以有针对性地展示推销商品，通过对顾客的察言观色，来捕捉顾客的需求。顾客只有接触到商品才能意识到它的价值和功能，从而确定是否购买。推销商品的展示要因人而异，不同的顾客对商品有不同的需求。

4. 促使顾客做出购买行动

推销员寻找、接近、说服顾客的最终目的是促成交易，否则推销洽谈就是失败之举。顾客购买活动的心理过程历经认识商品、明确动机阶段之后，还要经过情绪变化和意志决定这两个阶段。顾客接受了推销员对商品的介绍，认同了推销员的看法，并不表示愿意做出购买决定，这就需要推销员准确地把握顾客购买决策前的心理冲突，用各种方法或手段刺激顾客的购买欲望，引导顾客做出购买决定，从而做出购买行为。

二、推销洽谈的内容

在洽谈方案中，必须事先确定洽谈可能涉及的内容，洽谈的内容也应根据顾客所关心的问题来确定。一般包括以下几方面的内容。

1. 推销商品的品质

推销商品的品质是推销商品内在质量和外观形态的综合体现。推销商品质量好坏是顾客衡量是否值得购买的一个重要原因，不同品质的商品具有不同的使用价值，可满足不同层次的需求。商品的品质还是决定商品销售价格的实质性因素，不同的品质也决定了不同的价格，但是质量因素不是顾客做出购买行为的唯一因素，因此推销员在与顾客的洽谈中，在重点介绍推销商品的品质时应善于利用商品质量标准。洽谈推销商品的品质要联系其实用性，即与顾客关注点相融合，如顾客注重享受，就要突显品质优良；顾客贪图实惠，就要突显品质符合大众要求。洽谈推销商品的品质时还要突显主次，重点向顾客传递其最感兴趣的品质特点，其他优点可一笔带过。

2. 推销商品的购买数量

商品的数量也是推销洽谈中比较关键的一个因素。因为顾客购买商品数量的多少直接关系到交易形式及交易的价格。推销员应本着利益最大化原则，在不违背公司利益的前提下，适当给予价格优惠。当然，推销员也可以充分利用量大价优的道理，说服顾客增加购买数量，实现双方利益均衡。

案例 5.1

"当，当，当。"

"请进！哦，小李啊，快请坐。"

"王经理，距上次和您谈订货合同的事情，都过去一周了，您考虑得怎样了？"

"嗯，是有些日子了。不过你们的价格确实有点高，关键我怕卖不动啊。"

"王经理，我公司给您的价格算很优惠了，每盒才 3.4 元，已经很低了，因为您是老主顾了，我们给别人都是 3.7 元呢。"

"你要是降到 3 元，我立刻和你签合同。"

"王经理，您真是太难为我了，这个价格肯定做不来的。您也知道，现在所有的原材料价格都上涨，您的量才 2 000 盒，又不是很大。不过，要是您能订货 5 000 盒，我就可以按大顾客为您特意申请。我们这个商品在市面上卖得非常好，您上次订的货应该也快售完了吧！您分着拿货真不如一次订货，可以省很多钱呢！"

"嗯，你说的也有道理。你们的商品确实比较好卖。"

"王经理，您要信老弟的话，您就订货 5 000 盒吧。我再帮您和我们老总说说，再给您要点赠品，价格也就相当于 3 元了。"

"行，你帮我多要点赠品，我就订货 5 000 盒吧，明天你把合同带来吧。"

"别明天了，我今天合同都带来了。"

"好，把合同给我吧。"

【案例解读】

价格和数量是天生的一对，遇到价格谈不拢的时候，可以考虑用量换价，只要有盈利，企业还是有赚头的。这就像大家去买衣服，一件 80 元，两件 120 元，三件 150 元，很多明明打算买一件的反而去花 150 元买走三件。

3. 推销品的价格

推销品价格是推销洽谈的最关键因素，价格的高低是推销洽谈中顾客比较关心的问题，它直接影响顾客是否做出购买行为，所以价格是推销洽谈中最重要的内容。但是对于价格的标准，不同顾客会有不同的看法，并不是所有价格低的商品都好卖，也并不是所有价格高的商品就滞销。价格还受到顾客心理的期望价值影响，它与顾客的购买需求强弱、迫切程度、购买力大小等因素紧密相关。

每个顾客对商品价格都有自己不同的理解，有的顾客对价格会非常在意，有的顾客对价格却抱有无所谓的态度。因此在价格洽谈中，推销员要摸清顾客购买的实际情况，针对顾客的不同要求，灵活运用价格策略。

4. 货款结算

在商品交易中，货款的支付方式也是一个关系到双方利益的重要内容。是一次性支付，还是分次支付；是发货前支付，还是货到付款，在推销洽谈中，双方应明确货款结算方式及结算使用的货币、结算时间、结算地点等具体事项。

5. 销售服务

销售服务是推销洽谈中不可缺少的一个环节，推销员应综合考虑本公司的生产运营能力、供应能力等因素，将承诺的服务范围准确地传递给顾客。告知顾客彼此之间的权责范围，以免产生不必要的麻烦。需要明确的项目主要有：

（1）明确具体交货日期，如2019年8月25日，而不是2019年8月下旬。

（2）明确是否提供送货及运输方式、地点。要注明运输费用谁承担、用什么交通工具、运到哪里。

（3）明确是否提供售后维修、养护服务及服务期限。

（4）明确是否提供技术指导及技术员培训工作。

（5）明确是否有偿提供零配件及工具。

6. 保证条款

保证条款是指在交易过程中，买卖双方对买进、售出的商品要承担某种义务和责任，以担保手段的方式保证双方的利益。保证条款的最主要内容是担保。通常情况下，一些涉及金额比较大、承担风险较大的合同，往往会就双方履行的责、权、利、纠纷诉讼、处理办法等事项进行说明，权利方都要求义务方提供担保。

任务验收

（1）推销洽谈的内容是什么？

（2）推销洽谈的目标是什么？

～～～中阶任务～～～

任务情境

一个业务员与某公司经理推销洽谈电风扇。

任务目的

（1）加深对推销洽谈含义的理解。

（2）熟悉推销洽谈的内容。

（3）掌握推销洽谈的目标。

任务要求

（1）组建任务小组，每组5~6人为宜，选出组长。
（2）各组分角色分析情境，讨论表演流程，选择一人负责观察、指导。
（3）进行交叉打分，即选取一个小组表演后，其他小组各选派一名成员担任评委，负责点评。
（4）课代表要做好记录。

任务考核

（1）情境表演的真实性、合理性：2分。
（2）小组成员团队合作默契：3分。
（3）角色表演到位：4分。
（4）道具准备充分：1分。
（5）满分：10分。

任务二　推销洽谈的原则与步骤

~~~~~~初阶任务~~~~~~

任务情景剧

旁白：黄明终于成功跳槽到蓝天公司了，工资涨了，工作环境也变了，做起业务来更是得心应手了。以下是他到某公司推销洽谈的情景。

黄明："上次和宏大公司的孙经理聊得不错，争取这次能把合同签下。要想顺利，洽谈得提前作好计划，不打无准备的仗，带好文件包，准备出发。"

场景：孙经理办公室，黄明敲门和孙经理寒暄后。

黄明："孙经理，您好，上次和您说那批货的事，您考虑得怎样了？"

孙经理："小黄啊，不好意思，最近一直出差，你那资料我还没来得及看呢。"（说着在杂乱的办公桌上找资料）

黄明："孙经理，资料我顺便又打印了一份，您看下，我知道您很忙，但是这项合作是对我们都有利的事情啊。"

（孙经理看了一眼商品资料和报价单，脸色一沉，但是没说话，手里把玩着打火机）

黄明："来，孙经理，先抽根烟，有什么想法和黄老弟我聊聊，我可是一直把您当哥对待的，有什么冒犯之处，还请哥哥包涵。"

孙经理看了眼黄明道："小黄，你今年多大了？"

黄明："二十五了。"

孙经理扑哧乐了："小毛孩子，比我整整小两轮呢，按辈分你应该管我叫叔叔才对。"

黄明嗫着嘴："哪有啊，您那么年轻，保养得那么好，我怎么看都以为您才三十多岁。好了，孙叔叔，快点发表您的高见吧，叔叔可不是白叫的，这也快临近中午了，一会儿您得赏脸让侄子我请您吃一顿饭吧。"

孙经理脸上露出笑容道："饭就以后再说吧，咱先谈谈价格吧！"

黄明拿着本子说："您说，我记。"

孙经理把自己的意见和黄明交代了一下，黄明就孙经理提出的价格问题有针对性地提出了处理意见。双方谈了大约一个小时后，合作基本上有了眉目：价格下调 5%，数量增加 500 件……

任务描述

（1）分析推销洽谈的含义和原则。
（2）黄明在拜访孙经理时采用了什么步骤拉开洽谈序幕的？
（3）黄明为什么能拿下订单？
（4）黄明的成功之处在哪里？

任务学习

一、推销洽谈的原则

推销洽谈又称为交易谈判，是指推销员运用各种方法和手段，向顾客传递、灌输推销信息，并设法说服顾客购买商品或服务的磋商过程。推销洽谈实质上是买卖双方沟通和寻找利益共同点的过程，推销员希望在洽谈过程中，对方能接受或认同自己的观点，从而达成购买意向。推销洽谈是推销接近的后续工作，它受到多种因素的影响，局面也更加错综复杂，因此是一项较为复杂的推销工作。为了更好地与顾客洽谈，我们要理解一些相关原则。

1. 针对性原则

所谓针对性原则是指推销洽谈应该服从推销目的，必须明确其指向性，有针对性地对待推销环境、推销过程、洽谈中的顾客、推销中的商品。具体包括以下几个方面：

（1）针对顾客的需求动机。推销洽谈应该从顾客的需求动机出发，通过交谈、观察来了解顾客的需求动机。了解顾客的需求动机是推销员推销成功的前提。一般来说，如果按照顾客的年龄分类，老年顾客的需求动机是实惠、耐用、低价，推销员就要向其推销大众款式的商品；年轻顾客的需求动机是时尚、新潮、功能丰富，推销员就要向其推销最流行的款式。顾客图名，推销员就推货真价实；顾客图利，推销员就推物美价廉。

（2）针对顾客的心理特征。顾客不同，个性、心理特征必然具有很大差异。例如有的顾客性格内向，不善言辞，推销员在与其洽谈时，就要主动热情，避免冷场。相反，有的顾客性格外向，推销员就可以大方地从其爱好出发，以顾客为中心，让顾客有优越感。

（3）针对顾客的敏感程度。顾客不同，对商品的敏感程度也有很大的差异，因此推销员与其进行洽谈的时候，应事先设计好洽谈方案，采取适当的策略。例如，对价格特别敏感的顾客，推销员要多强调质量好、功能全、品牌知名度高、企业信誉好等因素来证明一分钱一分货、物有所值，从而提高商品的竞争优势。

（4）针对推销商品特点。市场竞争激烈，商品既有同质性又有异质性，推销员要根据推销商品的特点精心设计洽谈方案，增强说服力。从商品包装上、工艺设计上、商品功能上、售后服务上等推荐商品，使顾客感到与众不同，从而促进其采取购买行为。

案例5.2

不同商贩的水果销售

一位老太太每天去菜市场买水果，她问第一个卖水果的商贩："你都有什么水果卖啊？"

商贩说："我这儿有李子，您要李子吗？又大又甜。"老太太看了看，摇了摇头，走开了。

老太太继续往前走，看到第二个商贩，商贩问："您想买什么水果啊？"老太太回答道："我想买李子。"商贩说："我这儿李子大、小都有，酸、甜都有，您要哪种呢？"老太太回答道："要酸李子。"商贩说："这堆儿就是酸李子，特别酸，您尝尝？"老太太咬了一口，确实很酸，买了一斤李子离开了。

老太太走到第三个商贩处张口就要买酸李子，商贩好奇地问道："别人都是买甜李子，您怎么愿意买酸李子呢？"老太太说："我儿媳妇怀孕了，喜欢吃酸的。"商贩立刻说道："老太太，您对您儿媳妇真好，酸儿辣女，说不定明年给您生个胖孙子呢！"老太太很高兴，商贩又问："那您知不知道孕妇最需要什么样的营养呢？"老太太困惑地说："不知道。"商贩说："孕妇最需要补充维生素，因为她需要给婴儿补充充足的维生素。"他又接着问："那您知道哪种水果维生素含量最高吗？"老太太摇了摇头。商贩说："水果之中，猕猴桃是水果之王，维生素含量最高。您要是天天给您儿媳妇吃猕猴桃，她肯定能给您生个又胖又聪明的孙子。"老太太一听，立刻称了两斤[①]猕猴桃。

老太太临走的时候，商贩又说："我天天在这里卖水果，每天的水果都是最新鲜的，看您面善，以后您常到我这里来，我还会给您优惠的。"

老太太："嗯，以后我就到你这里买了。"

【案例解读】

推销要根据顾客的喜爱差异有针对性地提供商品，第一个商贩想当然地推荐甜李子，而老太太却只想买酸李子。第二个商贩提供多种选择，但是也只卖出一斤酸李子而已，因为他没有针对老太太要酸李子这个事实查找原因。第三个商贩询问出了缘由，并针对顾客的需求，积极地提供商品知识，从而赢得顾客的青睐。

2. 鼓动性原则

所谓鼓动性原则是指推销员在推销洽谈中用执着的信念、工作的激情、积极的进取态度、丰富的专业知识有效地激励、感染顾客，通过劝说从而让顾客采取购买行动。要想推销洽谈取得成功，推销员要做到以下内容：

（1）拥有自信心。推销员激励、感染顾客的动力来自自信。对自己所推销的商品、对自己所在的企业、对推销员的工作都要充满自信。推销员有自信心，推销会成功一半。

（2）坚定的信念。作为一名推销员，热爱自己的本职工作，相信自己的推销能力，认可自己的商品，坚定推销成功的信念，每天要不断地给自己打气，始终坚定自己能成功，要坚信自己是最棒的推销员，一定能把商品推销出去。

---

① 1斤＝500克。

（3）积累丰富的推销知识。推销员在推销洽谈中用广博的推销知识、富有感染力和鼓动性的语言，可以更容易地说服和鼓动顾客。

（4）熟练使用推销工具。推销员要熟练使用各种推销工具，营造融洽的推销气氛，搭建良好的推销场面，吸引顾客的注意力，激发顾客的购买欲望。

3. 诚实性原则

所谓诚实性原则是指推销员在推销洽谈过程中要真心诚意、实事求是、不弄虚作假、信守承诺、对顾客负责，这是推销员的基本行为原则。推销员在推销洽谈中要做到以下几个方面：

（1）对顾客讲实话，如实地传递信息。真诚是人与人交往的前提，再美的谎言也经不起时间的考验，因此推销员要如实地介绍自己的商品，不能随便夸大商品的功能，不能虚报商品的价格。推销员在介绍商品时，要诚实守信，不能用假话欺骗顾客。

（2）表里如一。推销员所推销的商品必须与企业商品完全一致，不能以次充好，更不能挂羊头卖狗肉。

（3）出示准确可靠的证明。可靠的证明包括推销员的身份证明和推销商品的相关证明。推销员在出示商品生产许可证、获奖证书、专利技术等有关证明文件时，不能伪造、涂改，不能欺骗顾客。

（4）不空许诺言。对于商品的售后服务内容、商品的质量等细节问题，不要随意空许承诺，做不到的事情就不要随意答应。言必信，行必果。

案例5.3

张明是一名复印机的推销员，每天和不同的顾客打交道，由于业务知识丰富，注重推销礼仪，得到了很多顾客的订单。但是张明在查找资料的时候了解到，本公司生产的复印设备比别的公司价格整整高出20%，性能上却无任何区别，于是就如实地和签订订单却未发货的顾客说明价格差异，并在信中提议，如果顾客介意，可以暂缓履行订单。很多顾客收到信后，都仔细了解了价格差异，但是只有10%的顾客取消了订单，剩余90%的顾客表示，合同可以继续履行，并表示可以和小张长期合作。

【案例解读】

诚实是做人的准则，也是做人的标准。对于推销员来说，诚实就是推销员最好的名片，当你如实地向顾客说明事情真相的时候，顾客会和你走得更近，因为他觉得和你打交道，他很放心。推销员的生意就是这样开始做大的。

4. 倾听性原则

所谓倾听性原则是指推销员在推销洽谈过程中，不要单纯地狂说不止，而要注意倾听顾客的呼声。推销洽谈是双向交流过程，推销员在向顾客传递推销商品信息的时候，也要把握住顾客的真实感受，因此倾听就很重要。从心理学的角度来讲，顾客的想法能被推销员认真聆听，本身就是一种心理的满足，顾客感到被推销员所尊重，必然反过来也会尊重推销员，从而更进一步拉进二者间的距离，有利于成交。

"过犹不及"，推销员说得太多反而越会使顾客产生逆反心理，不如让顾客去表达自己的意见，顾客说得越多越有利于成交。简言之，倾听性原则就是不与顾客发生争辩，积极创造各种机会让顾客多说话，多表达个人意见，这会取得意想不到的效果。顾客的文化层次不同，素质也有高低差异，推销员难免会遇到一些爱发牢骚、喜欢抱怨的顾客。为了做好推销工作，推销员要有耐心地听他们把话说完，而不是去阻止他们说话。推销员越显得有耐心，顾客就越容易做出购买行为。

5. 参与性原则

所谓参与性原则是指推销员在推销洽谈过程中，积极地鼓励顾客主动参与推销洽谈，促进买卖双方信息的有效沟通，推进推销洽谈关系融洽，增强推销洽谈的说服力。坚持参与性原则，就是要推销员与顾客关系融洽、有共鸣。推销商品将推销的两个主体连接起来，推销员在推销洽谈中要让顾客产生认同感和归属感，达到提高推销效率的目的。因此推销员要努力做到以下几点：

（1）与顾客保持一致。通过寻找相同的或相近似的元素来缩短顾客与推销员之间的距离，比如相同款式的西服、相同款式的皮鞋、相同的经历、相同的毕业学校、相似的爱好、相同的观念、相同的语气等，这些与顾客保持一致的因素，会使顾客更加认同推销员，双方洽谈的氛围也会变得和谐，从而提高推销的效率。

（2）鼓励顾客说出自己的想法。坚持参与性原则，还要求推销员想方设法地把顾客引导到推销洽谈中。推销员要运用推销策略，让顾客主动地说出自己的感受。只有知晓顾客的真实感受，才可能有效地开展推销，准确地辨别顾客的需求，为之提供更合适的商品。推销员要引导顾客发言，欢迎顾客对商品说出自己的想法和意见，让顾客主动和商品进行亲密接触。例如，可以通过对商品试吃、试饮、试用、试玩等方式询问顾客的感觉，用一些启发性语言，来引导顾客讲出自己的真心话。

案例 5.4

现在很多幼教中心开设课程的时候，都提供一次免费试听课程，让家长带着孩子一起上课，课后为每个家长发一份调查问卷，根据听课感受，来了解每位家长最希望自己的孩子受到哪些课程的培训、愿为早期培训课支付的费用。幼教中心将这些资料汇总后，再确定班次和价格。

【案例解读】

商品是为顾客提供服务的，如果你不能及时捕捉到顾客的需求，那你的商品如何"生产"呢？只有把顾客"拉进设计"里，了解到顾客的想法，商品自然就好卖了。

6. 灵活性原则

所谓灵活性原则是指推销员应根据不同情况想出不同的策略，随机应变、见机行事。推销洽谈不是个固定过程，推销的对象不同，推销的形式也会不同。从现代推销理论来讲，灵活性原则是推销洽谈的最基本原则，推销员在推销洽谈中要做到以下几点：

（1）善于应对突发状况。虽然每个推销员在进行推销洽谈前都会做周密的准备工作，但是现实推销活动并不都是按照事先设想的情节进行，因此推销员要随时调整自己的洽谈策略、目标，以达到推销洽谈的目的。

（2）推销中出奇制胜。推销环境不同，推销的洽谈方式也不相同，推销员要学会充分利用每个推销机会，在推销洽谈中做出让人意想不到的"举动"，会更容易达到成功的彼岸。

案例 5.5

张明在拜访某公司销售部王经理的时候，偶然听到同事向王经理祝贺，原来王经理的儿子今年中考考上了重点高中，于是张明就把给自己孩子买的电子词典当礼物送给了王经理，并说了很多祝福的话。王经理也非常高兴，双方在愉快的气氛中顺利地签订了购销合同。

【案例解读】

灵活、随机应变是推销员的基本能力，只有善于捕捉微小变化，抓住常人看不到的细节，才能获得意想不到的效果。

二、推销洽谈的步骤

推销洽谈虽然灵活多变，没有固定的形式，但是还是可以划分成不同阶段。推销洽谈按时间先后顺序大致可分为准备阶段、摸底阶段、提议阶段、磋商阶段和促成阶段。阶段不同，特点不同，工作重心也不同。

1. 准备阶段

"良好的开始是成功的一半"，推销员只有在洽谈前做好充分、细致、全面的准备工作，才能获得良好的开局。

1）制订周密的洽谈计划

（1）推销洽谈的预期评价。"不打无准备的仗"，在推销洽谈之前，推销员要对推销洽谈的结果做个预期评价，看能否推销洽谈成功、最低的预期结果是什么、最好的预期结果又是什么、下一步又该采取什么策略。

（2）确定推销洽谈的时间、地点。洽谈时间、地点的选择与推销洽谈的成功关系紧密，如果洽谈时间过短，就会造成洽谈内容难以深入，向顾客传递的有效信息较少或不全，从而导致洽谈结果失败。洽谈地点、时间的选取尽量方便于顾客，与顾客提出洽谈前，应告诉对方洽谈大致需要的时间长度，方便顾客选择。

（3）核实顾客信息。顾客的资料必需翔实准确，不可张冠李戴，更不要叫错顾客的名字。如果是间接资料，要进一步核对，只有掌握顾客的真实信息，才能制定相应策略。个体顾客信息包括：姓名、性别、年龄、学历、资历、个性、爱好等。

（4）提供商品和服务信息。制订洽谈计划时，应详细标注商品的性质、性能、价格等要素，这样向顾客阐述的时候会更加清晰、准确，也节省时间。为了方便顾客选择，最好也要把同类竞争商品列明，这样顾客就更直观地了解到你提供的商品的优势。

（5）选取对策。根据前期掌握的顾客的兴趣、爱好、个人情况等信息，找准适合洽谈对象的策略，这样既可以投其所好，有效拉近双方的距离，又有利于洽谈成功。

2）推销洽谈的工具准备

"智者当借力而行"，推销员在推销过程中采用适当的工具，可以有效增加说服力。

（1）推销商品或模型。推销洽谈中适时地展现商品样品或模型，可以让顾客直观地感受商品的优点，更能激起顾客购买的意愿，也能增强说服力。例如："我们的商品外形小巧美观，看，这是样品，只有巴掌大小。"这样的阐述就显得掷地有声，言之有据，让对方一看便知。

（2）商品资料。商品有关的资料包括文字资料和图片资料，对于比较复杂的性能参数，顾客单纯听推销员讲很难立刻理解，也不能记全，而有了这些商品资料，顾客可以事后慢慢分析，资料也更有说服力。

（3）证明资料。推销洽谈中如果推销员能提供商品的一些纸质的证明材料，顾客会更加信赖，一些获奖证书、节能环保荣誉证书能使顾客对商品增强信心，从而增大购买的可能性。

2. 摸底阶段

推销洽谈的摸底阶段是洽谈双方试探性地提出问题，试图了解对方，关注对方的价格底线或成交要求。

（1）开场陈述。推销洽谈尽量营造一种轻松愉快、友好和谐的气氛，推销员要给顾客留下热情、诚挚的良好印象，最好先谈一些非业务性、轻松的话题，即"破冰"。开场陈述一般采用口头、书面或二者结合的形式，正面陈述自己的观点和立场。开场陈述时间不宜过长，点到为止，使对方能很快进行提问，从而展开沟通与交流。

（2）交换意见。双方要及时阐明推销的目的、实现的目标。如果是推销员主动拜访，推销员要在提出明确要求后，聆听顾客的意见，及时了解顾客的心理动态。

（3）进一步探听"虚实"。查明对方的成交底线及预期目标后，推销员应提出建设性参考意见，力争买卖双方大体上意见一致。

3. 提议阶段

提议阶段是推销洽谈的重要阶段，推销洽谈双方交换彼此意见和想法后，提出各自的方案和意向，将对方的信息加以归纳和处理，便进入了推销洽谈的提议阶段。推销员必须尽可能地从对方洽谈的语气中判断顾客所能接受的条件和范围。如果对方不能完全接受，就要考虑是否可以采用备选方案，或是通过强硬的方式坚持自己的交易条件，如态度坚决地告诉对方："抱歉，我们的商品非常好卖，这是我们的最低价，贵方接受不了，那我们只能答应其他公司了。"推销员在提议阶段要做到表达清楚、观点明确、意志坚定、不卑不亢，但话不能说死，尽量留有余地，便于双方达成一致。

4. 磋商阶段

推销洽谈的磋商阶段也称"互相退一步"阶段，是指洽谈双方为了彼此的利益、对提议阶段洽谈的内容进行"攻"与"守"的较量阶段，双方为实现合作，寻求利益的共同点，并对各种具体交易条件进行磋商和探讨，以逐步减少彼此分歧。通俗来讲就是双方都对自己的洽谈目标进行调整，通过讨价还价的方式，争取达到协商一致。推销员在这个阶段需要做到以下几点。

（1）探究对方的真正意图，适时、适度地阐述自己的提议依据。

（2）找准还价时机，给对方造成压力，影响或干扰对方的判断，接近对方的目标，触及对方的接受底线。

（3）绝不做无条件的让步。即使做出让步，也要先妥协次要的条件，再让步较重要的条件，如发货日期可以延长，但成交价格不可妥协。因为不知道对方的价格底线，所以不要承诺做同等幅度的让步，每次让步都要让对方感觉很困难，并想方设法让对方主动让步。例如："张经理，您真的太为难我了，我真的没办法降那么多，每公斤①最多只能降低五角，再多的话，我实在是无能为力了。"

（4）打消对方进攻的念头。推销员适时地示弱以求怜悯，有的时候也会收到意想不到的效果。例如："啥都别说了大兄弟，我要不是没完成这月销售任务，这价格我真的不能卖，连成本都不够。"

5. 促成阶段

推销洽谈的促成阶段是推销洽谈的最后阶段，也是收获最终战果的阶段。当双方进行实质性的磋商后，经过彼此的退、让、取、舍，意见已经大体统一，谈判趋势逐渐明朗，最终双方就有关的交易条款达成共识，于是推销洽谈便进入了促成阶段。在这个阶段，推销人员要做到：

（1）明确发出收尾的信号。推销员要表明立场，表明态度，让顾客明白洽谈已经进入尾声。

（2）保持微笑，顺利成交。和气生财，推销员要时刻保持面部微笑，缓解顾客压力，对个别无伤大局的争执，可以做适度让步。例如："好，这样吧，合同签订后，这个展示模型就送您了。"

🔷 任务验收

（1）接近顾客的方法有哪些？

（2）如何分辨求教接近法和问题接近法？

---

① 1公斤 = 1 000 克。

（3）相对来说，哪种接近顾客方法适用最广？

（4）"见人减岁，见物加价"实际指的是哪种接近顾客的方法？

~~~~~~ 中 阶 任 务 ~~~~~~

任务情境

甲、乙两家公司经理进行洽谈，背景如下：甲方条件自拟，乙方条件自拟，具体情境为双方争执不下、互不相让。要求自行设计洽谈场景。

任务目的

（1）加深对推销洽谈原则的理解。

（2）掌握推销洽谈的流程及各步骤该注意的工作重点。

任务要求

（1）组建任务小组，每组 5～6 人为宜，选出组长。

（2）各组分角色分析情境，讨论表演流程，选择一人负责观察、指导。

（3）进行交叉打分，即选取一个小组表演后，其他小组各选派一名成员担任评委，负责点评。

（4）课代表要做好记录。

任务考核

（1）情境表演的真实性、合理性：2 分。

（2）小组成员团队合作默契：3 分。

（3）角色表演到位：4 分。

（4）道具准备充分：1 分。

（5）满分：10 分。

任务三　推销洽谈的方法

~~~~~~ 初 阶 任 务 ~~~~~~

任 务 情 景 剧

旁白：张明是一家保健品的售货员，这些是他和顾客洽谈的方法，请大家仔细查找。

张明："大叔，您好，看您的气色好像不大好哦，是不是睡觉不安稳啊？您脸色有点黄，眼里还布满血丝。"

顾客甲："咳，年老了，很困却睡不着，半夜总是被惊醒。"

张明："大爷，估计这是缺钾和钙导致的，您要是相信我，可以买点我们这儿的睡眠口服液试试，很有效果的。"

……

张明："大哥，听您口音好像是东北的，那您喜欢著名影星孙红雷不？我们这个商品是他代言的，增强免疫力，效果不错。"

顾客乙："是吗，我最喜欢看他演的电影了。行，给我来一盒。"

……

张明："大妈，买我们这种口服液吧，保证让您腰不酸、背不痛、睡眠好，还能有效清理血管里的油污。"

……

张明："小姐，请看这幅照片。照片中的明星就是吃了我们的减肥商品才变得苗条的，她用了三盒就减掉20斤，用我们的商品保证不反弹。"

顾客丙："真的能保证不反弹？行，给我也来三盒。"

张明把光盘放入计算机中，计算机连接投影仪，画面上播放出商品介绍和专家的权威讲座，吸引了很多老年人。"大家看看，就知道有没有效果了。"

任务描述

（1）推销洽谈的方法有哪些？

（2）情景剧中张明共使用了几种方法？

（3）使用这些方法时应注意的细节是什么？

任务学习

掌握合适的推销洽谈方法能促进推销的成功。推销洽谈的方法有很多，大致可归结为两大类：提示洽谈法和演示洽谈法。

一、提示洽谈法

所谓提示洽谈法，是指推销员在推销洽谈中利用语言的形式启发、诱导顾客产生购买意愿，促成购买行为的方法。按照提示的方式，提示洽谈法还可以细分为以下几种方法。

（一）直接提示法

直接提示法，是指推销员接近顾客后直接向顾客呈现推销商品，陈述推销商品的优点和特点，劝说顾客购买推销商品的洽谈方法。

1. 优点

简洁明快；有效节省时间；加快洽谈速度；符合现代人的思维习惯。

2. 注意事项

（1）提示要抓住商品的卖点。提示的话语要言简意赅，直接将商品最主要的卖点说给顾客听。例如："新上货""最新款式""功能齐全""大减价"。顾客被卖点所吸引，才愿意聆听。

（2）提示要易被顾客理解。推销员所提示的商品卖点、优点、性能指数，要容易被顾客理解，最好是用肉眼可以直观地观察到。如果顾客感受不到优势，就会对你的推销感到怀疑，交易也很难达成。你说商品采用全进口的电动机，但是说明书上没有标注，顾客怎么会认同呢？

（3）注意变化，灵活掌握。推销洽谈中要及时留意顾客的购买动机是否有变化，如原来打算买贵一点的商品，现在突然更改为买价格实惠的商品。同时，要注意辨析顾客的个性差异，有的顾客想购买减价处理的便宜商品，但是又有很强的虚荣心，若推销员直白地陈述"降价清仓"，会使顾客面子上过不去，应顺势说厂家搞活动、让利于民，活动过后马上就恢复原价，以此来催促其马上购买。

（4）与顾客购买动机相匹配。直接提示法要直接满足顾客的需要，宣讲商品的好处，解析商品的特点，与顾客购买动机相匹配。如果顾客明明追求物美价廉的商品，却被硬性推销价格昂贵的商品，那么成功的可能性很小。

案例 5.6

商场内海尔电器的推销员迎接前来买洗衣机的顾客，问明需求后，直接把顾客领到某型号洗衣机前："这款洗衣机能效比是 1 级，洗净比是 0.9，配备 5 公斤的容量和不锈钢滚筒，具有预约、风干功能，全自动操作，一键清洗，价格也非常合适，特别适合你们的三口之家。"

顾客仔细看了说明书，又问了几个细节后，买走了洗衣机。

【案例解读】

直白地将商品的优点、特点介绍给顾客，顾客就获得了购买建议，在选取商品时也节省了很多时间，也更容易采纳购买建议。

3. 实战例句

"我的瓜都是早上刚采摘的，个个都甜，随便尝，不甜不要钱。"

"我们家的衣服都是最新款，货真价实。"

（二）间接提示法

间接提示法，与直接提示法正好相反，是指推销员间接地夸赞商品好，建议顾客购买推销商品的洽谈方法。

1. 优点

有效地缓解洽谈压力；避重就轻，制造有利的洽谈气氛；避免了"王婆卖瓜，自卖自夸"之嫌，更利于顾客接受。

2. 注意事项

（1）借用第三者的身份。借用第三者的身份提示商品的"卖点"，让顾客觉得真实可信。第三者如客观存在，则更显真实性。

推销方格理论中防卫型的顾客自认为聪明、清高，使用间接提示法，有利于使这种顾客接受"第三者"的建议，从而实现购买行为。

（2）注意掌控流程。推销员使用间接提示，不要漫无边际地举例，更不要离开推销洽谈的主题；可以配合直接提示法，诱导顾客采取购买行为。

案例 5.7

某手机专柜的推销员对前来看手机的顾客说："这款手机卖得可快了，买的顾客都觉得性价比高。10 分钟前，有一个顾客就刚买走一台，她还说明天带她表姐过来买呢！这个月已经卖掉

400 台了，现在库里只有 8 台了，您真是好眼光啊。"

【案例解读】

"王婆卖瓜，自卖自夸"，推销员说好的商品，其实未必好，但是陌生顾客的评价，就是准顾客评价商品的镜子，这也是为什么大家在网上购物，在付款之前一定要看网友对商品的评价。评价差，购买的欲望自然就低了。

3. 实战例句

"刚才一个顾客买走我两个西瓜，说从没吃过这样甜的瓜。"

"你办公室的王姐昨天买走了两件，还说要再给她留一件红色的呢。"

序号7

（三）明星提示法

明星提示法，又称名人提示法或威望提示法，是指推销员利用顾客对名人的崇拜心理，借助"明星效应"来说服顾客购买推销商品的洽谈方法。

1. 优点

利用了一些名人、名家、名厂等的声望，消除顾客的疑虑，使推销商品在顾客的心目中产生明星光环，让顾客更青睐商品。

2. 注意事项

（1）明星应被认可。明星提示法所涉及的明星，应该具有较高的知名度，并被观众所熟悉和认可，且具有较好的口碑，而反面典型的明星，是会被顾客拒绝的。如电视剧《我的前半生》中的子君（马伊琍）代言的商品就深受顾客的喜欢；相反，如果凌玲（吴越）代言商品效果会差一些。

案例 5.8

一个推销员拿着商品向顾客展示道："您认识这个明星吧？她就经常使用我们的商品，看她的头发比以前更柔更顺了，大明星养发护发，肯定比我们普通人更注意，要是我们的商品不好，她怎么会使用呢？您说是吧？"

"哦，这个明星我最喜欢了，那给我来 1 瓶吧！"

【案例解读】

明星如同榜样，既然明星都在使用，说明就是好商品，那就值得购买，况且这在某种程度上也是支持着心目中的明星，一举两得。

（2）行为要真实。要确认明星使用了推销商品，不要随意捏造，把虚假的事情作为商品的卖点向顾客陈述，否则一旦被顾客发现，就很难卖出商品。

（3）弃用负面明星。当作为商品代言人的明星出现负面新闻时，大众会对该明星产生厌恶感，如果再使用该明星作为提示，就会产生坏的效果，如"偷税"事件曝光后，很多厂家就停止使用某明星代言的包装了。

（4）并非适用所有顾客。并不是所有的顾客都对明星感兴趣，都迷信权威，因此有的时候使用明星提示法反而会导致失败。例如："你说谁代言，哦，她啊。还说什么当红的明星呢，戏演得那么差，我最不喜欢她演的电视剧了，算了，我不买了。"

3. 实战例句

"这款小米手机是当红明星吴亦凡代言的，明星都在用，肯定错不了。"

"超能洗衣液可是孙俪代言的，洗涤效果非常好。"

（四）自我提示法

自我提示法又称自我暗示法，是指推销员利用各种提示激起顾客的兴趣，引起顾客的自我提示，从而让顾客做出购买行为的洽谈方法。

1. 优点

使顾客进行自我暗示，诱发顾客产生某种联想，激发顾客主动购买的意识。

2. 注意事项

（1）提示物真实可靠，符合实际。推销员运用自我提示法时，应选择合适的提示物，让顾客的联想符合实际，形成美感。例如："您购买了这台42寸的液晶电视，每天下班后，您和您爱人依偎在沙发上一起度过休闲时光，该是多么惬意的事情啊！"

案例 5.9

一个学习机推销员在向顾客展示学习机的时候说道："大哥，您看，您购买了这台学习机，若干年后，您送孩子到清华大学去报到的情景该多么让人羡慕啊！像您孩子这样聪明的学生，再有个好帮手，学习肯定会越来越轻松，您做家长的既有面子又感到轻松。"顾客看了看自己孩子渴望的眼神，想了想，于是掏钱买走了学习机。

【案例解读】

自我提示法可以让顾客联想到购买后所得到的利益，即想到购买商品后所实现的愿景，便于让顾客主动做出购买决策，从而提高推销洽谈的效率。

（2）不可过于夸张。自我提示法运用恰当可以满足顾客的需求，能刺激其购买，但是不可过于夸张，否则会弄巧成拙。例如一个脸上有很多痘痘的顾客前来购买祛痘产品时，推销员说"这个产品你用了后，明天痘痘就消失了"这样的过于夸张的话就很失败。

3. 实战例句

"大哥，这瓜老甜了，买回去嫂子肯定会夸您会买东西……"

"大妈，这窗帘您买回去挂在窗户上典雅大方，完全符合您家的装修风格。"

（五）鼓动提示法

鼓动提示法又称动意提示法，是指推销员通过传递推销信心，启发建议顾客，激起顾客购买欲望，从而使顾客立即采取购买行动的洽谈方法。例如："今天是买一送一活动的最后一天。""这个是限量版，库存已经不多了。""今天全场九折，明天恢复原价。"

1. 优点

有效地传递推销信息；刺激顾客的购买意愿，引起顾客的行为反应；利于快速成交。

2. 注意事项

（1）好感在先。鼓动提示法要建立在顾客认同商品的前提下，尤其适用于犹豫不决的顾客。

案例 5.10

张明去购买一款米奇MP3，在柜台里看到自己所喜欢的款式，非常高兴，然而试用了商品后却又开始犹豫价格，这款MP3明显比网上查到的价格高出了100元，可店员告诉他这里是明码实价、不议价的。张明在犹豫中很难做出决定。这时店长走来，说道："这款MP3很畅销，是米奇公司限量版的，我们这个是正宗行货，买到假货双倍赔偿。今天购买此款MP3还可以享受免费抽奖，最高奖是一台笔记本电脑呢！如果你明天来不单说抽奖活动没了，恐怕这款MP3也没了。"

于是张明就掏钱买了这台MP3，抽奖时候还抽到一包面巾纸。过了两天，张明顺路再来到柜台这里，发现这款MP3真的没货了，张明感到很开心。

【案例解读】

鼓动提示法的目的就是在顾客犹豫不决的时候帮他下个决心，让其付诸购买行动，即所谓的临门一脚，前面就是球门，球在脚下，你不踢怎么会进球，不进球又怎么会得分呢？

（2）信息必须真实准确。如果让顾客发觉信息是虚假的，就会失去顾客的信任，从而带来极坏的影响。例如："你可拉倒吧，什么清仓甩货最后一天，上周你就说的最后一天，少骗人了。"

（3）因人而异。对说话比较冲、个性比较强、性格偏内向、自以为是的顾客要慎重使用这个方法。

（4）言简意赅。使用鼓动提示法时，推销员说的话要言简意赅，不要长篇大论，只要给出一个明确的鼓动信号，就可以快速地被顾客接受。

3. 实战例句

"今天是买一送一活动的最后一天，明天就恢复原价了。"

"这个是限量版，再不买以后想买也买不到了。"

（六）积极提示法

积极提示法是指推销员用积极的语言或其他积极方式劝说顾客购买所推销商品的洽谈方法。积极提示法使用正面的提示、肯定的语言、贴切的赞美，使顾客对商品产生浓厚的兴趣。

1. 优点

积极提示法主动宣讲推销商品的利益和优点，搭配实物能产生很好的说服力。

2. 注意事项

（1）正面提示，使用肯定的语言。用"这商品质量非常好"代替"这商品质量不差"。

（2）有事实根据。保证提示信息真实有效，不要误导、欺骗顾客。

案例 5.11

某保险公司的业务员张宏，正积极地向准顾客王先生介绍某款保险产品，王先生很认同保险产品的利益，但是觉得花这么多的钱买保险并不是很划算，所以一直犹豫不决。于是张宏拿出一张纸，在上面纵向画出一条线，左端写出保险带来的利益：人生保障、疾病保险、账户价值、红利分享等；右端写出买保险带来的问题：花5 000元保费，买保险没能立刻产生作用，是一种积累……然后张宏把纸交给对方，王先生看到左端的好处有7项，右端只有4项，并且保费每天不到2元，也算不了什么，于是决定购买保险产品了。

【案例解读】

积极提示法是用积极的正面语言来描述商品，激起顾客购买的意愿，从而实现成交的过程。顾客需要推销员的鼓励，正面语言就是对他最大的支持。

（3）以提问的方式引起顾客注意，再正面给予肯定答复。例如："您觉得购买冰箱应注意什

么?""对,节能、保险才是选择冰箱的关键,我们这台冰箱采用进口压缩机,容积大、耗电量小,采用最先进技术,可以长时间保鲜。"

3. 实战例句

"欢迎光临我们的小店,我店商品货物齐全、价格公道、质量好、信誉高!"

"您看这是登有今年中考状元的报纸,照片里他手上拿的就是我们公司生产的文曲星电子词典,这款词典非常适合孩子学习英语。"

(七) 消极提示法

消极提示法与积极提示法正好相反,是指推销员使用消极的、反面的、否定的语言或其他消极方式来劝说顾客购买推销商品的洽谈方法。

1. 优点

消极提示法,主要用于提示消费者疏忽的问题和现象,引起顾客产生积极的心理效应,从而刺激消费者做出购买行动。

2. 注意事项

(1) 使用否定语言,进行反面提示。对顾客直接强调不、差等字眼。例如:"你皮肤不好。""你状态很差。"

案例 5.12

还记得一则广告吗?"你是不是早晨起来恶心、干呕、嗓子疼痛啊?感觉喉咙有东西……可是咳不出来又咽不下去?这是病,这是慢性咽喉炎的典型表现,你得用慢严舒柠!"

【案例解读】

消极提示法是让顾客听到消极、反面、否定的语言,故意引起顾客的坏心情,使其注意,从而转向采取购买行为的方法。

(2) 语气委婉,顾及顾客颜面。虽说"良药苦口利于病,忠言逆耳利于行",但消极语言可能会使顾客感到面子上不好受,所以推销员要注意自己说话的语气,避免惹顾客生气。如把"您穿得也太土了"改成"您穿得不太时尚,本来很有气质的人却不会打扮自己,白长了一副好面孔了"。

(3) 说话不要太绝对,要有回旋余地。推销员使用消极提示法时,要给自己留有回旋余地,切不可把话说得过于绝对,要记得,消极提示的目的是产生积极的效应,促成顾客做出购买行为。如应该说"您长时间不注意保养,虽然肤色暗黑无光泽,但是用我们这种商品一个月后就会有明显的改观",切不可说"您那皮肤是完蛋了,就算用再好的化妆品,效果也好不到哪儿去"。

(4) 消极对待顾客某些不好的现象,实际是想对你的商品产生积极作用。如果你是卖鞋的,必然观察到顾客的鞋子脱漆、磨损,然后夸你的鞋子如何好,让顾客买走鞋子。如果你卖手套,必然指出顾客的手套脱线、掉色,然后热情地推荐你的手套,让顾客买走你的手套。

3. 实战例句

"先生,您年龄不大,但已有很多白头发了,这很影响您的形象。不如试试我们的洗发液吧,它可以自然增黑,保证您用一个月后,头发就会像我这样乌黑发亮的。"

"小姐,您的包边缘已经磨损了,真是太影响您整体形象了,要不要看看我们的新款包包?"

（八）逻辑提示法

所谓逻辑提示法是指推销员利用逻辑推理来说服顾客重视现实问题，从而购买推销商品的洽谈方法。通常来说，采用逻辑推理法要使用三段论，即大前提、小前提、结论三个部分。逻辑提示法是一种能提高推销效果的常用方法，它可以帮助顾客正确地认识问题现状，并为顾客改变现状提供参考，从而促使顾客采取购买行动。

1. 优点

推销员的提议合情合理，便于顾客接受，尤其对贵重商品及新商品的推销非常适用。

2. 注意事项

（1）因人而异，以理服人。对不同类型的顾客，要选择不同的推销方法。对一些具备丰富商品知识的顾客，他们本身对商品已经有所了解，推销员使用逻辑提示法可以有效地与之达成共鸣，利于销售。相反，对于对商品认识模糊或层次比较低的顾客，推销员应该使用其他洽谈方法。

（2）价格昂贵的商品更有效果。对于价格比较昂贵，商品功能比较复杂，最新面市的商品，顾客购买时一般比较谨慎，基本上属于理性消费，这时使用逻辑提示法，可以进行科学的论证，便于顾客接受。

（3）逻辑达成共鸣。推销员使用逻辑提示法时，应站在顾客立场思考问题，提出符合顾客心理期望的推销逻辑，即双方的逻辑推理要趋于一致，达成共鸣，否则就失去了意义。

（4）避免推理失当。推销员要正确地使用三段论，进行科学规范的推理，防止出现概念混淆、以偏概全、结论失当等现象。

（5）情理共进。使用逻辑提示法不但要摆事实、讲道理，更关键的是要以情感人，双管齐下。

案例 5.13

一位顾客来到某金店专柜，左挑右选，看中一款金项链，试戴很满意。

"现在金价多少元1克啊？"

"千足金360元每克。"

"那帮我算下，这款项链多少元。"

营业员看着标签，敲着计算器："19.45克，总共是7 002元。"

"啊，还这么贵啊！"眼睛却还是盯着手里的金项链。

"唉，大姐，现在是钞票贬值，物价上涨，银行存款负利率，您不理财财不理您，要想保值增值还是买黄金最划算。项链既美观又保值，趁着现在国际金价下调，您还是早点买吧，上周还是380元每克呢，不过总店说，价格可能随时反弹，您现在不买也许明天就没这机会了，这几天买黄金饰品的人比以前多一倍呢。"

"哦，那你给我开票吧。"

"好的，收款台在那边。"

【案例解读】

购买贵重物品，一般顾客都会犹豫，推销员正确使用逻辑提示法，就可以实现快速成交。顾客通过你的推理认识到购买商品的紧迫性，这比你用语言直接催他更管用。

3. 实战例句

"先生，我们应该知道所有皮肤好的人都注意保养。这种护肤商品对皮肤保养效果很好，所以您应该买这种护肤商品。"

二、演示洽谈法

演示洽谈法又称直观示范法，是指推销员主要借用非语言的方式，通过使用推销商品或辅助工具实际示范，使推销商品信息直接有效地传达至顾客的视觉、听觉、触觉、味觉、嗅觉等知觉器官，激发顾客的购买欲望，最终实现促其购买推销商品的洽谈方法。演示洽谈法主要有以下几种。

序号8

（一）商品演示法

商品演示法，是指推销员通过直接演示推销商品或模型本身来劝说顾客购买推销商品的洽谈方法。推销商品是推销活动中的客体，也是一名"不开口的推销员"，为何不能让它自己发挥魅力呢？从心理学角度来说，推销员介绍得再好，再生动的描述与说明，都不能比商品自身留给消费者的印象更深刻，更没有让顾客直接接触推销商品的说服力强。推销员可以通过对商品的现场展示、操作、表演等方式，让顾客直观地了解商品的性能、特色、优点。

1. 优点

（1）介绍商品更加形象、生动。推销商品的优点很多，推销员很难利用语言来表达全部推销信息，费劲口舌也不如让顾客通过感觉器官直接与推销商品零距离接触效果好。

（2）突显证明实效。"耳听为虚，眼见为实"，商品演示法可以制造一个真实可信的推销情景，事实胜于雄辩。

2. 注意细节

（1）依推销商品的特点来选择演示的内容和方式。如果推销商品体积过于庞大或者携带很不方便，就要考虑是否可以采用模型代替，或者考虑邀请顾客到公司现场参观。如果推销洽谈中顾客已经明确表示无充足时间，那么使用商品演示法的时候只重点演示顾客最感兴趣的内容，其他内容可一笔带过。

（2）依推销洽谈进展的需要，选择适当的时机。使用商品演示法不是单纯地将商品展示给对方看，而是要根据洽谈的实际需要进行。如果顾客已经明确表示对这类商品没兴趣，你再用此法就失去了意义。

（3）演示和讲解同步进行。演示内容应规范，讲解内容要清晰，便于顾客理解和接受。

（4）顾客共同参与演示。通过试玩、试用，使顾客亲身感受到推销商品的优点，提高其认同感。

案例 5.14

如今很多大商场都有按摩器材专柜，很多按摩机器只要顾客感兴趣都可以免费体验，这时推销员再主动上前询问，介绍该按摩机器的特点与好处。很多腰酸背痛的中老年人体验后都主动询问价格和售后服务等细节问题，大约30%以上的顾客，会选择购买或表示有明确的购买意愿。

【案例解读】

让商品自己"说话"，让推销商品主动"张口"，更能说服顾客。

（5）借助广告宣传，增加商品的"鲜活"力。

3. 实战例句

"来，先生，感受下我们的按摩椅……"

"来，大妈，坐下休息下，我们的 沙发坐起来特别舒服……"

（二）文字演示法

文字演示法是指推销员通过展示与推销商品有关的文字资料来建议顾客购买推销商品的洽谈方法。文字是记录推销信息的重要载体，也是较好的演示工具。在不能和不便直接用语言或者即使用语言也难以解释说明推销商品的情况下，推销员可以通过向顾客展示推销商品文字资料的方式，提高顾客理解信息的速度，使之进一步认同推销商品。

1. 优点

节省信息传递时间，便于顾客比较、加深印象，容易得到信服和理解。推销员可以使用的文字资料有企业的宣传资料，包括商品的种类、商品的价目表、商品宣传彩页等。

2. 注意细节

（1）材料应与企业整体战略相匹配。

（2）材料真实可靠，不可弄虚作假。

（3）根据推销洽谈的进展需要，适时抛出资料，如一些旅游景区，特产店的小老板向前来问价的外国游客展示手中计算器上显示的数字，其实也是用了文字演示法。

（4）当面演示，解说同步。不要只是让顾客查看资料，要适时地提醒顾客资料的意义，如"马厂长，这是我们公司的车体广告的广告价目单，第三页是优惠额度和具体细则，第四页是和我们合作的企业名单"。

案例 5.15

"王先生，您很相信党报吧，您看这是十天前在《人民日报》上刊登的我们泰康人寿保险公司总经理陈东升关于养老社区建设的重要观点，'泰康人寿保险股份有限公司董事长兼首席执行官陈东升提出，将人寿保险与养老社区相结合，建立连锁式养老社区，是养老商业模式的一大创新，也是在打造'从摇篮到天堂'人寿保险全产业链'。"业务员小张把报纸画红线的地方指给顾客看，顾客边看报纸边说："哦，看来你说的好像都是真的啊，你们公司还是全国 500 强企业？连年盈利，资本赔付率真高。嗯，这保险我可以买！"

【案例解读】

文字资料如同证明信，推销员说得再多、再好，也不如借用第三方证明。

（5）资料及时更新，注重时效性。文字资料要随时更新，拿着一年以前的报纸、杂志给顾客展示就失去了演示的意义。

3. 实战例句

"王经理，这是我们公司的商品价目表，请您翻阅。"

"张先生，您看这是我们商品的专利证书，这是媒体的最新报道。"

（三）图片演示法

图片演示法是指推销员通过有关图片资料展示推销商品，建议、游说顾客采取购买行为的推销洽谈方法。

1. 优点

方便灵活、形象直观。相同大小的图片资料与文字资料对比来说，图片所蕴含的信息量远高于文字，一些用语言、文字难以表达的信息，完全可由图片所替代，如一些汽车电动机结构图、洗衣机的功能构造图等，会对顾客产生更强烈的视觉冲击感。

2. 注意细节

（1）图文同步。图片注重整体感，文字突显闪光点，方便顾客接受信息，更容易产生自我暗示。

（2）制作精美。图片代表商品的基本性能，画面越清晰越有利于顾客理解。

（3）具有震撼力。图片要让顾客有"怦然心动""呼之欲出"的感觉，利于顾客决定购买。

案例 5.16

张明是一家广告公司的设计师，某天他接待一名顾客时，根据顾客对商品的表述、要求和想法，迅速用计算机做出了效果图，顾客看到美化后的效果，非常满意，当场就签订了合同。

【案例解读】

图片演示法给顾客带来冲击感，有利于达到迅速成交的目的。

（4）针对顾客特点。不同顾客心理特点不同，对同一张图片会产生不同的反应，如内向型顾客喜欢含蓄内敛的图片，外向型顾客却喜欢奔放夸张的图片；这与顾客的年龄层次也有关系，老年人喜欢怀旧的图片，年轻人更喜欢时尚的图片。

3. 实战例句

"王经理，这是我们公司的宣传画册，请您翻阅。"

"张先生，您看这是我们商品的宣传资料，这个是商品的内部结构图。"

序号9

（四）证明演示法

证明演示法是指推销员通过展示有关的证明资料或进行破坏性的试验来劝说顾客购买推销商品的洽谈方法。顾客最希望买到的是"正品""行货"，相信商品的质量是顾客购买商品的前提，因此证明演示法是现代推销洽谈中最常用到的方法之一。推销员可以使用的证明材料主要有生产许可证、商品质量鉴定书、企业营业执照、专利证明、商品获奖证书等。

1. 优点

口说无凭，借助各种资料对推销言辞加以证明，能让顾客更信服。

2. 注意细节

（1）资料真实。证据要确凿，不可随意篡改，更不可冒充。

（2）破坏性试验要注意场合，防止出错。比如演示商品耐刮、耐磨的特性时，一定不要出现失误。

案例 5.17

"张经理，我们厂生产的瓷碗非常结实，它使用了获得国家专利的工艺技术，特别耐摔。"

"真的假的？看这碗那么轻，不像是很结实啊。"

"来，张经理，您看这是专利许可材料，您不信的话，可以用力摔几下，摔坏算我的。"

"好，那我就试试。"说着用力往地下狠狠地摔去。

除了发出沉闷的响声外，瓷碗还真没有任何变化。张经理又试了几次，瓷碗都完好无损，于是他就很高兴地订货了。

【案例解读】

东西好不好，一试就知道，进行破坏性试验可以说明一切。

（3）选择恰当的时机和方法进行证明演示，会令人信服。

案例 5.18

李强去手机店买一款心仪很久的手机，试用了相关功能后，非常满意，就希望推销员在价格上给一些优惠。推销员没办法，最后给出了 880 元的底价。李强还觉得高，于是推销员拿出开票本让李强查看，说这款手机今天一直都卖 900 元，要是李强查到低于 880 元的，就免费送李强一台。李强开始翻阅开票单，发现确实都是最低 900 元卖的，就很高兴地掏出 880 元买走了手机。

【案例解读】

顾客不相信推销员很正常，因为双方的立场不同。推销员用一些可以证明自己的"依据""凭证"就能和顾客很好地达成交易，任何事情都要讲"证据"。

3. 实战例句

"大叔，我们的插座防水，您看我直接丢在水桶里它不漏电，照样可以使用，您拿电笔测下。"

"先生，我们这挂钩可以承受 3 公斤的重物，您看这一大桶水挂上去一点都没事。"

（五）音响演示法

序号10

音响演示法是指推销员通过演示推销商品的录音及音频资料来刺激顾客听觉转而劝说顾客购买推销商品的洽谈方法。在合理范围内，音响声音分贝越高，传递效果越好。

1. 优点

具有很强的感染力；扩大影响力；可以使顾客有身临其境的感觉。

2. 注意细节

（1）音响工具与商品类型需要相融合，如卖大众保健品可以使用电台广播，在街上卖商品可以使用小型扩音器。

（2）音响资料因人而异。用带有家乡方言、土语的音频会增加本土顾客的认同感；使用通俗的语言会使商品的受众面更广。

案例 5.19

现在很多商贩卖东西的时候，愿意使用耳麦扩音器，其中缘由，一是传播声音大，二是可以录音，将卖货的信息，通过扩音器直接传播出来，既不用货主再大声招呼，也能吸引很多感兴趣的人前来购买。

【案例解读】

推销员使用音响演示法，可以让资料更富有感染力，这就如同大家看足球的时候，足球解说员的解说会让大家看得更起劲。

（3）资料需准备充分，避免张冠李戴。部分资料磨损会导致音质下降，播放设备出现电量低或没有接通电源等情况会直接影响演示效果。

3. 实战例句

音响里播放着《好人一生平安》，残疾人一边用麦克唱歌一边对募捐的路人说："谢谢大叔、谢谢阿姨、谢谢大姐……"

落地音响里传出"厂家清仓大甩卖了，低于成本价甩货"。

（六）影视演示法

影视演示法是指推销员利用与推销商品有关的录像、VCD 光盘、视频多媒体资料等现代工具进行演示，共同刺激顾客的听觉和视觉，来吸引顾客购买推销商品的洽谈方法。

1. 优点

影视演示法注重声情并茂、有声有色，通过精彩的画面，搭配富有感染力的声音能刺激顾客的感官，更容易使顾客产生对推销商品的认同感，从而快速做出购买决定。这也是生产厂家愿意花高价钱选择电视广告而不愿意使用价格相对低廉的电台广告的最主要原因。

2. 注意细节

（1）影视资料与洽谈需要相衔接。

案例 5.20

某戒烟工具的推销员为了推销该商品，在夜市中带着便携 VCD 和音响设备播放有关吸烟危害的视频，围拢的顾客看着吸烟的危害很是惊心，画面不断地传递着这种戒烟工具可有效过滤烟毒、消除尼古丁危害的信息。由于视频声情并茂，富有感染力，一个个烟民因患肺癌早逝的画面让人触目惊心，很多妻子纷纷给丈夫买了该戒烟商品。

【案例解读】

影视演示法给顾客传递的信息更直观、醒目，所产生的效果远比推销员讲述好得多。

（2）播放技术熟练，避免忙中出错。

（3）商品融合剧情，淡化广告痕迹。现在越来越多的生产厂家愿意出资和制片方合作，将商品巧妙地融合到影视剧中作为道具或作为背景，让观众在欣赏影片的时候，默默接受了商品，这就叫作植入式广告，它效果非常显著，如电影《手机》中平均几分钟就出现一次摩托罗拉手机。

3. 实战例句

（1）某市沃尔玛超市的电梯里，显示屏不停地播放着"沃尔玛最低价，全年最低价"的卡通视频，吸引着很多顾客的眼球。

（2）超市"妈妈一选"洗涤皂液上方挂架上，不停地滚动播出"妈妈一选"宣传画面，吸引着很多小孩子吵着让妈妈买。

任务验收

（1）推销洽谈方法的种类及适用范围。

（2）消极提示法和积极提示法的区别。

～～中阶任务～～

任务情境

假设你是苏宁电器电视专柜的一名营业员，一位年轻白领男打算购买 32 英寸液晶电视，请至少用三种以上的方法和他洽谈。

任务目的

(1) 加深对各种推销洽谈方法含义的理解。
(2) 熟悉推销活动的流程。
(3) 掌握推销洽谈的方法及应用条件。

任务要求

(1) 组建任务小组，每组 5~6 人为宜，选出组长。
(2) 各组分角色分析情境，讨论表演流程，选择一人负责观察、指导。
(3) 进行交叉打分，即选取一个小组表演后，其他小组各选派一名成员担任评委，负责点评。
(4) 课代表要做好记录。

任务考核

(1) 情境表演的真实性、合理性：2 分。
(2) 小组成员团队合作默契：3 分。
(3) 角色表演到位：4 分。
(4) 道具准备充分：1 分。
(5) 满分：10 分。

任务四　推销洽谈的策略与技巧

～～初阶任务～～

任务情景剧

> 旁白：张明在早市上看中一款玛瑙项链，以下是他和老板讨价还价的过程。
>
> 张明："老板，这个玛瑙项链怎么卖的？"。
>
> 老板："这个是纯正上等天然玛瑙，300 元。"
>
> 张明："什么？你宰猪呢？漫天要价。"

老板："别伤和气，那您说您给多少，合适就卖给您。"

张明："顶多80元，这东西别的地方也有。"

老板："一分钱一分货，您用手摸下，它是冰凉的，假的一会儿就有温暖的感觉了。您要是诚心要，给200元吧。"

（张明看了一眼项链，没说话）

老板："怎么，嫌贵？算了，我也不瞒您了。兄弟，其实我这块玛瑙项链有块玉石穿偏了，佩戴时候，略微有点小问题。这样吧，我也不说什么了，您给100元吧，我这个上货价就要120元了。"

张明："不，其实刚才我早就看到那块石头偏了，但价格我是不会再加了，现在时候也不早了，我约了朋友去打羽毛球，你要真不卖，那就算了。"

（老板看了一眼，没吱声）

（张明放下项链，准备离开）

老板："行了，就当赔钱给您了，拿去吧。"

任务描述

（1）推销洽谈的策略有哪些？

（2）情景剧中张明和老板都使用了哪些策略？

（3）你觉得张明买贵了还是买贱了，为什么？

任务学习

推销洽谈的策略和技巧多种多样，巧妙运用推销洽谈的策略和技巧可以收到事半功倍的效果，能够顺利化解僵局，最终顺利成交。

一、推销洽谈的策略

（一）最后通牒策略

最后通牒策略是指推销员以向顾客发出最低的成交条件、最后的成交期限等信息的形式做出通牒，以促使对方就关键性、实质性的问题迅速做出决定的策略。在推销洽谈过程中，富有经验的推销员明白，通常约有90%的时间用于讨论一些无关紧要的事情上，而关键性、实质性的问题是在最后剩下的不到10%的时间里达成一致的。

1. 优点

（1）对于一些难于达成一致意见的问题，推销员可以利用最后的交易日期、最低的成交价格、自己成交的底线等条件，迫使对方妥协，从而达成协议。

（2）压缩推销时间，提高推销效率，避免长时间拉锯拖延。例如："今天是优惠活动最后一天了。""这台机器最低800元，再低我就不卖了。""今天是春节前最后一个工作日，如果价钱还是不能商量的话，那么这批货我们就不卖了。"

2. 注意事项

（1）谨慎使用，避免"触礁"。

（2）仅可根据实际情况，偶尔使用。

（3）通牒条件必须真实。

张明去步行街的某服装城买衣服，看中某款式试穿后打算购买。标价280元的服装，老板要价200元，张明觉得该套服装只值100元，双方讨价还价后，最后老板说，诚心要150元拿走，否则不卖。张明想买，但是又觉得不值，最后看了老板一眼说道："我兜里只有100元，你卖不卖？"说完扭头就往外走，老板看他快走出店门口了，喊回了他，最后以100元成交了。

【案例解读】

最后通牒法适用于双方都对实质、关键的内容争执不下时，由其中的一方做最后的报价，往往其中一方会妥协，从而达成交易。

3. 实战例句

"这台机器最低800元，再低我就不卖了。"

"今天是店庆优惠最后一天了，明天就恢复原价了。"

（二）自我发难策略

自我发难策略是在推销洽谈中针对对方可能会提出的问题，先自行提出，再加以解释并阐明理由，博得对方认同的洽谈策略。这种策略必须建立在深入调查、知己知彼的基础上，问题必须选得突出、恰当，解释理由充足、论据充分，令对方信服，否则会使自己处于被动的局面。

1. 优点

让顾客觉得真诚、实在，快速拉近买卖双方的距离，凸显卖方的诚意。

例如："小姐，这款手机的价格的确贵了点，但是它是最新产品，宽屏、双核，无论是上网，还是打游戏，速度都非常快；手机按键也是最流行的巧克力键盘，触摸起来非常舒适。"通过这种自我发难，再解释缘由，使对方感到"价高质优"，是因为功能、款式确实很好，所以才要高的价钱，从而转向购买。

2. 注意事项

（1）找中靶位。发难应该瞄准顾客最关注的地方。比如商品价格比较高，就选择价格为缺口；如果商品功能略显过时，就挑功能为发难目标。

"先生，您是想要这款学习机吗？您真是一位实实在在过日子的人，这款学习机，款式虽然有点过时，又没有复读功能，但是其他功能还是不错的。虽然它不是彩屏的显示器，但是给孩子学习还是很实用的，它的使用范围是从小学一年级到初中三年级，里面备有试题库，给小学三年级的孩子买，还是很实用的。""再说现在的学习机更新速度也快，今年买和明年买价格差很多呢，先买一台价格实在的用着，等遇到机器调价的时候再买高档的，就能节省好几百元呢，还能给孩子买很多实用的教学用品呢。别看很多机器广告说得很好，其实就是一些噱头，中看不中用的……"

顾客："那好吧，给我来一台这种款式的吧！"

【案例解读】

自我发难，就是不等顾客察觉商品的实质问题，由卖方先提出来，然后再一一解释，这样在推销洽谈活动中就能占据主动的优势，顾客也更容易接受。

（2）难处不过三。发难之处不可过多，最好只说 1 处，如感觉顾客还有疑虑，就再补充 1 处。不要面面俱到，否则顾客就感觉商品"千疮百孔"，失去了购买意义。

3. 实战例句

"这台机器虽说款式有点过时了，但功能还是非常不错的，比新款节省了 800 元呢。"

"这床单确实不是纯棉的，但睡着很舒服，价格也比纯棉的便宜 30 元。"

（三）折中调和策略

折中调和策略是指在推销洽谈处于僵持局面时，由一方提出折中调和方案，但前提是对方也应作出一些让步来共同达成协议的策略。

1. 优点

（1）以退为进，缓和紧张气氛，有利于迅速成交。

（2）将心比心，表明自己的诚意，拉近买卖双方的距离。例如："我方同意你方价格上涨 10%，但你方也得同意将订货数量起点由 3 吨降为 1 吨。"这种折中调和貌似双方都后退一步，但实际上并不一定对双方完全公平，对付这种策略要权衡得失，要经过仔细的计算，用数字说明问题。

2. 注意细节

（1）不可大幅度让步，要显得每次让步都很艰难。

（2）最好先让对方让步，以便摸清对方底线。

（3）摆事实、讲道理，用数据说话，让对方认同自己降价的难度和无奈。

（4）打感情牌，为后续成交做铺垫。

案例 5.23

刘明代表企业去和另一家公司对采购 A 型电动机一事进行洽谈。洽谈中双方对价格始终很难达成一致，于是刘明电话请示公司领导，领导指示可以在每台降低 6 000 元的前提下，考虑订购两台。于是刘明对对方说："你这样坚持价格，很难成交。这样吧，我们再买一台电动机，但是你要每台降价 10 000 元。行的话，我们就可以订立合同了。"对方想想后，觉得可以考虑，最后双方达成一致意见——购买两台，每台比原价降低 5 000 元。

【案例解读】

洽谈中出现冷场的时候，双方都后退一步，就可以形成新的成交条件，很多问题也会迎刃而接。

（5）善于使用沉默，逼对方继续让步。如顾客说"行了，两双鞋 150 元我拿走"，推销员沉默不语、不理不睬，让顾客觉得价格确实有点低，顾客会说："算了，160 元就 160 元吧，我也不差那 10 元"。

3. 实战情景

"小妹啊，这衣服你给价 100 元也太少了，我进货价是 120 元，加上运费 20 元，怎么也得 140 元吧。你要是诚心要，再给添点，再添 20 元就卖给你，添 10 元行了吧，算了你再添 5 元吧。"

看顾客执意不添钱要走的样子，卖家装作痛苦的表情："算了，你可气死我了，'赔钱'卖给你吧，下次你可要再带几个顾客到我这里买衣服啊，我这件真的是赔钱卖给你的！"一边说一边把衣服装进袋子里，递给了对方。

（四）留有余地策略

留有余地策略又称"留一手"策略，是指在推销洽谈过程中在与对方协商时要留有余地，不要全盘托出，以备讨价还价之用。

1. 优点

在洽谈中若对方停止进攻，己方能获得较大利益；若对方继续纠缠，则可以有继续回旋的余地。在现实推销洽谈中，不论己方多么有诚意，对手都会认为你有所保留，必然会对某些条件提出质疑，如果不做出适当让步，对方很难做出购买行为。同样，对方提出任何成交条件，即使己方可以全部满足，也不要立即应允，一定要再反复交涉，让对方觉得你是做了很多牺牲后，才满足了他的要求，这样对方更乐于购买。

2. 注意细节

（1）对初识顾客可大胆使用，对老顾客慎重使用。

（2）对方无诚意，使用此法逼其现"原形"。

（3）缓慢应答。

案例5.24

张明在夜市上看到一件儿童衬衣，觉得自己5岁的儿子穿肯定会很好看。标签上标的是50元，他希望老板便宜点，老板说："那就45元吧。"张明觉得太贵了，老板让张明自己报价。张明看了看，说30元。老板忙着理货，看了张明一眼，说："行，卖你了。"可张明觉得老板答应得太痛快了，衣服的价格肯定给高了，就找了个其他理由拒绝购买了。

【案例解读】

买方和卖方是两个矛盾的统一体，买方希望价格便宜点，卖方希望价格贵一点。顾客缘何不买？因为顾客不知道衣服的成本，只是试探性地降低了价格，如果对方不答应或答应很迟缓，顾客就认为讲的价格比较贴近成本，这样买到了商品会觉得很划算，反之就认为老板赚了很多钱，从而不再愿意购买了。

3. 实战情景

底价100元的衣服，老板标价180元，遇到顾客砍价到120元，老板说："从来不讲价，看您诚心，给您让10元。"双方折腾几次后，最后以140元成交。

（五）步步为营策略

步步为营策略是指在洽谈中，不是一次就提出总目标，而是先从某一局部目标入手，争取得到对方的认同，然后再谈另一个局部目标，以此类推，步步为营，直至完成整个目标的洽谈策略。

1. 优点

这种洽谈方法有利于取得阶段性的胜利，可以一步一步掌握洽谈的主动权；相反，谈判中如果一下子将己方目标全盘托出，会令对手瞬间感觉难以接受。例如：向一位顾客推荐冰箱的时候，先让他认同颜色、款式、容积大小、品牌知名度、能耗比，然后再谈到价格。当顾客对前面的全部认同后，推销员只要稍加引导，强调一分钱一分货，顾客就会妥协，从而做出购买行动。

使用步步为营策略就是先将整个洽谈方案梳理后，从顾客最能接受的项目开始进行，如先就订货数量、产品规格、型号、质量标准等进行洽谈；待达成一致意见后，再就商品价格进行洽谈；最后，就付款方式、交货时间等进行洽谈。在每个具体问题上都取得了成果，也就完成了总的洽谈任务。

案例 5.25

一位顾客前来购买某品牌的按摩床，推销员询问他的需求后，为其介绍某款式的商品。顾客看到淡蓝色的床面表示很喜欢，推销员就让其躺在床上感受一番，顾客对功能、材质都比较认同。最后谈到价格的时候，顾客面部表情有点严肃，明显对价钱有很大的异议。推销员解释道："这款按摩床是最新的科技产品，获得12项国家专利，完全按人体工程学设计，可以保证10年不变形；它的流线型的设计，对人的颈椎有很大的康复作用。人们每天大部分时间都是在床上度过的，因此还是非常划算的。"

顾客听了，觉得其他的都还不错，虽说价格略高了点，但是为了康复颈椎而且又能保证使用10年，再贵点也是要买的。

【案例解读】

步步为营策略，就是推销员向顾客介绍商品时，有意识地避开顾客最关注的地方。如果上来先谈价格，也许顾客一声"太贵了"就失去了购买的意愿，也就无心听介绍了。

2. 注意事项

（1）选择合适的突破口，避免开局失利。例如："我们的商品主要是选用当下最流行的蓝色基调，显得清新自然。""都是蓝色的啊，我最不喜欢蓝色的了，那我不要了。"

（2）关注对方表情，防止对方识破你的策略。

（3）必要时让对方先吃点甜头。

（4）等对方认同价值后，再谈价格。

例如："这速热水龙头多少钱一套？""大哥，多少钱不重要，如果您不知道它有什么效果，再便宜您也不一定要吧。您看……"

3. 实战例句

"先生，这款式您喜欢吧？功能满足您的要求吧？……"

（六）参与说服策略

参与说服策略就是推销员让顾客在不知不觉中和自己一道参与说服顾客的策略。由于买方和卖方两者所处的位置不同，彼此的观念在某些方面存在差异，所以在推销洽谈过程中，如果推销员自行说出要求、成交条件，往往并不能得到顾客的认同，因此聪明的推销员会鼓励顾客先开口说出他们的意见，在顾客提出自己能够接受的条件后，推销员再结合实际情况做出适当的补充和修改。

1. 优点

进一步洞察顾客需求，减小了顾客反对的概率。

案例 5.26

一位顾客想购买一双鞋子。她选好样式后，双方在价格上发生了争执。推销员很为难地说："这位女士，您好，这个价格我做不了主。要不这样吧，您看您能出多少钱，我再问下经理能否卖给您，否则我们这么争论下去，也没办法达成协议，是吧！"

"这鞋，我在京都商城看到过，就是不愿意再跑过去。要是150元，我就要了。"

"您稍等，我去问下我们经理。"推销员转身去库房了。

过了一会儿，推销员走了过来，说道："好了，这位女士，让您久等了。我们经理说：'本来这鞋一直都不讲价的，因为今天销售形势很好，就破例卖给您了。'那我帮您包好吧！"

顾客很满意地付款离去了。

【案例解读】

顾客之所以不再讨价还价，是因为她主动提出了成交条件。如果再还价，就是对自己的一种否定。

2. 注意事项

（1）以顾客认同商品为前提。

（2）鼓励、诱导、劝说顾客说出购买条件。

（3）当顾客条件过于苛刻时，应想好对策。例如："对不起，您给的价太不靠谱了。您诚心要的话，至少再加 50 元。"

3. 实战例句

"您看这衣服款式那么好，您最多给多少钱？"

"这柜门太高了？那您说要多高的，我们可以定制的。"

二、推销洽谈的技巧

1. 洽谈中的倾听技巧

所谓的倾听技巧就是在推销洽谈的过程中，推销员不要一味地向顾客介绍商品，游说顾客购买，而要养成一种善于倾听的好习惯。顾客是商品的使用者，如果我们不听从顾客的意见或建议，我们怎么能发现他们的需求？不能提供满足其需要的商品，顾客怎么会成为真正的买主呢？在推销谈判中，倾听能了解顾客的真实想法，捕捉到顾客的需求，判断顾客的意图，避免推销中的失误和差错，并且推销员在倾听的过程中容易赢得顾客的好感，拉近与其的距离。推销员在倾听顾客谈话时应注意以下细节：

（1）与顾客有眼神的交流。眼睛是心灵的窗口，当我们主动倾听顾客想法的时候，眼睛一定要适时地和顾客交流，通常对年长顾客我们的眼睛停留在其额头处，对同辈顾客我们的眼睛停留在其鼻子三角区域，对年幼的顾客我们的眼睛可停留在其嘴巴的位置，切不可长时间盯着对方眼睛看，避免引起顾客的尴尬。

（2）不打断顾客。推销员要养成善于倾听的好习惯，在倾听的过程中，即使顾客对商品存在误解，说了一些不符合实际的话语，或者冒犯了推销员，推销员也要笑而不答。切不可中途打断顾客或给予驳斥。有的顾客纯粹就是发牢骚，当心中的牢骚说完了，心情好了，就会主动购买商品了。

（3）顾客表达不清楚时，应小心提示。顾客发表意见的时候，要善于分析，寻找解决原因。当顾客言语比较模糊、意思不明的时候，应耐心询问："非常抱歉，刚才您的话，我没反应过来，麻烦您再和我详细说一下，好吗？"态度要诚恳，绝对不可指责对方"你说的什么话啊，话都说不清楚"。

（4）倾听要配合。顾客发表自己的意见或表达自己的想法时，推销员要做出积极的回应，如"嗯，您说得对，我一开始也是这样认为的""哦，真的啊""可不是吗"，以引导顾客把话说完。

2. 洽谈中的语言技巧

推销洽谈过程中，推销员主要用语言和顾客进行沟通、协商、谈价、议价，以至最终达成协议。在这一过程中，语言技能就显得非常重要。为此，推销员应当熟练掌握一定的语言沟通技巧，以确保推销洽谈的顺利。

（1）陈述的技巧。在洽谈中，推销员通过陈述自己的观念向对方表明自己的立场。陈述技巧有两种：一种是先发制人，即推销员先陈述自己的意见，再留意观察对方的态度，思考解决的对策；另一种是后发制人，即先请对方表达，倾听对方意图后，再提出自己的意见。无论是哪种方式，阐述时要力求做到言语准确、翔实，不可用似乎、好像、大概等含混词语。涉及商业机密时，即便对方盘问，也要委婉拒绝。例如："你的裤子从哪儿进货？""你的进货成本是多少？"这时你可以回答说："抱歉，我不知道，老板也不告诉我们。"

（2）发问的技巧。在洽谈中，发问是为了更好地了解对方的需求，引起对方的注意。推销员发问时要善于使用一定的方式或技巧。

（3）回答的技巧。在推销洽谈中，对于顾客的提问，推销员首先要坚持诚信的原则，给予客观公正的回答，赢取顾客的信任和好感。诚信地回答顾客的问题，并不是意味着顾客有问必答，对涉及商业机密的问题及无关商品的问题应巧妙回避。

（4）处理僵局的技巧。在推销洽谈中，推销员与顾客双方的利益会有冲突，有时候双方都不愿意退步，容易进入僵局，这就需要推销员正确处理。

①规避僵局。推销员是卖家，比顾客更清楚商品的成本，因此推销员可以在洽谈中占据主动权。为了规避僵局，推销员可在不违背原则的情况下，适当做些妥协和让步。

②绕过僵局。在洽谈中，若僵局已形成，一时无法解决，可采用搁置、冷却、同理心、引进外援等方法绕过僵局。

③打破僵局。僵局形成之后，绕过僵局只是缓兵之计，最终要想办法打破僵局。打破僵局的方法有扩展洽谈内容范围、更换洽谈人员、小幅降价等方法。

案例 5.27

一位中年女顾客提着昨天买的商品来退货，女营业员检查商品后说按规定不能办理退货，为此双方发生了争吵，引起了一些顾客围观。正在僵局的时候，一位男营业员走来，把女营业员支走并对顾客说："这位大姐，我是店长，您有什么要求和我说下，刚才那位营业员才工作不久，有服务不周之处我替她向您道歉。"顾客把退货的事情又向店长述说了一遍，店长态度诚恳地说："真是抱歉，像这种非商品质量问题，真的没办法退货，您的心情我也很理解。要不这样的吧，毕竟您的不满意是我们服务不周引起的，我送您一个厂家的赠品吧，这赠品超市里也要卖四五十元呢。"

女顾客看着店长，接过赠品，满意离去了。

【案例解读】

解决僵局的最好办法是更换洽谈人员，再适度给对方一点小利益，毕竟要考虑对方的心理，用小的利益换长久的利益，让顾客满意了，生意就不难做了。

任务验收

（1）推销洽谈要注意哪些原则？

（2）推销洽谈的方法有哪些？

（3）推销洽谈的策略涉及哪些方面？

（4）如何运用好推销洽谈中的提问技巧？

~~~~~~ 中阶任务 ~~~~~~

任务情境

场景：张经理办公室。

人物：推销员：王明。　　　　顾客：张经理。　　　　旁白：某同学扮演。

时间：某天的上午 11 点 30 分。

（当、当、当）

张经理："请进。"

王明：（态度很诚恳）"您好，张经理！我叫王明，不好意思，打扰您了。快下班了，不会耽误您多少时间，给您说点儿私事！"

（张经理想，反正也快下班了，就听他说说也无妨；另外，他说的是私事，张经理还好奇：在公司你跟我想讲什么私事？）

张经理："你说吧，什么事？"

王明：（从包里拿出一个比火柴盒大一倍的方体）"这是我们公司新推出的一款保健按摩器，非常实用，您看一下。"

张经理很好奇："这么小的东西会按摩，不会吧？"

王明："那我做个试验，您体验一下，好吗？"

张经理："好的。"

旁白：王明又拿出了一条线，两个小圆片，让张经理把领口打开，并且把圆片和线、小方块机器连在了一起，把机器启动以后，将两个小贴片贴在张经理的肩背上。

旁白：张经理觉得很惊奇，一会儿的工夫就体验了捶背、按摩、捏拿三种按摩方式，感觉还真是舒服；可以调节按摩时间，还可以调节按摩的力度。张经理体会到一种说不出来的享受，感觉这是一个好东西，小巧耐用！

王明连续不断地说："这个产品是高科技产品，而且很实用，采用电脉冲原理，放入两节七号电池，如果每天用两个小时，可以用三十天。像您经常看计算机屏幕，脖子累了可以按摩；您爱人在家做饭的时候也可按摩，家里的长辈也可以按摩，您看这是这栋写字楼上的其他顾客购买我们产品的记录，××公司的AAA买了两台，YY公司的BBB买了……"

张经理很高兴地问道："这东西多少钱呀？"

王明："这个产品我们公司统一的销售价是 300 元/台。"

张经理心里感觉贵了一点点，于是犹豫说："这么小的东西，这么贵！"

王明："不过没关系，我们最近在搞活动，打五折，现在是 150 元/台。"（接着又打开一个包装十分精致的盒子，里面有两个这样的机器）

王明又接着说："我还没说完，其实我们原来卖 300 元一台，现在卖 300 元两台。"

张经理：（感觉东西确实不错，惦记着给自己的父母还有岳父岳母买）"我要三台，你再便宜点儿呗，400 元我拿 3 台。"

王明表情很为难地说："好吧，不过用好了，您要帮我宣传宣传。"

（张经理很麻利地掏出 400 元，让对方帮其填好了单据，很快地完成了这笔交易）

任务目的

（1）加深对推销洽谈内容的理解。

（2）掌握推销洽谈的方法和策略。

（3）体会推销洽谈的技巧。

任务要求

（1）组建任务小组，每组5~6人为宜，选出组长。

（2）各组分角色分析情境，讨论表演流程，选择一人负责观察、指导。

（3）进行交叉打分，即选取一个小组表演后，其他小组各选派一名成员担任评委，负责点评。

（4）课代表要做好记录。

任务考核

（1）情境表演的真实性、合理性：2分。

（2）小组成员团队合作默契：3分。

（3）角色表演到位：4分。

（4）道具准备充分：1分。

（5）满分：10分。

知识点概要

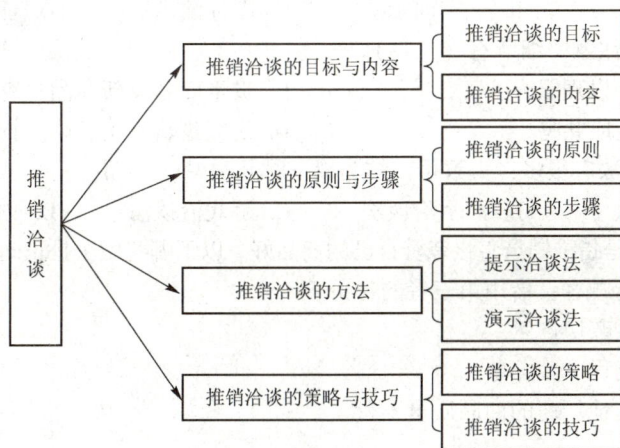

项目五推销洽谈知识结构图

※重要概念※

推销洽谈	针对性原则	鼓动性原则	诚实性原则
倾听性原则	参与性原则	直接提示法	间接提示法
明星提示法	积极提示法	消极提示法	文字演示法	图片演示法

※重要理论※

（1）推销的原则。

（2）推销的目标。

（3）积极提示法和消极提示法的区别。

（4）推销洽谈的策略。

客观题自测

一、单选题

1. 推销员在推销洽谈过程中，积极地鼓励顾客主动参与推销洽谈，促进买卖双方信息的有效沟通，保持洽谈关系融洽，增强推销洽谈的说服力。这是推销洽谈中的哪个原则？（　　）。

   A. 鼓动性原则　　　　B. 倾听性原则　　　　C. 参与性原则　　　　D. 针对性原则

2. 直接提示法，是指推销员接近顾客后直接向顾客呈现推销商品，陈述推销商品的优点和（　　）。

   A. 特点　　　　　　　B. 质量　　　　　　　C. 性能　　　　　　　D. 服务

3. 下列哪个不是推销洽谈的内容？（　　）。

   A. 保证条款　　　　　B. 销售服务　　　　　C. 解除顾客困惑　　　D. 推销商品价格

4. 推销商品的品质是推销商品的内在质量和（　　）的综合体现。

   A. 外观形态　　　　　B. 实际因素　　　　　C. 价格差异　　　　　D. 使用价值

5. 推销洽谈的第四个步骤是什么？（　　）。

   A. 准备阶段　　　　　B. 提议阶段　　　　　C. 磋商阶段　　　　　D. 促成阶段

二、多选题

1. 推销洽谈的原则有哪些？（　　）。

   A. 鼓动性原则　　　　B. 灵活性原则　　　　C. 针对性原则　　　　D. 参与性原则

2. 演示洽谈法包括哪些？（　　）。

   A. 商品演示法　　　　B. 文字演示法　　　　C. 图片演示法　　　　D. 证明演示法

3. 逻辑提示法应注意的细节有（　　）。

   A. 因人而异，以理服人　　　　　　　　　B. 贵重商品及新商品更有效果

   C. 推销逻辑达成共鸣　　　　　　　　　　D. 研究逻辑理论，防止推理失当

4. 推销洽谈的方法有很多，大致可归结为以下哪几类？（　　）。

   A. 提示洽谈法　　　　B. 演示洽谈法　　　　C. 游戏洽谈法　　　　D. 创意洽谈法

5. 直接提示法，是指推销员直接夸赞自己的商品好。以下哪些做法是正确的？（　　）。

   A. 虚构或泛指顾客，借用第三者的身份

   B. 语言委婉，亲切自然

   C. 注意掌握流程

   D. 直接指责其他厂商的商品质量不行

~~~~高阶任务~~~~

任务情境

    假设你是某健身器材的推销员，你知道某小区活动站需要购置一些健身设施，负责人是一个在企业推销的老书记，但是文化水平并不太高。请问你该如何去和他洽谈，并成功让他购买你的商品？

    任务说明：至少使用六种以上的推销洽谈方法；根据人物性格撰写任务情景剧。

任务目的

（1）系统掌握推销洽谈目标及内容。
（2）熟悉推销洽谈的原则及步骤。
（3）娴熟运用各种推销洽谈方法。
（4）深刻理解并恰当地运用各种推销洽谈策略。

任务要求

（1）分别组建一支销售团队，每组 5~6 人为宜，选出组长。
（2）每组集体讨论台词的撰写和加工过程，各安排一个人做好拍摄工作。
（3）每组各选出 1 名成员作为顾客或推销员的角色表演者，通过角色表演 PK 的形式来确定各组的输赢。
（4）其他组各派出一名代表担任评委，并负责点评。
（5）教师做好验收点评，并提出待提高的地方。
（6）课代表做好点评记录并登记各组成员的成绩。

任务验收标准

高阶任务验收标准

项目		验收标准	分值/分	验收成绩/分	权重/%
验收指标	理论知识	基本概念清晰	15		40
		基本理论理解准确	25		
		了解推销前沿知识	20		
		基本理论系统、全面	40		
	推销技能	分析条理性	15		40
		剧本设计可操作性	25		
		台词熟练	10		
		表情自然，充满自信	10		
		推销节奏把握程度	40		
	职业道德	团队分工与合作能力	30		20
		团队纪律	15		
		自我学习与管理能力	25		
		团队管理与创新能力	30		
最终成绩					
备注					

项目六

处理顾客异议

知识目标

1. 了解顾客异议的类型与成因
2. 掌握处理顾客异议的方法
3. 掌握处理顾客异议的准则与技巧

能力目标

1. 提高对顾客异议的识别能力
2. 提高对顾客异议的处理能力
3. 提高与顾客的沟通能力

任务构成

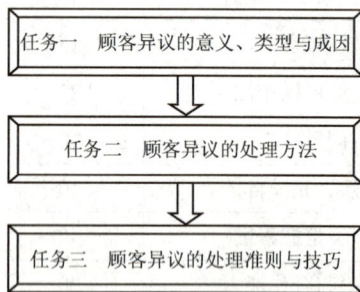

任务一　顾客异议的意义、类型与成因

↓

任务二　顾客异议的处理方法

↓

任务三　顾客异议的处理准则与技巧

任务一 顾客异议的意义、类型与成因

~~~~~~初阶任务~~~~~~

任务情景剧

旁白：小梁是某零售商店音响专柜的销售员。一个星期五的早晨，"发烧友"林先生走进音响区域，告诉小梁说他正在寻找新式音响，希望购买一部价格在5 000～6 000元的音响。以下是发生在他们身上的故事，请大家仔细分辨梁先生提出了什么异议。

小梁："先生，早上好，有什么需要我为您服务的吗?"

林先生："哦，我想买台音响。"

小梁："那您对音质有什么特殊要求吗? 是要重低音比较浑厚的，还是喜欢高音比较明亮的? 您一般喜欢听古典音乐，还是现代交响音乐?"

林先生："嗯，我比较喜欢听爵士乐。"

小梁："哦，那这几款都可以，爵士乐一般要求音质的高音明亮、低音偏薄一点。"

林先生：(巡视半天后，看着展示架上那一款标价9 650元的音响)"这个样式比较高雅大气，我比较喜欢。"

小梁："先生好眼力，这个音响销售得最火了，它的优点很多，低音不犀杂，高音透亮。我给您放张试音碟，您听下效果。"

林先生："还别说，效果真不错，这款音响最低价是多少?"

小梁立刻回答："刚开张，讨个吉利，算您9 000元吧!"

林先生："好的，你给我开票吧，我决定要购买了。"

小梁：(把票开好递给对方)"收银台直走右拐。"

(林先生付款并带回收据)

小梁：(接过票后)"先生，请稍等，我给您去取货。"

小梁："林先生，非常抱歉，您所要的那种音响已经没货了，本公司设在紫金路的零售商店可能还有货，该店距此不过15公里，您愿意到那里去提货吗?"

林先生："我没有时间到那里去，可以请商店的人送过来吗?"

小梁："今天是周末，店里人手不够，恐怕没有人可以送过来，下星期一我们会补足您所要的货品，到时您也可以到这里提货了。"

林先生："真不巧! 我今天一定要拿到，因为明天晚上我要举办一场晚会，必须有一台崭新的音响。"

小梁："非常抱歉，我也没有注意到我们店里已经没有这种型号的音响了。"

林先生："你卖音响的，不知道有没有货就开票，不是你的错，难道还是我的错不成? 这里又不止你们一家卖音响的，我赶紧去别的店转转吧，净瞎耽误我工夫，真扫兴。请把小票还我，我去退款。"

（小梁本不想让退，又不得不让退，犹豫着从抽屉里拿出小票）

（林先生一把从小梁手中抢过小票，转身去了收银台）

小梁：（看着林先生扬长而去，非常无奈。突然灵机一动）"先生，您等一下。"

林先生停下脚步，转过身诧异地问道："怎么的？"

小梁："要不这样吧，本身是我的失误，为表达歉意，到紫金路打车最多20元，我再给您优惠50元把这张限量版的试音碟也额外送您，您看您可以到紫金路提货吗？行的话，我立刻和那边店员联系。"

林先生原本铁青的面孔瞬间恢复本色，态度也和蔼了很多，道："那好吧，既然你这么有诚意了，我也不好多说什么了。你赶紧和那边联系吧。"

任务描述

（1）按性质划分，林先生的异议属于哪种异议？按成因划分，又属于什么异议？

（2）小梁在处理林先生的异议过程中，存在哪些不足？

（3）当林先生提出价格异议的时候，你有没有比小梁更好的处理方式？如果你是林先生，你会怎么做？

（4）当顾客异议发生的时候，正确处理顾客异议的方法是什么？

（5）从最后的结局来看，林先生从不愿意到愿意去紫金路店提货的原因是什么？对你今后从事推销工作有什么启发？

任务学习

一、顾客异议的意义

顾客异议又称推销障碍，是指顾客在与推销员接触过程中对介绍内容存有疑虑或对具体内容、条款不认同甚至反对而表现出来的语言、态度和行为的总称。在商品交易过程中，推销员和顾客既是合作关系，又是利益对立关系，双方都希望回避风险并最大限度地保护自己的利益，因此难免会产生异议。其实，顾客异议就是顾客为获取更有利的成交条件所采取的一种策略。

在推销洽谈中，由于双方看问题的角度不同，顾客对推销员的推荐并不一定完全赞同，他也会提出自己的一些看法，这些看法可能直接导致成交受阻，如果推销员不能有效地消除顾客异议，就可能导致交易失败。

顾客异议对推销洽谈有以下几方面意义。

1. 顾客提出异议时，推销员能获得更多信息

顾客购买商品是为了满足自身需要，而人与人之间是有个体差异的，因此每位顾客看待商品的方式也不尽相同，他们对商品提出的一些看法、交易条件，能让企业获得关于自身商品的客观公正的评价。顾客在购买商品的时候，出于维护自身利益的目的，会收集、对比不同厂家的商品，从中选出最适合自己的商品来购买使用，因此在某种意义上讲，顾客的异议，恰恰使推销员清楚地认识到自己商品的市场定位及市场反应。

2. 通过异议能判断顾客是否有消费需要

"挑剔的顾客才是真正的买主"，顾客之所以愿意对商品品头论足，是因为他怕花了钱却难以买到称心如意的商品，所以在选择商品时，显得非常"细心"，不是嫌弃颜色偏淡了，就是埋

怨款式旧。总而言之，对于再好的商品，顾客也会提出这样或那样的问题。顾客之所以愿意挑剔，是因为他对商品感兴趣，有时候挑剔只是讲价的一种托词，希望在价格上获得优惠而已。相反，若顾客没打算购买，一般会对商品不理不睬。

3. 客户的异议能够使推销员提高、修正销售技巧。

任何成功的推销员都是经过多次磨炼的，销售技巧不娴熟，也会导致顾客对他介绍、推荐的商品产生异议。推销员在经过多次磨炼后，才能成为优秀的推销员。在现实推销活动中，有的推销员很害羞，不敢大声推荐商品，从而导致顾客不知道他在说什么；还有的推销员开口使用称谓不当，遇见年长的老人不尊敬或者遇见年少的人却称呼为长辈；有的推销员脾气暴躁，不等顾客把话说完就粗暴地打断，这些不良现象都会导致购买中断。推销员只有在挫折中成长，才能成为一名优秀的推销员。

案例 6.1

张明今年二十八岁，由于皮肤保养得不好，看上去确实不够年轻。一次张明去菜市场买苹果，苹果没买到不说，还惹了一肚子的气。

张明看小贩车上的苹果不错，边挑边说："这苹果多少钱一斤啊？"

小贩倒是很有礼貌："哦，大哥，这苹果新上的货，两元一斤。"

张明觉得价格也还凑合，可是继续挑苹果的动力却没了。原来卖苹果的小贩胡子很长，看样子足有三十多岁了，可竟然管他叫大哥，那不是明显说他老吗！张明非常生气地说："你管谁叫大哥？我明显比你年轻很多，什么破苹果，这么贵，不要了。"

【案例解读】

顾客本身想买，可是由于小贩的推销技巧不熟练，一句"尊重"的话气跑了顾客，这样的异议本身就不该发生，"见物加价，见人减岁"，做推销的各位可要好好学习啊！

4. 顾客异议是"推销从顾客的拒绝中开始"的一种例证

顾客拒绝并不是说明顾客不想买商品，只要推销员仔细查找顾客拒绝的原因，及时化解顾客异议，顾客自然就会掏钱购买商品了。顾客拒绝有时候是顾客个人理解有问题，对商品产生了误解；有时候是推销员解释得不明确，让顾客产生怀疑；有时候是商品让顾客觉得有瑕疵，不符合顾客的心理需求。但是，只要推销员抓住异议的"症结"所在，及时地化解顾客异议，顺利成交就是很简单的事情了。

案例 6.2

"你家的核桃这么贵啊，前面都卖 15 元一斤，你家要 25 元一斤，这也太离谱了吧？"

"兄弟，您说的没错，我家的核桃确实比别人家的贵，但是我这核桃是深山老林产的，没漂白、没添水，自然风干的核桃，不像别人家的核桃，经过水浸、化学漂白。您尝一个就知道好坏了。来，拿着，买不买没关系。"（说着把剥好壳的核桃递了过来）

"嗯，是挺干的。"

"我这核桃皮薄，两斤生核桃就可以剥出一斤一两的核桃仁，不像别人家的，看着很便宜，但是很湿、压秤，三斤核桃都剥不出一斤核桃仁，您说哪个合算？"

"行，给我称 5 斤吧！"

【案例解读】

核桃看外表分不出等次，但是吃核桃不是吃皮，只要和顾客解释清楚了，让他认同了你的商品和价格，异议自然就消失了。

二、合理对待顾客异议

1. 欢迎并鼓励顾客提出异议

顾客看待商品和推销员看待商品是有本质区别的，顾客更多地从使用者角度提出他的看法，毕竟顾客是商品的使用人，因此作为推销员，应欢迎并鼓励顾客说出自己的想法，通过分析顾客的异议，及时查找顾客的需求，从而更好地为顾客服务。

2. 认真倾听并尊重顾客的异议

推销员应该本着"顾客是上帝"的宗旨，宽容地面对每一位顾客；对于脾气暴躁、认识偏激的顾客说出指责商品，甚至"侮辱"商品的话，要保持良好的心态，面带微笑，做到不反驳、不打断顾客的异议，适当的时候可以将顾客的异议写在本子上，并用提问的方式复述顾客的异议。例如："先生，您的问题是，这台冰箱是不是省电，是吧？"对待异议，推销员显示出对顾客的尊重，也能化解顾客心中的抱怨。推销员态度越诚恳，顾客的异议声音就越轻。

案例 6.3

"营业员，你看你们的鞋子，这款式怎么这么老土，这皮质也不好，一点儿都不像正宗的牛皮；这个还是松紧的，都没有穿鞋带的，跟还这么高，左边和右边还不完全对称……"

营业员始终面带微笑："嗯，这个我会反馈给厂家的。是的，真抱歉。"

顾客指责了一大堆，见营业员始终面带微笑，也不反驳，就觉得不好意思起来："咳，这也不是你们的错。算了，帮我开票吧！"

【案例解读】

面对顾客异议，最好的方式就是倾听，有的顾客可能今天心情不好，想找个人发泄一下，那么他对商品的意见多数是一种发泄的表现，如果推销员对此进行反驳，双方必然会发生强烈争吵，生意自然就被破坏了。

3. 顾客异议需适时答复

顾客提出对商品的某些顾虑是希望推销员对其疑虑给予及时解答，因为他要消除疑虑后才能放心购买商品。如果顾客发现推销员对自己的异议只字不答，情感上会感觉被忽视，自然会生气地离开。"这个商品价格也太贵了。""嫌贵就不要买啊。"这样地反驳、敷衍顾客肯定不行，应该说"这个商品是最新款式，使用了很多专利技术，原材料也不是普通的塑料，而是高分子合成物，耐摔、耐磨、轻便，使用起来非常方便"。这样才能消除顾客心中的疑虑。而对于顾客提出的超出自己职权范围的异议，不要急于答复，应向顾客提出准确的答复期限，不可随意应付。例如："这个商品再赠送一个电饭锅我就买。""抱歉，这个送不了，等我请示我们领导再答复您，可以吗？不过现在的价格已经很优惠了。"

4. 准确地判断异议的根源

"打蛇打七寸"，对于顾客提出的异议，推销员要及时准确判断异议存在的根源，找到"病症"、去掉"病根"，方可解除推销障碍。对于与推销无关的异议应不予回答，对真实性异议要区分具体情况，加以作答。

三、顾客异议的类型

顾客异议往往是顾客保护自己的行为，其本质不具有攻击性，但它的存在不但可能影响一次推销活动，还可能对今后的交易产生不利影响。想要处理好顾客异议，就要先搞清楚顾客异议的分类。

（一）从顾客异议的性质区分

1. 真实异议

真实异议也称为有效异议，是指顾客有购买需求，本身也有意愿接受商品推荐，但从自身的利益出发对推销商品或成交条件提出质疑和探讨，从而提出拒绝购买。例如，推销商品的款式、价格、颜色、功能、售后服务等方面与自己的意愿存在差距；自己了解到或听信他人，认为商品存在瑕疵而对推销感到质疑；对某品牌商品有特殊性青睐，因此对其他商品不怎么感兴趣。真实异议就是发自顾客本人真心的想法，对于顾客的真实异议，推销员要按实际情况灵活处理。

1）立即处理异议

（1）解答异议可以快速消除负面影响。当顾客出于个人的经验判断或听信他人对推销商品产生排斥的时候，推销员要用事实依据化解顾客的偏见，澄清事实，扭转顾客对商品的片面认识。

（2）处理异议，顾客就能下单。当顾客对某些关键因素产生异议，并表示该异议解决掉，即可做出购买行为时，推销员应迅速解决顾客的异议。

（3）众多顾客提出相同的异议。如果推销现场有很多围观者或多名顾客有相同的异议，那么解决一个人的问题，就相当于解答大家的问题，否则会造成多人对商品产生"怀疑"情绪。

2）延缓处理异议

（1）顾客异议超乎自己权限时，延缓答复。当顾客的异议使推销员感到不确定或超出本人的权限时，推销员应及时承认自己暂时解决不了，并告之请示相关领导后，再予以答复。例如："抱歉，我说了不算，这个我得请示领导后再答复您。"

（2）顾客随口提出价格异议时，拒绝直接答复。顾客对推销商品缺乏细致了解却提出价格异议时，推销员要延缓回答，否则易陷入被动。如顾客刚进店，看到某衣服就问："这衣服多少钱？"这个时候，无论推销员怎么答复，顾客都觉得贵。聪明的推销员会说："衣服不合适再便宜也不值得买，前面就是试衣间，看您身材穿 165 码就可以，您先试一下，试好了我们再提价格。放心，我们诚信经营，来的都是回头客。"

（3）顾客异议将要在稍后的推销活动中详细阐明、说明时可稍后答复。展示商品时，当几个顾客问的问题可以统一在随后的环节回复的时候，推销员应告知顾客稍后会对他们的问题统一答复，请顾客不要着急。

3）实战例句

"先生，到我家吃饭吧，主食米饭，炒菜样样都有。"一个店员对路过的游客兜揽道。

游客打个饱嗝说道："刚吃过。"

2. 虚假异议

虚假异议属于无效异议，是指顾客并非真正对推销商品存在不满意之处，而是为了拒绝推销员纠缠而故意编造的各种借口或意见，是用于敷衍推销员的一种行为反应。简言之，虚假异议并不是顾客内心的真实想法。

1）产生虚假异议的主要原因

（1）顾客无权或无足够的资金做出购买决定。

（2）顾客不信任推销员或对推销活动有偏见。

（3）顾客的需求不明确，或顾客根本没意识到自己的需求。

（4）顾客已购买到商品，为验证是否吃亏，来探听虚实。

（5）顾客没时间考虑商品，借以打发推销员。

虚假异议并不代表顾客真实的购买意愿，推销员可以采取不理睬或一笑了之的方法进行处理，不要与其争论，因为即使推销员处理了所有的虚假异议，顾客也不会做出购买行为。

2）实战例句

"先生，到我家吃饭吧，主食米饭，炒菜样样都有。"一个店员对路过的游客兜揽道。

游客扫了一眼饭店，发现一个顾客都没有，怀疑会被宰，虽饿但说道："不饿，早饭吃太饱了。"

3. 破坏性异议

所谓破坏性异议，又称答非所问异议，即顾客听懂推销员的询问后故意扭转问题而给出明显不合理的答复。

1）破坏性异议的实质

顾客拒绝给出推销员想要的答案，一方面可能是对推销员表示反感，另一方面可能是自身对商品不感兴趣但又不想说拒绝的话。

2）实战例句

"先生，到我家吃饭吧，主食米饭，炒菜样样都有。"一个店员对路过的游客兜揽道。

"啊，我从重庆来的。"游客说道。

（二）根据异议的来源区分

1）价格异议

价格异议是指顾客认为商品的价格过高或过低而产生的异议。顾客在接触商品的时候，一般都对商品给出一个心理价位。如果商品定价与心理价位相差比较悬殊，顾客就会提出价格异议。价格是顾客购买商品最关心的问题，因此价格异议也是最常见的异议。不同顾客的购买习惯、购买经验、认知水平都不同，因此对待同一件商品，有的人嫌贵而不购买，而有的人又嫌价格低也不愿意购买。

（1）价格异议类型：第一种是顾客嫌价格过高产生的异议，这类异议占大多数，价格高低直接关系顾客的切身利益，对于顾客而言能少花一元是一元，即使价格很合理了，顾客还是希望能再优惠点。第二种价格异议是顾客嫌商品价格偏低产生的异议，顾客觉得商品价格低肯定是商品质量不过关或者商品来路不正，购买缺乏安全保证；还有的是顾客觉得购买价格便宜的商品有失身份。

（2）价格异议的范围。价格异议通常包括价值异议、返点异议、赠品异议、支付方式异议及支付能力异议。价值异议，是顾客对商品的价值感到怀疑，认为商品不值这个价格。返点异议和赠品异议是顾客对优惠额度及回馈方式等提出的异议。支付方式异议是顾客对用现款结算还是银行卡支付或是手机支付，是当面付清还是分期付款等产生的异议。支付能力异议是顾客以暂时无钱购买为由提出的一种异议。

案例6.4

　　一位人寿保险公司的推销员去某民办幼儿园门口推销少儿保险，几位年轻的妈妈询问保费怎么缴，这位推销员未加思索便脱口而出："年缴3 650元，买10份，连续缴到年满16周岁……"话音未落，人已散去。试想，那些月收入在1 000元左右的工薪族，一听每年要缴3 650元，怎么不被吓跑呢？无奈，推销员也只好失败离去。

　　没过几天，又有一名人寿保险公司的推销员，他是这样告诉年轻的父母的："只要您每天存上一元零花钱，就可以为孩子办上一份保险。"听他这么一说，不少孩子的爸爸妈妈前来咨询、购买。

【案例解读】

　　其实，前后来的这两位推销员推销的是同一险种的保险，保费也没有变化，但为什么会有截然不同的两种效果呢？原因是他们的报价方式不同。前者是按购买10份年缴费价格报的，这样报价容易使人感觉价格比较高，买保险可望而不可及；而后一位推销员是按买一份保险每天分摊的钱说的，爸爸妈妈们听起来会觉得一天省下一元钱是不难做到的，这样他们就会对投保产生浓厚的兴趣。可见，后来的这位推销员因为把价格进行了细分，所以更容易被顾客接受。

　　（3）实战例句。

　　顾客看了一眼价钱："这价格也太贵了，能便宜点吗?""这么贵，谁买啊?""不好意思，钱没带够!"

　　2）需求异议

　　需求异议是顾客提出自己不需要所推销的商品而形成的一种反对意见。通常是推销员向顾客介绍商品后，顾客直接当面拒绝的一种反应。需求异议是对推销商品的一种全面、彻底的拒绝，根本就不给推销员推荐商品的机会。

　　（1）需求异议产生的原因：①完全是借口，虚假性异议。②顾客对商品已经了解，确实不需要该商品。③顾客对商品已经了解，但自身未意识到该商品的功效而不愿购买该商品。④顾客未了解商品，单凭主观想法觉得不需要该商品。⑤顾客考虑不周全，忽视了后期需要。

　　推销员对顾客的需求异议应做具体分析，摸清顾客异议的真实原因，妥善处理，化解顾客异议。如果顾客对商品缺乏足够认识，推销员应强调商品的功效，从而使顾客意识到商品能带给他的利益。如果是虚假需求，则要去伪存真，并思考是不是向顾客推荐的时机不对。

案例6.5

　　顾客："什么保险？我不需要，我的孩子很健康，超市的生意也不错，挺好的。"

　　推销员："是啊！王老板真是一个幸福的人。可是十年，甚至二十年后，谁又敢保证自己一直身体健康？超市生意永赚不赔？万一有些意外，将来可爱的孩子谁来抚养，是否还能够得到像今天一样高品质的生活?"

　　顾客：……

　　推销员："孩子不幸福，你心甘吗？现在只要花很少的钱就可以给孩子买一份将来的幸福。就是每个月少抽几包烟的事啊！"

　　顾客："那保险都保什么啊?"……

【案例解读】

　　很多时候顾客对商品的需求产生异议，是其自身没意识到商品能给他们带来的利益，只要推销员让他们注意到商品的好处，他们自然就没有异议了。

(2) 实战例句。

"我不需要。""我前几天刚买过。""这个东西没什么用，我不买不活得好好的吗?"

3) 商品异议

商品异议是顾客认为推销商品不符合自己的要求，对商品的使用价值、用途、样式、色泽、型号、品牌、包装等方面提出了反对意见。商品异议表明顾客清楚自己的需求，但担心推销商品难以满足自己的需求。这类异议主要受顾客的欣赏水平、购买习惯以及其他各种社会成见等因素影响，具有一定的主观差异性。

(1) 商品差异产生的原因。顾客对商品缺乏系统的了解;顾客的心理期望与商品的实际情况形成反差;顾客对某些商品的成见。

(2) 应对策略。商品异议具有一定的挑战性，推销员应在充分了解商品的基础上，适当采用商品演示法、体验法、对比效果法来增加顾客购买商品的信心，从而最大限度地消除顾客的异议。例如:"谁说绿色不好看啊，你背上试试，那里有镜子，看看效果怎么样。""嗯，还别说，确实好看。行，给我拿一个吧。"

📖 案例 6.6 ▪▪

顾客:"这冰箱体积是很大，但是款式我不喜欢，上冷冻下冷藏，那不就是 60 年代的款式吗? 现在都时兴冷冻室在下头的。"

推销员:"您说得很对，现在市面上的确很多冰箱都是下冷冻的，这个款式也确实有点'过时'，但是我们买冰箱主要看是否实用，冰箱不是为了好看才买的，对吧?"

顾客点了点头。

推销员:"这款冰箱是出口国外转内销的，耗电量小，冰箱压缩机工作起来无噪声，有大冷藏室，纯白色箱体，显得高档时尚，关键是价格便宜，不到 1 000 元，您随意走到一个商场，215 立升冰箱最少也得 1 500 元以上。出口的商品必须经过国外的检测，所以质量肯定好。这样的紧密程度不外跑冷气，没霜，绝对是大厂家生产的。"

顾客:"嗯，其实我也是觉得它价格实在才前来咨询的。这冰箱耗电多少啊?"

推销员:"这个是国际三星冷冻的，最节能省电，每天 0.77 度电，最主要的是它工作起来基本上没声音，不像其他冰箱噪声分贝很高。你看这个才不到 37 分贝。"

顾客:"行，就是租房子临时用下，开票吧!"

[案例解读]

顾客商品异议，可以用以大换小的方式解决，即向顾客强调大的利益来抵消小的麻烦，让顾客的主导利益占据主角的位置，从而化解顾客的异议。

(3) 实战例句。

"怎么产品都是绿色的啊，我喜欢红色的，象征着喜庆。""这家具的款式也太古老了吧，感觉像上世纪的产品。""这包装也太差了，送人的话，一点儿档次也没有。"

4) 货源异议

货源异议是顾客在选择商品时对商品的原产地、生产厂家、品牌型号等提出的异议。

(1) 货源异议产生的原因。顾客对推销商品及生产的厂家不熟悉、不认可，因此提出了反对意见，如对推销商品的生产厂家没听过、对不知名的品牌没购买过、推销商品做工比较粗糙等情况都会让顾客提出质疑。由于市场傍名牌，假冒伪劣现象太多，顾客自身又不是购买专家，很难对商品进行真实性鉴别，导致越来越多的顾客怕上当买到假货而对货源提出异议。

顾客为了保护自身利益一般习惯说"我们常常用某某公司的商品""你们公司我听都没听过，商品肯定不好""这种商品的原产地是你那里的吗"，"你们的货是正宗的吗？怎么看着像是水货啊"，"你们有商品进口许可证吗"等。这些异议当中有顾客的真实异议，也有顾客为达到讲价或阻止推销员推销的目的而提出的虚假异议，推销员要善于区分，认真对待。

（2）实战例句。

"对不起，洗发水我只买海飞丝，其他我一概不考虑。""你们的鞋是正品吗？怎么看着像高仿A货啊，我还是到专卖店吧。"

5）服务异议

服务异议是顾客在购买推销商品时对推销员及企业所提供的服务表示不满意、不认可而提出的反对意见。

（1）异议产生的原因。顾客对推销员的态度不认可、对服务方式不赞同、对服务时间不满足、对服务范围不接受、对服务质量不满意等。在市场竞争日趋激烈的情况下，改善服务态度、提高商品的附加值已经成为企业赢得市场的一种重要手段，"服务是金，商品是银"，顾客花钱就是图个心情愉快。顾客之所以愿意做出购买行为，很大程度上取决于推销员提供给顾客的服务水平，优质的服务能够坚定顾客购买商品的信心，提高商品在顾客心中的美誉度，减少顾客提出的服务异议。推销员只要用心对待顾客，就可以减少不必要的异议。

（2）实战例句。

"你话咋说得那么难听，谁买东西不得挑一挑。算了，我不买了。""问你话，待答不理的，真是花钱买气受！我不要了，把钱还给我。"

6）购买时间异议

购买时间异议是顾客觉得购买推销商品尚缺乏足够条件，为延缓购买行为所提出的反对意见。例如："现在国家正在调控房价，房价肯定还得跌，再等等吧。""这个先不用了吧，我这辆车还可以再开两年。""嗯，让我再仔细想想。"购买时间异议，是顾客加强自身保护意识的一种反应。

（1）异议产生的原因。①顾客认同推销商品，但因为自身经济原因提出延缓购买。例如："等下月开工资再说吧。"②顾客认同推销商品，希望通过拖延时间，达到优惠的目的。例如："等我转一圈再说。"③顾客基本认同推销商品，但拿不定主意，提出推迟购买的异议。例如："我回家和老公再商量商量，等过几天再给你准信。"④顾客对推销商品不认同，又不愿当面拒绝，拿延缓购买做借口。例如："我现在有事，过会儿再说。"

（2）实战例句。

"这手机不错，本来想买来着，这不还没发工资吗，等开工资就买。""房子早就想买了，工资每月4 000元，房价6 000元一平方米，现在这么贵，等到年底降了就买。"（典型中国人买房心态）

7）决策权异议

购买决策权异议是指在推销洽谈中，顾客会以没有决策权为由提出拒绝购买。

（1）购买决策权异议分类。第一种是顾客的确没有决策权。推销员应耐心询问顾客，找出决策人，做通决策人的工作，从而打开缺口。第二种是顾客仅仅是在找借口。推销员要仔细区分，灵活化解。

案例 6.7

"张先生，您看这套健身器材还不错吧？"

"看着还可以，不过我了没用的，我在家里说了不算。"

"大哥，您甭和我逗了，像您这样的成功人士，买个几千元的东西，回家还得请示，也太跌份了，男人是一家之主，哪有女人说话的份啊。"

"这个吗……"

"大哥，您不会是怕老婆吧？"

"谁说的，你开票吧，我买了。"

【案例解读】

对于决策异议，有的时候激将法或者诙谐法很有效果。击到顾客软肋，顾客准妥协。

〰〰〰〰〰〰〰〰〰〰〰〰〰〰〰〰〰〰〰〰〰〰〰〰〰〰〰〰〰〰〰

（2）实战例句。

"我只负责跑腿，订货的事都是领导决定。""这我可做不了主，我得回去请示下领导。"

8）支付能力异议

支付能力异议也可称为财力异议，即顾客认为自身支付能力不足而拒绝购买推销商品的异议。顾客常常以手头没钱、资金周转不灵为由拒绝购买商品。

（1）异议分类。有真实和虚假两种情况。通常来说，顾客不愿意让人知道自己缺钱，出现这种虚假异议的主要原因可能是顾客早已确定要购买其他商品，或者是顾客不愿意动用存款，也可能是因为推销员说服力不足，没能让顾客意识到商品的真正价值。

（2）采取对策。强调推销商品的特点、优势，诱使顾客重新认识商品；分解报价，让顾客觉得购买和现金的多少无关；如果顾客确实无力购买推销商品，推销员可推荐其购买价位相对低的商品。

案例 6.8 ■■

"先生，您想买电视机吗？平角的还是液晶的？"

"哦，搬新房子了，打算把家里的平角换成液晶的。"

"恭喜您，喜迁新居啊！您是卧室用还是客厅用啊？"

"客厅用，大概有 30 平方米吧。"

"哦，那我建议您买稍大一点的，您看 42 英寸这款海尔的就很不错，它画面清晰、音质不错……"

"好，是好，价格也太贵了，新房装修花的钱像流水一样。"

"装修房子是很费钱的，为了提高生活质量，一次投资终身受益嘛。其实这台电视才 4 600 元，用十年的话，每年才 460 元，相当于每天只花不到一元五角，那还不如一根冰棒的价格呢，现在冰棒都要两元一根了，您说是吧？"

"道理似乎没错，可是我打算买台 4 000 元以下的，最好 3 000 元左右的，现在都有计算机，电视看的时候不多，不买吧又觉得缺了点什么。"

"哦，那您看看这台 TCL 的，这个是锐屏的，在做促销，也是 42 英寸的，多功能画面、接口齐全……这款才 3 200 元，还送一个电饭煲。"

顾客用遥控器调换着画面，脸上表现得很关注。"这个给免费调试吗？售后服务怎么样啊？"

"您放心吧，实行国家三包政策，我们当地就有维修服务站，您打个电话，保证 24 小时内解决您的问题，在我们这里买电器，都负责免费安装和调试的。"

"好了，就要它了，你开票吧。"

【案例解读】

支付能力异议，可以分三步化解：

第一步：推销员要区分是真异议还是假异议。

第二步：通过强调推销商品的卖点说服顾客重新选择。

第三步：将整数的报价分解到每一天的花销，有意识地引导顾客思考。如果顾客仍觉得"贵"，就迅速推荐价格相对便宜的推销商品，再重新按刚才的步骤化解。

（3）实战例句。

"不行，太贵了，我可买不起。""啊？1 500元，我身上就只有1 000元，你能卖啊？"

9）推销员异议

推销员异议是顾客针对某些推销员的行为举止表示反感而提出的拒绝购买的异议。

（1）异议原因。推销员本身的工作能力不足；顾客对某些推销员的外貌、穿衣打扮挑剔。顾客对推销员不信任而提出异议，并不意味着顾客不喜欢推销商品，只是希望换一个推销员来为自己服务或令其改正服务态度而已，如日本推销之神原一平被顾客指责服务态度不好后，立马醒悟，跪着向顾客道歉，使发誓再也不买其保险的顾客很受感动，转而又多支出了一大笔保费。

案例 6.9

"小姐，您买什么化妆品？"

"我买一款祛痘的洗面奶。"

"哦，我们这款祛痘商品效果很好的。"

顾客看了看商品，又看了看营业员，感觉营业员脸上的皮肤也不好，痘痘也不少，于是摆摆手，走掉了。

【案例解读】

顾客之所以走掉，是感觉营业员脸上的痘痘让她不舒服，既然说祛痘效果好，营业员脸上的痘痘都没祛掉，顾客怎么会相信呢？

（2）实战例句。

"你手都生疮了，怎么还敢给我做美容？""你手指甲那么长，里面都是污垢，还给我打粥？"

四、顾客异议的成因

在现实推销过程中，顾客异议的成因是多种多样的。既有顾客因素，又有商品本身因素，还有推销员的自身因素；既有主观因素，又有客观因素。推销活动的最终目的是实现交易，满足顾客的需求，实现推销员与顾客的共赢。从买方角度讲，顾客希望花更少的钱买到更好的商品，希望物美价廉，他关注并考虑商品交易给他带来的风险和收益；从卖方角度讲，推销员希望能卖出更高的价格，强调优质优价，他关注并考虑商品交易可以带给自己的利润。

顾客总是处在有限的购买能力和无限的消费需求的矛盾中，总希望用最小的付出获得最大的收益，所以说顾客是天生的推销异议的"创造者"。公平交易，童叟无欺，甚至希望卖者赔钱赚吆喝是顾客追求的一种最理想的购物环境，从这个意义上讲，顾客与推销员建立起坦诚、可信赖的关系，顾客异议才会减少甚至消失。下面我们从推销三要素来依次分析顾客异议的成因。

（一）顾客方面的原因

1. 防范意识的提高

顾客面对陌生的推销员，会心存警戒，保持非常警惕的态度，不相信或不完全相信对方，时刻提防推销员来保护自身利益不受损害。当推销员向顾客推销商品时，怀疑、好奇、疑惑占据着顾客心理的主体位置，因此绝大多数的顾客异议都是顾客在进行自我保护，是顾客防范意识加强的结果。

2. 忽略自身的需要

由于顾客思维模式固化，对生活中的某些事情墨守成规，没有意识到自身的实际需要，习惯于以往的购买内容和购买方式，缺乏对新商品、新服务的需求和诉求。推销员对于这类因缺乏认识而产生异议的顾客，应通过进一步了解情况，再重新确认顾客的需求，并从顾客利益的角度出发，利用各种提示和展示技巧，帮助顾客认识到需求，刺激顾客产生购买的欲望，使之接受全新的消费方式和生活方式。

案例 6.10

"师傅，您平常在家经常刮胡须吗？"

"是啊，怎么了？"

"我说您的胡须怎么这么干净，肯定不是电动剃须刀刮的。"

"是的，以前用电动剃须刀，觉得刮得不干净，就改用手动的了。"

"那您喜欢用什么牌子的刮胡泡沫啊？吉列吗？"

"刮胡泡沫是什么东西，我都是用肥皂涂在脸上，觉得也不错啊。"

"那您也太委屈自己了，肥皂哪有刮胡泡沫的效果好啊，有时候会刮伤的。"

"也是，有的时候一不小心就会刮破，但是一个小伤口对大老爷们也没什么。"

"师傅您错了，其实刮胡泡沫还可以软化胡须，令胡须妥帖顺滑，帮助呵护肌肤，减少剃须过程中造成的皮肤刮伤和敏感。不信，您试验一下，这个是一次性剃须刀。"

"别说，真的比肥皂感觉好多了，皮肤不那么干涩，这个15元是吧，行，给我拿一瓶试试吧，也改善改善。"

【案例解读】

顾客在尚没意识到需求的时候，肯定抱着不买的态度，顾客只有感受到和以往的不同，才会有尝试改变的欲望，从而做出购买行为。

3. 对商品认识的模糊

随着现代科技的发展，商品的更新速度越来越快，新商品更是层出不穷。对于有些新商品尤其是高科技产品的特点与优势，顾客需要花较长的一段时间去了解、认知，因此顾客会提出异议。一般来讲，顾客的文化程度越低、年龄越大，产生该类异议的概率就会越大。推销员应当以各种有效的展示与演示方式深入浅出地向顾客推荐商品，借助广告等方式对顾客进行有关的启蒙和普及宣传，使顾客对商品有正确的认识，实现消除顾客异议的目的。

4. 心情欠佳

人的购买行为有时会受到情绪的影响。推销员和顾客明明约定了见面时间，如果拜访之前顾客偶遇过不开心的事情，就有可能提出异议，甚至产生敌意。此时，推销员应保持冷静，见机行事，或者干脆改天再来拜访，切忌给顾客忙中添乱，那样会使推销陷入尴尬的境地。

📖 **案例 6.11** ▪▪▪

　　某销售公司的小张如约到某公司采购部的黄经理处拜访，进门后发现黄经理满脸沮丧，眉头也紧锁。小张犹豫下，还是张开了口打声招呼："黄经理，您好，这是我们公司的报价目录。我们公司又开发了新……"

　　"行了，小张，你把报价单放在茶几上就可以了。"

　　"那好，黄经理，我不打搅您了，改天我再来拜访您。"

　　"嗯，好的，再见。"

【案例解读】

　　推销员要养成察言观色的习惯，如果从顾客面部表情就可以知道其心情不好，那么这个时候顾客自然没有兴趣谈什么生意。如果推销员硬性推销，必定会使顾客产生厌恶感，生意真的就泡汤了。

5. 缺乏决策权

　　在实际的推销洽谈过程中，顾客常常会说"真抱歉，这个我决定不了""等我回家和爱人商量商量""我们回去再研究一下"等托词，这表明顾客确实缺乏足够的决策权力，或顾客有权但自己不愿意承担责任，也或者找个借口支开推销员。推销员要仔细分析，针对不同的情况，沉着应对。

6. 购买力不足

　　顾客的购买力是指在一定的时期内，顾客具有支付购买商品的货币的能力，它是顾客满足需求，实现购买商品的经济基础。如果顾客购买力不足，即使认同、喜欢商品，也会拒绝购买，或者选择延期购买，当然也不排除有的顾客会以此作为借口来拒绝推销员。因此，如果这是真实异议，推销员可以提出办理分期付款或信用卡刷卡等方式引导顾客消费；如果是虚假异议，推销员就要重新找出异议之所在。

7. 存在成见或偏见

　　偏见与成见一般都带有较强烈、复杂的感情色彩，不是靠单纯的解释就可以轻易消除的。比如说，有的顾客喜欢从年龄大的女性推销员处购买商品；相反，对年龄小的推销员的推销就比较抵触；有的顾客喜欢在大商场里购买商品，对小商店的东西就缺乏兴趣；有的顾客不喜欢长头发的男营业员，觉得他们行为古怪。顾客的成见和偏见产生的原因比较复杂，既有顾客心理因素，又有推销员或推销商品的自身因素，这就需要推销员具体问题具体分析了，如"听别人说，你们的商品质量不过关，我可不买"。推销员应回避谈论这些成见或偏见，也不要和顾客辩论，只需做好转化、解释工作就好。例如："商品好不好，您试了才知道，听别人的可不一定靠谱，没准对方也是听我们竞争对手说的呢？同行是冤家，想必您也能理解，是吧？"

8. 不愿打破固有的习惯

　　中国是个人情大国，一般企业与企业之间都有着某种说不清、道不明的关系，供销企业之间形成了比较稳定的供货关系，如"我们的原材料都是从某某公司进货的""不好意思，我们一直都使用某某企业的产品""某某公司是我们的老主顾了"。企业出于风险或某种利益一般很难更换进货渠道，但是并不代表永远不可以改变，推销员只要提供给对方比原来的渠道更优质的商品、更有诱惑力的价格，也是可以打开局面的。推销员若善于用个人魅力，也可以促使决策者重新考虑。

案例 6.12

"张明，你别忙活了，这个 AD 企业的原材料一直都是从 WP 公司购进，据说两家公司的老总关系很密切，我们去过很多次了，都碰了一鼻子灰。"

"是啊，可是我还是想尝试一下，我们的价格、质量都不比那个 WP 公司差啊。"

"没办法，这是两个企业之间内部的事情，我们的商品再好也没用啊。"

……

"张厂长，您好，我是 SR 公司的小张，我们能提供比 WP 公司更好的商品，而且我们的价格也只是他们的 60%。"

"哦，是吗？你把资料先放下吧，我有空的时候看一下。"对方正在看手头上的文件。

张明见张厂长似乎不怎么欢迎自己，也不好多说什么，起身想告辞，突然留意到墙上的书法字画——"志存高远"，字体浑厚有力，落款是张飞扬，他估计那是张厂长的作品，便说道："张厂长，您这'志存高远'四个字真是太大气了，您这草书写得真是炉火纯青，肯定是个造诣深厚的老艺术家了。"

"哦，你能看出这写的是'志存高远'，不简单啊！很多客人来了还半看半猜呢，你一下子就认出来了，真不简单啊！"

"嗯，我也从小练过一段时间书法，我也喜欢临摹怀素的帖子，但是比起张厂长，那是差远了。如果张厂长不嫌弃本人愚笨，我真想请张厂长帮我指点指点。"

就这样两个人从书法的字体开始谈了起来，双方越聊越投缘，不知不觉中一个小时过去了，生意自然而然地就谈成了。

【案例解读】

没有什么不可以改变的，只要推销员迎合了顾客的需求，即使再稳定的供货渠道，也会因"喜欢""欣赏"而改变，关键是推销员如何让顾客"欣赏"你、愿意与你成为朋友。

（二）推销商品方面的原因

推销商品是推销活动的客体，即主体共同指向的对象，顾客选购商品因人而异，因此推销商品方面的原因有以下几种。

1. 质量

推销商品的质量包括性能、颜色、款式、规格、包装等内容。如果顾客对推销商品的上述某一方面存在质疑、不喜欢，就有可能提出异议。推销商品质量异议的原因有很多，有的是推销商品本身质量有瑕疵，功能设计上有缺陷；也有顾客在认识上存在误区或偏见；还有的是顾客为获得优惠的一种托词。所以，推销员要耐心、仔细辨别异议的真实原因，见招拆招，设法解决异议。

2. 价格

价格异议在推销异议中占的比例最高，一般属于顾客的直觉感受。顾客产生价格异议的原因有很多：主观上认为推销商品的价格与价值不成正比，价超所值；顾客希望通过价格异议达到优惠的目的；顾客缺乏足够的购买能力；顾客处于观望中，防止购买后，价格下跌等。要解决价格异议，推销员应熟练掌握推销技巧，及时了解市场行情，提高与顾客的沟通协调能力。

3. 品牌

品牌是消费者对一个企业及其生产、销售的商品是否有过硬的商品质量、稳定的使用性能、健全的售后服务、良好的商品形象等形成的一种评价和认知。商品的品牌一定程度上反映商品的质量和价值。在市场中，同类同质的商品因为品牌不同，售价、销售量、美誉度都有不同的表现。通常来说，顾客出于生活习惯或品牌忠诚度的因素，会选择相对固定品牌的商品，对新品牌大多持观望或怀疑态度。解决此类异议，推销员要故意引导，通过试用、试饮的方式，建议顾客更换商品。

4. 包装

商品的包装是商品的重要组成部分，具有保护和美化商品、易于消费者甄别、促进商品销售、提高商品价值的功能，是商品竞争的重要手段之一。通常顾客都喜欢购买包装精美、装潢美观、环保实用的商品。推销商品的包装和顾客购买的用途息息相关，推销员要灵活处理，如散装商品可以附赠礼品盒等以解决顾客送礼之需。

5. 销售服务

服务异议是顾客对推销员或商品的企业提供的销售服务感觉不满意而提出的拒绝。商品的销售服务范围包括商品的售前、售中和售后服务，在竞争日益激烈的市场环境中，顾客占据主要优势，对销售服务的要求也越来越高，销售服务的好坏直接影响到顾客的购买行为。解决这类异议，推销员应提高职业道德修养，全心全意地为顾客提供一流的服务，换位思考，为顾客提供尽可能多的便利。

6. 企业自身

企业是推销商品的制造者，在推销洽谈中，顾客的异议还会来源于企业自身，如企业经营管理水平低下、商品质量缺乏保障、缺少诚信、商品认证资质不全、不重视环保等，这些都会影响到顾客的购买行为。当企业出现负面新闻时，顾客必然出于安全考虑拒绝购买。质量是关键，信誉是保证，企业只有声誉好，才能引来八方客。

（三）推销员方面的原因

推销员素质低下、推销技能比较差也是导致顾客拒绝购买的原因之一。具体表现如推销员不注意自身形象和修养；着奇装异服，举止比较怪异；对推销商品不熟悉，一问三不知；服务态度不端正、缺乏耐心；不尊重顾客、满嘴粗话，服务水平差；推销技能不熟练等。

企业对于此类异议最好的解决方式是加强对推销员的培训，提高推销员的职业道德水准，使其加强服务意识，改进服务态度，正确对待推销工作，全心全意地投入推销工作当中，视顾客为亲人，履行好自己的职责。

📖 任务验收 》》》

（1）顾客异议的种类。
（2）顾客异议产生的原因。
（3）如何看待顾客异议？

~~~~~中阶任务~~~~~

📋 任务情境

分别表演出有效异议和无效异议；思考并演示如何处理顾客的价格异议和品牌异议，请自行设计推销情境。

任务目的

(1) 加深对推销异议含义的理解。

(2) 了解顾客异议的正面效应。

(3) 学会辨别各种异议。

任务要求

(1) 组建任务小组，每组5~6人为宜，选出组长。

(2) 各组分角色分析情境，讨论表演流程，选择一人负责观察、指导。

(3) 进行交叉打分，即选取一个小组表演后，其他小组各选派一名成员担任评委，负责点评。

(4) 课代表要做好记录。

任务考核

(1) 情境表演的真实性、合理性：2分。

(2) 小组成员团队合作默契：3分。

(3) 角色表演到位：4分。

(4) 道具准备充分：1分。

(5) 满分：10分。

任务二　顾客异议的处理方法

~~~~~~初阶任务~~~~~~

任务情景剧

人物：马贵芝、刘经理。　　**场：**刘经理的办公室。

旁白：马贵芝是一家打印机厂的推销员，向一家销售公司的刘经理推销自己的商品。

（马贵芝敲门三下）

刘经理："请进。"

马贵芝："刘经理，您好，上次和您说的打印机的事情，您考虑怎样了？"

刘经理："你们的打印机价格也太高了。"

马贵芝："太高了？"

刘经理："一台打印机要一万多元，我们是小公司，直接交给打印店打印，打印一张A4纸才6分。"

马贵芝："这正是您应该购买我们打印机的原因啊。我们的打印机质量好，打印效率高，方便、简捷、耐用。"

刘经理："我让秘书算了，我们一年打印费用才八千多元，相当于不到一台的打印机钱，真的不划算。"

马贵芝："刘经理，您应该这样看，你们公司设计的很多 CAD 图都拿到外面去打印，其实存在很多隐患，比如资料泄露。您说万一某个项目在招投标的时候资料泄露，您得损失多少钱啊？另外，就算不参加招投标，每次都交给外面打印不能立刻让客户看到效果，也耽误事情啊。而我们的打印机耗材省，您去年的打印费是八千多元，如果用我们的打印机，实际可节约三千多元，我们的打印机可无故障使用至少十年，这样算下来你们四年就可以回本了。"

刘经理一边听着一边拿笔画着："这么说的话，那我决定买一台吧。"

马贵芝："我们可以上门免费调试，以后你们的绘图人员都可以轻松操作，非常方便的。"

任务描述

（1）马贵芝化解刘经理的异议使用了哪些处理方法？

（2）刘经理提出的是什么类型的异议？

（3）如何有效地化解这类异议？

任务学习

顾客异议产生的原因多种多样，表现形式也千差万别，为了有效化解顾客异议，推销员要积极深入地辨析根源，探寻能有效解决异议的方法。常用的处理顾客异议的方法主要有以下几种。

一、直接否定法

直接否定法又称为反驳处理法，是指推销员根据比较明显的事实与充分的理由，对顾客的异议进行正面的全盘否定的一种处理异议的方法。顾客提出异议后，推销员立即针对异议给顾客更直接、明确、不容置疑的否定回答，直接驳斥顾客的错误言论或带有歧视、侮辱性的语言，迅速、有效地输出正确的商品信息，缩短了推销时间，提高了推销效率。

1. 优点

（1）直接否定，增强说服力。推销员通过摆事实、讲道理，会使顾客认识到自身理解的片面，认识到自己的论断错误，从而对商品进行正确认识，增加购买信心。

（2）省时高效。对于顾客的片面理解或个人偏见，推销员即使花费更多的唇舌也难以有效消除，使用直接否定法可以直接否定顾客论断的前提，避免双方在混沌状态中继续消耗时间，从而提高化解顾客异议的效率。

（3）直接传送商品信息。将正确的商品信息通过反驳顾客异议的方式直接传达到顾客内心，促使正确信息取代错误、狭隘信息，从而促成交易实现。

2. 缺点

（1）易引起冲突。使用直接否定法时，推销员直言不讳，全盘否定顾客的意见，会使顾客感到不自在，容易遭到顾客的强烈反对，甚至产生摩擦，导致交易失败。

（2）顾客难以服气。推销员使用直接否定法主要是针对顾客的错误观点或错误评价，容易损伤顾客的自尊心和颜面，会给顾客心里添堵。即使推销员是对的，很多时候顾客也难于心平气和地接受。

（3）破坏交易气氛。如果买卖双方因某一问题针锋相对、剑拔弩张，会破坏和谐的交易气氛，导致交易难以实现。

3. 注意事项

（1）克制情绪。推销员关注的重点是推销成功，相对来讲，推销过程是次要的，因此对于顾客的异议，应该保持良好的心态，努力克制自己的情绪，只有把顾客服务好了，让顾客满意了，才能促成交易。推销员在使用直接否定法时要面带笑容、态度真诚、语气恳切，针对事情而不针对顾客本人，处处尊重顾客。

（2）证据确凿。推销员要以理服人，所用证明材料要经得起推敲，绝不可主观臆断或随意捏造事实；讲给顾客的道理要通俗易懂，不要使用专业术语；话语中不能出现"大概""可能"能含糊不清的词语。

（3）以传递信息为重点。使用直接否定法的目的并不是把顾客辩论倒，也不是和顾客斗嘴、比输赢，而是传递商品的正确信息，更新顾客对商品的认识。

（4）对敏感顾客慎用。对于思想固化、个性敏感的顾客提出的异议，推销员最好不要使用直接否定法。这类顾客在日常生活中总给人盛气凌人之感，在单位或家庭中经常是说一不二，听不得别人说半个不字。一旦受到推销员反驳，他们会大发脾气，对成交丝毫无益。"凭什么说我说得不对，你那些都是骗人的东西，你能糊弄别人，但绝对骗不了我……"

（5）顾及顾客的"面子"。推销员要给顾客留"台阶"。"不好意思，可能是我没说明白。""抱歉，你拿的是上周的宣传海报，活动已经结束了。"

4. 适用范围

直接否定法主要适用于处理顾客缺乏对商品的了解或对商品有明显偏见、误解等引起的异议。

案例 6.13

一位顾客看了看鞋子后说道："你们的商品质量不好吧，看这做工就比较粗糙。"

"您错了，先生，我们的商品质量在全国商品中始终名列前茅。您看墙上挂的就是我们的商品在行业评比中获得的证书，我们企业还获得 ISO 9000 和 ISO 14000 质量体系认证。这种貌似粗糙的工艺其实是仿古设计，非常符合人体工程学设计，穿着非常舒适。"

"是吗？我看看。哦，感觉还真不错，你要不说，我还真以为是小作坊生产的呢。行，给我拿双 42 码的吧！"

【案例解读】

推销员不与顾客发生争执，但是并不代表要顺着顾客说话。对于缺乏理论依据的猜测、判断，推销员最好的办法就是直接反驳，这样反而会快速纠正顾客的错误思想，从而促进消费。

5. 实战例句

"您的想法不对，我们的商品……"；"您说错了，这个商品原产地是……"

二、间接否定法

间接否定法又称为转折处理法、回避处理法，是指推销员并不直截了当地驳斥顾客的意见，而是用肯定的方式先对顾客异议表示理解和认同，然后用一个转折词将自己的意见反馈给顾客，间接、婉转地否定顾客异议的方法。

1. 优点

（1）创造和谐的推销气氛。间接否定法没有直接否定法那么尖锐，推销员先是肯定顾客异议，让顾客感到受到尊重，因此利于构建和谐的推销气氛，利于成交。

（2）以退为进，以守为攻。推销员使用间接否定法，表面上对顾客异议表示充分理解和尊重，其实话语的重心在后半句话，即全面反驳了顾客的观点，这种先扬后抑的话语，反而让顾客乐于接受。

（3）更高效地传递信息。相对直接否定法而言，间接否定法使顾客和推销员能够互相尊重，彼此心平气和地交谈，使推销商品的信息更有效地被顾客接受，利于成交。

2. 缺点

（1）反驳力度小。由于间接否定法是先承认顾客观点是正确的，甚至为取悦顾客而需要顺便多说几句好话，会使顾客只看重前半部分，忽视推销员后半部分话语的内容，因此反驳力度不够大。

（2）延缓成交节奏。间接否定法因为不能直截了当地对顾客异议进行反驳，所以会使顾客觉得自己的感觉是对的，有可能还会进一步提出新的异议，从而阻碍成交。例如："我现在才发现你们的商品不单质地不好，功能也非常单一，你说我一个大小伙子，能买一个粉色的MP3吗？"

（3）易使顾客放弃购买。每次顾客提出异议时，如果推销员都没有明确地表示反对，就会给顾客造成错觉，即似乎推销员明知道商品有许多缺陷，他只是对此哑口无言而已，从而让顾客更坚定自己的判断，放弃购买商品。例如："算了，商品这也不好，那也不好，真不知道你们到底怎么生产的，我还是到别处转转吧。"

（4）浪费推销时间。对于顾客提出的异议，不论大小，推销员都是含蓄否定，或拐弯抹角地用一些词汇去迎合顾客，既浪费推销时间，又不能尽快地解决异议，从而导致推销效率低下。

3. 注意事项

（1）忌直接否定顾客异议。间接否定法讲究以柔克刚，因此推销员对于顾客的异议不能正面出击，只能从侧面去包围，即避实击虚，善于利用太极法，达到化解异议的目的。

（2）以传递推销信息为重点。推销员说的话重心在后半句，借以提出推销商品的正确信息，使顾客自动更新对推销商品的认识。

（3）语气婉转，剑藏刀鞘。推销员使用转折时应不露痕迹、语气婉转，避免因多次强调"但是"而激怒顾客，或让顾客识别出推销员的策略。在现实推销中，不要一"但"到底，可以变换使用其他表示转折的词，如然而、可是、反之、莫不如等。

（4）强调推销重点。推销员要善于控制推销节奏，将顾客引导到自己的意图当中，促成与顾客的迅速成交。

4. 适用范围

该法主要适用于各种无效的顾客异议，如因对商品缺乏了解而产生的偏见、误解等。

案例 6.14

"营业员，请把这款小米手机拿来给我看一下。"

"先生，您真会买东西，这款是黑鲨游戏手机2Pro。"

"嗯，手感、造型都不错。呀，这款都发行很久了，怎么价格还这么贵？"看了标签后，皱起眉头。

"嗯，是的先生，这款手机价格确实不便宜，但是它的功能也非常实用，这款手机的 CPU 型号是高通骁龙 855 plus，主频高达 2.96 GHz，运行内存 RAM 是 12 GB，屏幕 6.39 英寸，像素是前置 2 000 万、后置 4 800 + 1 200 万，安兔兔跑分高达 50 万分以上，它能让您感受更畅快的娱乐体验。"

"功能虽好但价格也太高了，没感觉到性价比高。"

"先生，您也知道这款是小米公司专门研发的以打网络游戏为主的手机。配合舒适的手感、高速的处理器，您更能感受到游戏画面的冲击力。相对低端手机而言，它具有无法超越的优势，因此销售形势也非常火爆，这款手机在我们店里销量排名连续三个月保持第一，这不，库存又告急了。"

"真的吗？行，那我也拿一部吧。"

【案例解读】

间接否定法可以被形象地比喻为接招再出招：先迎合顾客的心理，给顾客一个肯定，让顾客不失面子，一个"但是"后，推销员直接强调推销重点，使顾客在下意识中听从了推销员的建议。

5. 实战例句

顾客："你们的商品也太贵了！×××品牌的同类商品比你们的便宜 600 元呢。"

推销员："先生，您说得很对，我们的商品确实贵了一点儿，但是我们的商品在质量、功能、售后服务上都是数一数二的，买商品就是图个舒心、安心，难道您希望为省几百元而不停地跑维修部吗？很多顾客购买了我们的商品后，都觉得物有所值。"

三、抵消处理法

抵消处理法又称为平衡处理法、补偿处理法、优点处理法，是指推销员认同顾客的异议，并提醒顾客可以从推销商品及购买条件中得到其他的好处或利益，以弥补或抵消顾客异议的方法。该方法的实质是调节顾客的心理平衡，增强其购买推销商品的决心。推销商品无论具有多大的优点，也难免存在不足。因此当顾客提出一些真实、有依据的异议时，推销员不必强行否定，而应尊重客观事实，冷静地对待异议，尊重顾客对商品的感受，巧妙地肯定一部分，否定另一部分，从而证明推销商品优点明显多于缺点，增强顾客的购买信心。抵消处理法用形象的语言描绘就是"兵来将挡，水来土掩"，如果顾客发觉商品款式陈旧，就用较低的价格弥补异议；如果顾客觉得价格昂贵，就用强大的商品功能抵消异议；如果顾客质疑商品包装简陋，就用经济实惠补偿异议。

案例 6.15

一位顾客摆弄着手里的玩具，说道："这个是样品吧，怎么看上去很旧呢？"

推销员微笑着说道："嗯，确实是样品，可是功能都是好的。因为是样品，我们在价格上也优惠了很多，原来要 160 元呢。这个我们打五折，只要 80 元，赔钱卖了。"

"行啊，先凑合着用吧。好，你开票吧，我买了。"

【案例解读】

推销员用价格的优惠抵消样品的遗憾，顾客会对比两者，一旦认定优点多于缺点，成交就是顺水推舟的事了。

1. 优点

（1）创造和谐的推销气氛。使用抵消处理法，并不当面反驳顾客的反对意见，也没有比较刺耳的"但是"，而是提示顾客商品有很多优点，足以掩饰商品的不足，便于顾客接受。

（2）有效化解异议。该方法可以向顾客传递推销商品的正面信息，通过减法原则消除顾客的异议。一旦顾客认为优点明显多于缺点，就意味着缺点被抵消了，顾客异议也就被化解了。

（3）突显推销重点。任何一件推销商品都会有优点和缺点，在顾客发现推销商品的不足时，反而带给推销员更多的强调优点的机会，推销员可以借机强调推销商品的实用性。

2. 缺点

（1）顾客易产生消极情绪。顾客发现商品缺陷，推销员又不能很好地用优点抵消，或者顾客并不认同抵消时，顾客就容易产生消极情绪，会对商品感到失望，从而拒绝购买。

（2）降低推销效率。推销员对顾客的异议先表示赞同，然后再强调优点时，个别爱挑剔的顾客会继续提出异议，甚至一直纠缠不休，从而降低了推销效率。

（3）不利于化解顾客异议。顾客在选购商品时会提出"五花八门"的异议，如果推销员不加分辨都使用抵消处理法，就会使一些无效异议难以化解，导致解释显得苍白无力。例如："什么和什么啊，你说的和我说的根本就是两回事。你这商品我没法买。"

3. 注意事项

（1）分辨异议种类及成因。推销员要冷静分析顾客提出的异议到底属于哪一类、其成因又是什么，然后采取不同的对策。抵消处理法一般只适用于有效异议，对非有效异议应使用其他方法进行处理。

（2）尊重并肯定对方。对于顾客提出的有效异议，要先给予肯定，然后再用商品的相关优点来抵消异议。

（3）确保优点能抵消异议。抵消处理法的关键是推销员强调的推销重点一定要能遮盖住顾客的异议。如果优点明显不足以掩饰缺点，就难以化解异议，直接导致成交失败。

（4）对无效异议禁用。如果顾客提出的异议不是实话，那么推销员即使再大量地强调优点，也难以打动顾客。

4. 适用范围

该法主要适用于各种有效异议。

5. 实战例句

"'一分钱一分货'，虽然我家的榛子比隔壁家的贵，但是实诚，个个都饱满，不像别人家看上去壳很大，其实十有八九是空的，您随便砸开几个看看就知道了。"

四、转化处理法

转化处理法又称利用处理法、反戈处理法，是指推销员过滤顾客异议中有利的观点，并对其加工处理，将其转化为自己的观点，借以说服顾客，消除顾客异议的方法。这种方法可以被形象地比喻为"以子之矛，攻子之盾"，顾客对商品的评价是客观的，既有正面意见，又有反面意见，推销员用顾客认为好的一方面来瓦解顾客认为坏的一方面，把异议转化为有效的推销提示，就有可能破解顾客异议，从而促进顾客消费。例如：顾客抱怨"对不起，我很忙"，推销员可以回答"张先生，正是知道您很忙，我才来找您的，我为您找到了不让您总这么忙的方法"；顾客抱怨"别说了，我没钱买"，推销员应回答"正是知道您钱不宽裕，我才让您购买我们的商品的，它可以让您更省钱"。

案例 6.16

顾客："你们的商品好是好，但是价格太贵，我买不起。"

推销员："您说得对，既然是好商品，自然有贵的道理，俗话说一分钱一分货，买东西就是图个安心、放心，小企业生产的东西确实便宜，但指不定哪天就坏掉了，又不保修，那不是更浪费钱吗！我们保修三年，终身维修，您买了就是放心。"

顾客："嗯，也是这个理儿。行了，我要了。"

【案例解读】

顾客既然已经承认商品质量好，那就顺水推舟用"商品好"去消除价格高的缺点，促使他购买吧。

1. 优点

（1）化解异议效果好。抵消处理法是用顾客自己的正确观点攻克顾客自己的错误观点，输赢都是顾客自己的原话，顾客易接受，异议化解效果好。

（2）激发顾客好奇心。顾客本身也许为了拒绝推销员提出了异议，而推销员针对异议而来，会使顾客产生好奇，利于接受推销商品的正面信息。例如："什么？我没钱买，你还说这是我买你们商品的理由？"

（3）创造和谐的推销气氛。在整个推销活动中，推销员只是借势而为，反驳顾客本身的恰恰是顾客自己。如果双方能互相尊重，就有利于顾客做出购买行为。

2. 缺点

（1）顾客易抵触。顾客发觉推销员的话有虚张声势之嫌，就会导致推销中断。例如："算了吧，别牵强附会了，这些都和我说的无关。再见。"

（2）易被顾客误解。顾客的异议反而成了购买商品的理由，会使顾客觉得自己未得到尊重，甚至认为推销员在没话找话，反而对推销商品产生坏印象。

3. 注意事项

（1）尊重、赞美顾客。推销员要通过肯定异议的方式，尊重和赞美顾客，有效拉近买卖双方的距离，在和谐的推销气氛中进行推销活动。

（2）挖掘并利用顾客异议中的优点。推销员要仔细分辨顾客异议，然后用顾客异议中的优点部分化解顾客异议中的缺点部分；论点要鲜明，论据要完整，让顾客认同，实现快速转化。例如："您说得对，买鞋就是图个舒适。这鞋款式设计新颖大方，鞋底防滑耐磨，穿着舒适，虽不是真皮，可价钱也实惠，比真皮的整整便宜二百元呢。"

（3）对无效异议禁用。

4. 适用范围

该法适用于处理各种有效异议。

5. 实战例句

"没钱就得多省钱，买这种变频空调看上去很贵，但是您细算就发现真的省钱，夏天天气热，1.5匹空调你一个晚上开6个小时，定频的就得耗费6.6度电，而这种变频的才耗费2.4度电。省了4.2度电。南方天气你也知道，空调得常开，这一年算下来就节省了大约700度电。"

五、沉默处理法

沉默处理法又称为不理睬法、忽视处理法、拒绝处理法、装聋作哑处理法，是指推销员判定顾客所提出的异议与推销活动以及实现推销目的没有关联或没有必要关联时避而不答的处理异议方法。在推销活动中，如果顾客异议与购买活动没有实际关联，推销员完全可以不予理睬，假装没听见也是很好的处理方式。

1. 优点

（1）节省时间和精力。对于顾客提出的无关紧要的异议，推销员不予理睬，可避免双方摩擦，能节省推销时间和精力。俗话说"言多必失"，如果推销员对顾客的任何异议都去解释，难免会被对方误解，引起争吵。有的异议纯粹就是顾客随意发发牢骚，他本人都没想到推销员要去迎合他，这种时候，多一事不如少一事。

（2）提高推销效率。由于推销员主要针对顾客的有效异议进行化解，所以提高了推销效率。推销员不说多余的话，使顾客觉得推销员敬业、干练，从而愿意把推销员当成"专家"，增强购买信心。

2. 缺点

（1）顾客受到冷落。顾客喜欢推销员对自己重视，希望见有呼声、去有送声，而沉默处理法故意忽视顾客的特点，容易使顾客觉得受到冷落，容易引起顾客的不满情绪，从而将不满情绪带入对商品的挑剔中，使购物行动受阻。

（2）难化解顾客异议。由于沉默处理法是有选择性地解决顾客异议，会造成顾客的抵触情绪，顾客有时会对未解决的异议继续探求答案，从而阻断推销员的其他提议。例如："你先别说别的，请先回答我刚才的问题，否则我的疑惑会越来越大。"

（3）不利于创造推销气氛。使用沉默处理法会使顾客缺乏被尊重感，导致顾客对推销员的装聋作哑感到厌烦，尤其是一些个性敏感、在单位身居要职、虚荣心很强的顾客，会直接亮起红牌，他们也会以冷落推销员的方式来保持心理平衡，这就导致双方容易处于冷场状态。

3. 注意事项

（1）认真聆听，尊重顾客。尽管沉默处理法并不是回答顾客的每个异议，但是推销员还是要从推销的结果出发，认真聆听顾客的异议，处处显得对顾客尊敬。当顾客走进店里抱怨店铺面积太小时，推销员可以这样应答："欢迎光临，店铺虽不大，但是品质好，回头客多，这款衣服卖得可火了……""羊毛出在羊身上，门面大，租金也高。来，里面请，这些都是今天刚到的广东货，请随便看看，肯定能找到适合您的。"

（2）注重礼仪，文明待客。虽不回答顾客的每个异议，但是也要让顾客感到推销员对自己的尊重，因此推销员要注重礼仪，讲究职业道德，全心全意为顾客服务，从而提高顾客的购买率。

（3）善于使用微笑。对于顾客提出的与购买活动无关的异议，推销员可以用微笑代替。这样做既可以松缓推销气氛，又可以使顾客感受到推销员对异议的回馈，顾客会默认为得到推销员的赞同，所以购物的心情也畅快了。

4. 适用范围

该法适用于处理各种与购买无关的异议。

案例 6.17 ■■

顾客进入门店后对着营业员说："大热天的，你家连空调都不开，这怎么让顾客挑选商品啊？"

营业员："欢迎光临，这些都是从意大利进口的服装，您可随便看看。"

顾客："你家的门面有点小吧？这都是进口货吗？"（脸上露出怀疑的表情）

营业员："当然是进口货，这一点您尽管放心，这是厂家的授权标志，这是进口销售许可证，我们家已经在这里开店三年了，看这鞋子，是国际最流行的款式，您试试吧，看看效果。"

顾客："这款拿双 36 的给我吧，我先试试。"

【案例解读】

对于顾客无关紧要的异议、抱怨，推销员可以用回避、忽视的方式，将顾客的注意力转移到商品上来。只有顾客关注商品了，才有销售的可能。推销员漠视无关紧要的异议，就可以把主要的时间、精力，用于推荐商品方面，同时还可以避免节外生枝。

5. 实战例句

顾客："你的店铺真够小的了。"

推销员："先生，您看看我们店的商品，都是最新款式，买两件打八折。"

六、自我发难法

自我发难法又称预防处理法、先发制人法，是指推销员在推销过程中，预先设想顾客会提出哪些异议，在顾客尚未觉察时，自己先把问题说出来，继而再做以恰当解释，来消除顾客异议的方法。自我发难法，顾名思义，是推销员首先自我发难，即自己难为自己，但是直接说给顾客听，从而化解了顾客的异议，利于成交。

1. 优点

（1）有效阻止顾客提出异议。由于推销员抢在顾客发现问题之前，已经把缺点指出来了，这就让顾客觉得推销员诚实、善良，为人实在，容易拉近买卖双方的距离，从而减小了顾客进一步提出异议的可能性。

（2）提高成交效率。由于最明显的、主要的异议已经由推销员提出并解决，即使顾客再有异议，也就变得相对不重要且好解决了，因此可以缩短推销时间，提高成交效率。

（3）易使顾客暴露隐藏的异议。如果推销员提出并解决了主要异议，顾客还是不愿意成交，顾客必然就会将心中的疑虑告诉推销员，这种隐藏的异议被暴露后，推销员可采取相应的对策直接化解。

（4）创造和谐的推销气氛。双方互相尊重，容易达成交易，便于建立良好的关系。

2. 缺点

（1）增加顾客的购买压力。推销员上来就对顾客中意的商品指出"硬伤"，会使顾客对自己的眼光感到怀疑，不敢做出购买决定。

（2）易使缺点先入为主。一些粗心的顾客本来对商品没有异议，可推销员上来就指出商品的缺点，会使顾客认为推销商品确实存在很多问题，于是也加入挑剔的行列中，使更多问题显现出来。例如："呀，你不说，我还不知道呢，我得仔细瞅瞅。看，这衣服有处跳线，这衣领处没对齐……"

（3）不利于化解异议。并不是所有的顾客都认同推销员的异议，自以为聪明的顾客会以为推销员的自我发难只是冰山一角，其后隐藏着更大的问题。例如："什么呀，你的商品本来就是不好，其实价格也不实惠，噪声 46 分贝，已经很高了，你还以为我真的好糊弄啊？"

3. 注意细节

（1）针对顾客个性，准确预测顾客异议。顾客个性不同，看商品的重点也不同。个性敏感的顾客总会先对商品的价格比较在意，个性比较宽容的顾客对商品的使用价值比较看重；就性别而言，男性顾客购买商品要比女性顾客粗心，想问题也不会那么琐碎，因此异议一般集中在商品质量、款式、功能上，对价格并不是那么敏感。因此推销员要在顾客走近商品前准确预测顾客的异议，从而自我发难。

（2）注重推销礼仪，传递重点信息。对待顾客亲切自然，会使顾客愿意接受推销员的推荐，推销员应将重点放在促使顾客购买上，通过强调推销商品的显著优点，增强顾客购买的信心。

（3）对与购买无关的异议，不提倡使用。

（4）自我发难要准，避免顾客再提新异议。例如："你说的款式陈旧倒也算了，因为要送给农村的婆婆穿，可关键你这衣服也不是纯棉的啊。"

4. 适用范围

该法主要适用于各种有效异议和常见异议，如价格异议、货源异议、质量异议等。

案例 6.18

（一位顾客正在摆弄手里的数码相机）

营业员："先生您好，这款相机最大的优点就是价格经济实惠，当然性能上有些瑕疵，比如它的像素只有 600 万，它没有锂电电池，需要使用两节 5 号电池，因此显得略微厚重。"

顾客："600 万是不是有点太低了？"

营业员："家庭用一般多是冲洗 5 英寸的照片，从理论上讲，数码相机达到 400 万像素，就已经是绰绰有余了。需要放大 20 英寸以上的海报、艺术摄影等照片才需要 1 000 万以上的像素，用 1 200 万像素的和 400 万像素的相机各拍一张照片并同时洗一张 5 英寸的照片，肉眼根本分别不出来，更何况我们这款是 600 万像素呢。"

顾客："嗯，确实显得笨重了许多，现在都流行卡片机。"

营业员："其实，虽然偏厚了点，但也非常实用。比如我们去出差、旅游，如果锂电电池没电了，那我们就真的没办法拍照了，那么多的美景照不到肯定很遗憾，而这款数码相机使用普通的 5 号电池，随处可购买，一般旅游景点肯定有电池卖，这样你就不会错过任何一个地方的美景了。其实最主要的是价钱便宜，才 500 元，锂电套装的至少得 1 000 元以上呢。这款相机的性价比还是很高的，而且这款相机拍照效果非常清晰，大厂家生产，肯定错不了。"

顾客："好吧，给我来一部吧，反正是给孩子玩的，孩子喜欢摄影。"

营业员："一看您的孩子就多才多艺，初学者使用这款相机非常划算的。"

【案例解读】

自我发难，推销员可以主动地提出解释说明，显得有诚意。相反，如果顾客首先提出意见，推销员再去解释，就显得是在"狡辩"，顾客不一定相信。

5. 实战例句

"大姐，这个商品吧，说实话看起来是比较笨重一些，使用起来也不是很小巧，可价钱真的实惠，功能也比较齐全，和新款几乎没区别，居家过日子用还是划算的。"

七、问题引导处理法

问题引导处理法又称询问处理法、质问处理法、追问处理法，是指推销员对于顾客提出的异议，通过询问的方式向顾客探明缘由，再想出对策化解顾客异议的方法。问题引导处理法，顾名思义，就是把问题的根源先询问出来，再引导顾客慢慢地说出问题的答案，在引导过程中让顾客毫无察觉地放弃了最初提出的异议，实现购买。

1. 优点

（1）探明阻碍成交的根源。推销员刨根问底，能直接探明阻碍顾客购买商品的深层次原因，从而可以"对症下药"。例如："哦，王经理，您说了一堆，原来问题出在价格上啊，这好说，我们都是老朋友了。"

（2）提高处理异议的效率。直接找到顾客的最主要异议，推销员可以集中精力化解它，从而提高推销效率。

（3）掌控推销节奏。问题引导处理法可使推销员主动盘问，并始终掌控着推销节奏，占据着主动性。

2. 缺点

（1）破坏推销气氛。推销员一个问题接着一个问题地问，会招致顾客反感、厌恶，甚至对推销员充满敌视态度，使推销气氛变得非常紧张。例如："你老问什么问，你十万个为什么啊？说不买就不买，你赶紧出去。""你算老几，我凭什么告诉你？""跟你说也没用，你以为你是慈善总会啊？"

（2）难以有效化解顾客异议。并不是所有的顾客愿意配合推销员将内心的异议和盘托出，有的顾客故意抛出一些虚假异议，即使推销员解决了这些异议，也对其购买产生不了任何作用。如有的顾客明明是购买力不足，却以商品使用不方便为借口拒绝购买。推销员化解异议时，如果不是对症下药，就会浪费很多推销时间。

3. 注意事项

（1）询问要掌握火候。由于询问顾客异议是一个问题套着另一个问题，因此推销员为了查找问题真相，必然一直盘问顾客，这就会使顾客感到厌烦，为此推销员盘问的时候要察言观色，注意火候，适可而止，不可穷追到底；有时即使问到"病根"，顾客也拂袖而去，得不偿失。例如："问，问，问，就知道问，上你家买货怎么像进派出所啊！算了，我去别人家转转。"

（2）询问要巧妙且只针对异议。询问的方式有很多，可以直接盘问，又可以侧面探寻。推销员在询问时要直接针对顾客提出的异议，不要针对其他无关的事情，尤其涉及个人隐私的事情莫要触及。

4. 适用范围

该法主要适用于各种不确定性的有效异议。

案例 6.19 ▬▬▬▬▬▬▬▬▬▬▬▬▬▬▬▬▬▬▬▬▬▬▬▬▬▬▬▬▬▬▬▬▬▬▬▬▬

顾客："这个电饭锅很好，样子也很好看，不过，现在我还得考虑考虑。"

营业员："大姐，既然电饭锅很好，您为什么还要考虑呢？"

顾客："这种电饭锅功能确实不错，但是我觉得有点贵啊！"

营业员："这样精致的做工、这样完善的功能，太实用了，您觉得应该卖什么价格啊？"

顾客："反正太贵了，我可买不起。"

营业员："看您说的！一看您就是个讲究人，您能出多少钱，合适了就卖给您，今天生意不好，刚开张。"

顾客："300元吧，多了我就不要了。"

营业员："大姐，这款电饭锅我们进货成本价就得350元呢。您不让我赚钱也不能让我赔钱啊，加上杂七杂八的费用我卖500元，就没赚多少钱。您诚心要，再给添点。"

顾客："300元不少了，再贵我真的不想要了。"

营业员："行了，大姐，啥也不说了，您给我个本钱，350元，我就当交您个朋友，白帮您上货了。"

顾客犹豫下："算了，也不差那50元，我要了，你给我拿个新的吧。"

【案例解读】

问题引导处理法，顾名思义，就是顺着顾客的疑虑，一步一步挖掘顾客的真正异议，然后就此展开解释说明，将顾客的异议化解掉，诱导顾客做出购买行为。

5. 实战例句

顾客："你家商品的售后服务时间太短了。"

推销员："太短了？那您说多长时间合适？"

八、投其所好处理法

投其所好处理法又称为量体裁衣定制法，是指推销员依照顾客的个人喜好及意见，为其量身定制，从而化解顾客异议的方法。

1. 优点

（1）最大限度地满足顾客。推销的实质就是满足顾客的需要，投其所好的方法就是顾及顾客的真实感受，从顾客的实际情况出发，针对顾客的购买动机采取有效的推销方式，这样更利于顾客做出购买行为。

案例 6.20

"你这商品我没办法买，都不是我所喜欢的，尺寸也不对，我们需要小口径的杯子，你这口径太大了。"

"王经理，您觉得除了口径以外，还有什么地方让您感到不满意吗？"

"这个杯子的颜色，最好再白亮点，这样进去红酒才显得晶莹剔透；杯杆再高半厘米，这样客人握起来才比较舒服；重量再增加20克，这样客人拿起来才有质感。"

"好的，我都记下了，随后就让设计部门做出样品，我下周四再拿来给您过下目，您看可以吗？"

"那你下周五下午过来吧，我下周四可能要出差。"

"好的，王经理，那我们下周五见。"

……

【案例解读】

即使顾客再挑剔，也不能对其提出的要求加以反驳，按照顾客的要求为其量身定做，顾客的异议就会迎刃而解。

（2）营造良好的推销氛围

让顾客感到推销员在全心全意地为自己服务，让顾客真正地有"上帝"的感受，拉近买卖双方的距离。

（3）有效化解异议。量身定做的商品完全满足了顾客的条件，可以使顾客的异议一扫而光，利于提高推销效率。例如："嗯，都符合我的条件。好，我们可以签订合同了。"

2. 缺点

（1）难以量化。每个顾客对商品的要求都不尽相同，有的需要尺寸长一点的，有的需要尺寸短一点的，众口难调，不能批量生产。

（2）消息有滞后性。计划没有变化快，定制后顾客的需求如果发生改变，就会导致前功尽弃，推销会陷入被动的状况。

（3）存在不可预知性风险。由于顾客可以接受多个推销员的推荐，但是只有一个推销员胜出，所以对于未能胜出的推销员，量身定做就存在很大的不可预知性风险。例如："呀，你也带来样品了，可是昨天我们已经和马来西亚的厂商签订合同了，他们的样品比你们的到得早，以后再找机会合作吧"。

3. 注意事项

（1）签订协议降低风险。对于需要量身定做的商品或样品，最好和顾客签订书面协议或获取口头承诺，让顾客保证在协议期间内不做计划更改或更换服务对象。例如："王厂长，那咱们说好了，您给我三天时间，我带着样品来，这期间您可千万别再和其他厂家联系了，要不我这搭工又搭料的样品就白做了。""行，就给你三天时间，你不来我可就换人了。"

（2）判断可行性。如果自己所在的企业不能满足顾客的条件，不要硬撑，推销员要信守承诺，提早通知顾客，否则会损失信誉，造成以后合作困难。例如："你说你们做不了还不早说，让我白白浪费了三天时间。算了，以后也不想和你们合作了，整个就是不靠谱。"

4. 适用范围

该法适用于各种真实有效需求及个性比较鲜明的顾客或对商品有显著的差别需求的顾客。如保险产品、高档西服、贵重金饰品、大尺码的鞋子等。

案例 6.21

"这个被子太薄了，颜色也太素了，花纹也不好，感觉像低档货。"

"小姐，您看看这床，这个是粉红色暗底花纹，显得非常时尚，被子填充的羊毛，很厚实、很柔软的。"

"嗯，摸起来还不错，不过我不喜欢填充羊毛的。"

"那这床呢，这里填充的全是太空棉，保暖透气，嫩绿色的荷花图案，显得高雅大方。"

"太好了，我就要这床了。"

【案例解读】

投其所好处理法，顾名思义，就是按照顾客的新要求重新提供商品，或者顾客对原推荐商品提出完全否定，推销员从顾客的实际需求出发，提供满足其全部要求的商品的方法。

5. 实战例句

"张女士，接下来根据您的需求我要帮您做一个计划书，现在先和您核对一下信息：年龄45岁，职业种类1级，持有C1驾驶证，20万元的保障金额，20年的交费年限，每年应缴纳5 600元。到时候我把合同书做好送给您。"

"嗯，好的。"

任务验收

（1）直接否定法和间接否定法的区别和注意事项是什么？

（2）抵消处理法和自我发难法有什么共同的地方？

（3）沉默处理法有哪些优点，在什么情况下可以使用？

～～中阶任务～～

任务情境

A版模式：

旁白： 某大型超市保健品销售区域，一位中年女性顾客手里拿着红兜子责问销售人员。

顾客： "促销员，你昨天给我吹嘘你们的商品什么补气，老年人吃了'胸不闷、气不喘'，可以强身健体，可昨天买回去，我父亲吃了就拉肚子！"

促销员： （迫不及待，打断顾客）"不可能，我们的商品已经销售6年了，从来没有顾客吃了拉肚子的现象，肯定是您父亲吃了什么不新鲜的鱼虾了吧？"

顾客： "你简直就是胡说八道！我们家根本就不吃鱼虾！再说，就是吃鱼虾，也吃活的鱼虾，根本就是你商品的质量问题，你反而来责怪我们！真是猪八戒倒打一耙！你今天非得给我一个说法！否则我要到消协告你去。"（顾客情绪由责怪、责问上升到责骂、愤怒）

促销员： （一脸懊恼）"你说谁是猪八戒，就你那个样，一看就是泼妇，还说吃活的鱼虾，你吃得起吗？我们这是大超市，我们的商品是国家健字号产品，吃坏肚子，和我们的商品有什么关系！神经病！你爱上哪告上哪告！"

顾客： "还反了你了，妈的，你说谁精神病？"（'啪'的一声把红兜子里的元邦摔在桌子上）

旁白： 估计一番战火要开始了。那么，我们稍微改进下，看看又会有什么样的故事发生。

B版改进模式：

顾客： "促销员，你昨天给我吹嘘你们的商品什么补气，老年人吃了'胸不闷、气不喘'，可以强身健体，可昨天买回去，我父亲吃了就拉肚子！"

促销员： "哎呀！大姐您先别着急。来，您坐下慢慢说！（跟上顾客的语气节奏，略显着急）您父亲现在身体还好吗？"（关心的口吻）

顾客： "好什么好！可能好吗？在家打吊瓶呢。"（看促销员认真倾听，气稍消了一些）

促销员： "大姐，您真有孝心，不但自己亲自来超市帮父亲挑选合适的保健品，还亲自帮父亲服用，一般的人都是看看广告，随便到超市买了广告商品，拿回家给父母就完事了，好像完成一个孝顺任务一样，现在像您这样的好人真不多了！来，大姐，不着急，我们来看看您父亲是怎么服用的，老人是饭前吃的还是饭后吃的，吃了多少粒？"（给顾客戴顶高帽子，借以拉近与之的距离）

顾客： "饭前！照你们的产品说明书吃的2粒！"（感觉促销员在关心自己，气再泄一些）

促销员： "真对不起，怪我当时太忙，没给您交代清楚，像您父亲这样岁数大的老年人，一般阳气不足，体质本身就偏凉性，而我们商品的主要成分是西洋参，它也偏凉性，所以饭后半小时以后吃比较好，这时候胃不空，可以先吃一粒，待胃适应了，以后再加服一粒，这样就好了！"

顾客： "那你怎么不早说！"（语气已经缓和了）

促销员： "大姐，实在不好意思，来！您这么有孝心，我加送您一盒西洋参赠品，您父亲身体好一点了，可以配合着吃一粒，老人家身体老了，要多补补气！"（补偿法，安慰顾客）

顾客： "噢，好吧，我回家再看看，谢谢你，小妹。"

促销员："好的，大姐，这是我的电话，您有什么不明白的地方可以打电话给我，像您这样有孝心的人，我真的是打心眼里尊重。大姐，您慢走。"（走亲情路线，赞美顾客，搞好关系，为今后交易做铺垫）

顾客："好的，要是效果好，我还会到你这里买的。"

任务目的

(1) 加深对推销异议种类及成因的理解。
(2) 掌握推销异议的处理原则及策略。
(3) 体会推销异议的处理方法和技巧。

任务要求

(1) 组建任务小组，每组 5~6 人为宜，选出组长。
(2) 各组分角色分析情境，讨论表演流程，选择一人负责观察、指导。
(3) 进行交叉打分，即选取一个小组表演后，其他小组各选派一名成员担任评委，负责点评。
(4) 课代表要做好记录。

任务考核

(1) 情境表演的真实性、合理性：2 分。
(2) 小组成员团队合作默契：3 分。
(3) 角色表演到位：4 分。
(4) 道具准备充分：1 分。
(5) 满分：10 分。

任务三　顾客异议的处理准则与技巧

~~~~~~ 初 阶 任 务 ~~~~~~

任务情景剧

人物：张淮，顾客李，群众甲、乙、丙。

旁白：张淮是一名烟草公司的顾客经理，平时根据顾客订单及时补发货物。以下是发生在他身上的顾客异议的故事。

小张："谈起我们的卷烟零售户，有一些是钉子户、刁难户，这类顾客通常是比较难伺候的，可是我前不久遇到的一位顾客，他既不是钉子户，也不是刁难户，而是特殊的爱冲动的顾客。要想知道故事细节，容我慢慢说。"

时间：某天下午 3 点 20 分左右。**场景**：小张办公室。

（一阵急促的手机铃声响起）

小张："喂，您好！您哪位？"

客户李："你是送货的吗。"

小张："是啊，怎么了？"

客户李："你怎么给我送假烟，你们烟草公司口号喊着讲诚信，背后却掺杂假烟，你是看我好欺负是不是，今天你不给我说清楚，我就对你不客气，我要投诉……"（对方大声嚷道）

小张："您先别急，请告诉我您的姓名、地址。好，我马上到。"

小张内心独白：我怎么会去送假烟，对方肯定是中了调包计了，这可绝不是小事情。

场景：李某店铺。

客户李："你瞧瞧，你们竟然给我送这假烟，你今日是要跟我过意不去是吗……"（扔过来几条七匹狼卷烟，横眉冷目，眼冒凶光）

小张：（分辨了一下这烟）"唉啊！这是顾客又中了调包计了，这些该死的骗子，又在我们这里死灰复燃了。"（并喃喃自语，随后笑着对李某说）"老李，您误会了，误会了，您……"

客户李："什么误会，你看看，这明明是假烟，怎么误会，人家买去一抽都给我扔回来了，败坏了我的名声，你还说误会！……"

群众甲："瞧你长得白白净净的，没想到心眼却很黑，肯定是你半路给掉包的。"

群众乙："咳，说不定烟草公司都是假货，这年头什么都掺假，真是让我们抽烟人防不胜防啊。"

群众丙："这得赔偿，不说假一赔十吗？不行就给烟草公司曝光发到网上去，瞧我们村里人没文化？好欺负？"

旁白：一些话搞得小张晕头转向，此时真是有理也说不清，脑子一片空白。他突然想到《卷烟商品营销知识》里面有提到处理顾客异议的技巧。想起书中提到处理顾客异议，首先要情绪轻松，不可紧张，认真倾听，真诚欢迎，审慎回答，保持友善，而后，再见机行事。于是他让对方尽情地发泄完怒火，等松了一口气后，采用书中的转折处理法。

小张："老李，您此时此刻的心情我能理解，您发怒也是有理由的，要是别人遇到此事也会这样的，您这烟是被骗子调换了，您中了调包计了……"

客户李："什么调包计，我李某用人格向你保证这烟就是你送的，绝对没有被调换……"（拍着胸膛道）

旁白：见此情况，小张不得不采用反驳处理法，引经据典地举了一些先例分析给他听，李某听了后态度略有好转，但由于刺激过大仍收效甚微。小张决定撤退用保留后路的方法结束今天之行。

小张："老李大哥，我很理解您此时的心情，这事，我会负责下去的，请您放心，您有空时，不妨回忆一下近期到您店购烟的顾客，多不多，是否有存在什么异常现象，次日我们再来解决好吗？我先回公司向领导报告，明天我肯定来。"

客户李："好，那明天见，否则我还会闹到公司去的。"

旁白：第二天下午，张淮和领导再次走进顾客店中时，顾客李夫妇也刚好在店里。很明显，他们的态度与之前相比发生了360°的转变，很客气地与张淮他们打招呼，还热情地为他们端来了热茶。张淮心想："那事也许弄清楚了吧！"随即，李某便很不好意思地谈起前几天发生的事。

客户李："小张，那天实在很抱歉，我有点过火了，那烟的确是被调换了。"

客户李的老伴："上周六，店里来了个能说会道的年轻人，手上拎个包，一开始说买五条七匹狼，我递给他烟后，他又说买两瓶西凤酒。我心想，真好，遇到了大买卖，谁知道该付钱的时候，他说钱包忘带了，又把烟和酒退了回来，就走了。现在想起来肯定是个骗子，看我一个人在店里时实施了调包计。没想到会出现这种事情，真叫人气愤。"

客户李："抱歉！抱歉，我俩冤枉你了……"

任务描述

（1）作为推销员，遇到顾客有异议的时候处理的原则是什么？

（2）小张处理顾客异议时使用了哪些策略？

（资料来源：烟草在线 烟草商业平台（有修改）：http：//www.tobaccochina.com/business/channel/movement/20063/2006310104016_292176.shtml）

任务学习

顾客异议是顾客购买商品，实现交易的拦路虎，推销员只有正确面对异议，用耐心、恒心、细心去分析、辨别、解决异议，才能促成交易。

一、顾客异议的处理准则

推销员在处理顾客异议的时候，为使顾客异议能够最大限度地被消除或者转化，应树立以顾客为中心的服务理念，并遵循以下准则。

（一）客观公正对待

顾客对推销商品产生异议的原因有很多，有的是对推销商品功能、构造不清楚；有的是对推销商品价格感到不满意；有的是因为心情不好；有的是不想改变原来的生活习惯等，因此顾客提出异议是很正常的事情。当顾客异议发生时，推销员应认真倾听并从顾客的角度考虑顾客异议产生的原因。顾客异议不仅可以帮助推销员及时了解顾客对商品的心理感受，还可以找出推销工作中自身存在的不足，并为下一步推销工作提供努力方向。无论顾客异议有无道理和事实依据，推销员都应以温和的态度和耐心的倾听，使顾客感到推销员的关心，从而减少异议的产生。

（二）尊重顾客

推销过程是一个相互沟通、互相理解和尊重的过程，推销员与顾客在人格上是平等的，由于买方和卖方利益着眼点不同，所以才会对同一问题产生不同的看法，因此在推销异议中，推销员应尊重顾客的选择，允许并接受顾客对商品提出自己的看法，甚至是反对意见，推销员要宽容大度地对待反对意见，不要与顾客争论是非，更不允许争吵。当顾客说出自己心中的不满后，如果推销员能认真听取，顾客就感到自己受到了尊重，心中的不满情绪自然就降低了，还有可能为之前的不冷静表示愧疚，从而采取购买行为。

案例 6.22

"服务员，你看你昨天卖给我的药，都快过保质期了，你也太不像话了，竟欺负我们老年人，难道你没有父母吗？像我这么大岁数的人，怎么就受你们小年轻的气啊……"

"大爷，您先别生气。来，先坐在凳子上歇一会儿。我看看您的药瓶子，要是真过期了，我看看是什么原因造成的。首先我先代表药店向您道歉。"经理微笑着对大爷说。

"哼。"大爷坐了下来。

"大爷，您的药品包装和我们店的药品不是一个批号，您能确定是在我们药店买的吗？"

"怎么不是，你看我的小票还在呢，昨天就是这个戴眼镜的小姑娘卖给我的，难道我还能冤枉你们？"

"哦，大爷，您看错了，我们这是百姓大药房，天信大药房在前面30米处。"

"哦，我看下。哦，同志，真对不住，我年龄大了，眼睛也花了，怪错人了。"

"大爷，您别急，慢点走，外面路滑，要小心。"

"嗯，谢谢了，你们服务真好，我下次一定到你们这里来买药。"

【案例解读】

尊重顾客，就是让顾客把心中的不满全部说完，然后再耐心细致地解决问题。千万不要不分青红皂白上来就反驳，最后弄得两败俱伤。

（三）及时答复

对于顾客提出的异议，哪怕是很小的异议，也是顾客购买商品的障碍，因此推销员要及时给予顾客答复。顾客得到满意的答复，就会化解心中的疑虑，从而快速地做出购买决定，实现成交。因有的异议已在预料之中，所以推销员应做好事先准备，在顾客异议提出前就可快速地消除顾客的疑虑。但是对于超出推销员权限范围的问题，推销员要以先请示领导为由暂缓或拖延答复。

（四）顾客受益

顾客购买推销商品的最终目的是满足其自身需求，实现购买利益最大化，因此顾客异议的产生就是因为其购买利益在某些方面被侵害，或者存在某些因素导致其不能实现利益最大化。推销员要本着关心顾客利益的原则，积极地对待和处理顾客异议；要做到换位思考，从顾客的角度思考问题，理解顾客的疑虑，为顾客出谋划策，以满足顾客的需求和利益为出发点，从商品性能、性价比、服务保障等多个层面阐述推销商品能够给顾客带来的利益，使顾客确信购买推销商品将能够给他带来真正的利益并且实现购买利益最大化。

（五）维护顾客颜面

单从对商品知识的了解程度而言，顾客自然没有推销员掌握的信息多，但是这也并不意味着推销员对顾客的片面理解就可以做否定性、批评性意见。要想成交，就要体面地维护顾客的颜面。推销员说话要顾及顾客的感受，要以巧妙化解顾客异议让顾客顺利购买为最终目的。

案例 6.23

"同志，请你把那件玩具拿来我看下。"一位顾客对着营业员说。

营业员看了一眼顾客，发现顾客穿着很时尚，便立刻笑脸相迎："嗯，给您，这个是全进口的。"

顾客看了看商品，掂了掂分量，随口说道："这是进口的吗？怎么这么轻啊，这不写的是Made in China 吗！"

营业员白了一眼他："你买不买啊，玩具是进口的也经不起你这么掂量吧？你以为买菜呢？"

顾客忍气道："你怎么这样说话啊？你是诚心卖东西吗？"

营业员："不买就赶紧走，别耽误我做生意。"

顾客："你……"

【案例解读】

顾客经常说花钱买个开心、买个快乐，同样是购买商品，同样是让推销员赚钱，谁会买气受呢？让顾客懊恼的营业员迟早得改行。

二、顾客异议的处理技巧

在推销洽谈过程中，顾客异议是可以减少但是并不能绝对避免的，推销员只有熟练地处理各类顾客异议，才能有效地完成推销任务。

1. 巧妙处理价格异议

根据上节内容，顾客提出价格异议有两种情况：一是价格太高，觉得物非所值；二是价格太低，怀疑商品质量得不到保障。

（1）强调优质优价。对于新上市的商品，一般商家出于赚取利益最大化原则，普遍实现"撇脂"定价法，顾客若是觉得价格比较昂贵，推销员应从商品的成本，慢慢导出商品的价格，比如说巨额的研究经费，做工精细，商品上市数量不多，强调"物以稀为贵"的道理，让顾客认同价格高的事实，然后再重点性强调商品的品质、性能，带给顾客优质优价的心理感受，从而说服顾客购买。

实战例句

"这款手表就是因为贵，才突显它的品位。您戴上去，显得多气派啊！这只表是高端限量版，全球发行 3 000 只，并不是所有人都能有机会买得到的，您赶上了就是您的福气。"

（2）认同价值在先，报出价格在后。价格在与商品的价值匹配之前，价格本身没有任何实质意义。在顾客对商品的价值不了解的时候，无论是什么样的价格，顾客都觉得高，往往下意识地就拒绝购买。因此推销员可以从商品的适用范围、适用对象、产生效果等方面引导顾客对商品的关注，让顾客觉得商品实用，然后再报出价格，待顾客的脑海中建立了价格和价值的等式后，一旦认同价值大于价格的时候，顾客就会觉得购买贵的反而"省钱"。所以聪明的推销员绝不会上来主动告诉顾客推销商品的价格，即使顾客主动询问价格的时候，也要让顾客了解、认同商品的使用功效后再说，否则成交就处于被动。

案例 6.24

"大叔，看看这剃须刀，剃刀非常锋利，手感也特别的好。"

"嗯，是不错，这个多少钱啊？"

"大叔，您先试验下，光看时看不出效果的啊，您说呢？"

"行，那我就试试。嗯，这震动感还蛮轻的，手握着很舒适，声音也不是很刺耳。"

"对，我们这是仿人体工程学设计，舒适感非常强。"

"嗯，确实不错，比我家那款商品好多了，我那个总夹胡子。"

"大叔，男人的剃须刀也要经常更换，毕竟得天天用，是吧? 换款称手的也是物超所值。"

"行了，也别兜圈子了，多少钱? 太贵的话，我可不要。"

"真不贵的。大叔，您觉得这剃须刀值什么价钱?"

"嗯，三刀头的估计得六七十吧!"

"大叔眼力真准，这剃须刀是我们公司刚生产的，现在推广价，66 元，以后进超市至少得 96 元。"

"行，先给我来一个，要是用得好，我给我弟弟再买一个。"

【案例解读】

顾客看商品一般习惯先问价格，然后再看商品，如果推销员顺着他们的习惯就很难卖出商品，因此推销员要先让他们看到硬币背面的菊花（价值），然后再让他们看到硬币正面的数字"1 元"（价格），顾客建立了价格与价值的等式，购买就是水到渠成的事情了。

实战例句

"大叔，您看这把菜刀材质是不锈钢的，用的是钛金的新工艺，锋利无比，您拿着切下纸条看锋利不锋利，而且刀背上这个是启瓶器，还可以刮鱼鳞，非常实用。"

"哦，你这么一说还真很实用，确实比一般菜刀好多了，那得很贵吧，得一百多?"

"大叔，厂家搞活动原价还真是 166 元，现在是 6 折，只要 100 元，明天 100 元您可买不到这么好的刀了。"

"行，100 元给我来一把。"

（3）化整为零。当顾客表示价格难以接受的时候，推销员不妨将价格分摊到年、月、日、时上，与顾客计算每小时的成本或每天的成本。将整数分解到零头，一般顾客更愿意接受。推销员要明确一点，顾客感觉到推销商品的单位使用价值越高，价格就相对显得越低。

实战例句

"先生，表面看这台仿人体工程学按摩椅要 2.36 万元，看起来很贵，但是我们这台按摩椅可以无故障使用十年，一年才 2 300 多元，一年 365 天，这样一天做一次全身按摩才 6 角多，您到按摩店做一次足疗起码要 60 元，赶上人多的时候还要排队，这要是买回家了，您想什么时候按摩就什么时候按摩，而且家里人都可以使用，细算起来还是划算的。再说也上档次，送人、自用都有面子，您工作这么体面也不差钱，买东西就是图个享受吗。"

"嗯，行，给我来一台吧。"

（4）适当让步。在推销洽谈中，因利益主体不同，买卖双方互相讨价还价是必然的。在遇到价格异议时，推销员首先要坚定地对自己的企业及商品保持信心，不轻易让步。只有确信自己的商品好，才能自信地说服顾客。推销员可以根据推销商品的价格波动范围，有条理性地做出不违背原则的妥协，给顾客一点价格折扣，可快速地实现成交。

实战例句

"小妹，这个价确实没办法再低了，要不我送你副手套吧，或者你再买条裤子，我给你打个九折。"

"好吧，那手套让我挑一下吧。"

（5）适当沉默。顾客希望商品价格让步幅度永无止境，因此即使推销员做了很多让步妥协，顾客还是希望能继续降低，此时推销员要适当保持沉默，这样做既可以让顾客觉得推销员为难，又可以让顾客觉得这是一种沉默的拒绝，暗示自己适可而止。

"嗯，这件衣服不错，多少钱啊？"

"吊牌价是126元，今天店庆，我可以给您打个8折，102元。"

"不会吧，这么贵，便宜点吧，太贵了我就不要了。"

"那您只需交10元就可以免费办理一张VIP卡，可以享受终身折上折，8折的基础上再打9折，是92元。"

"再便宜点不？92元也贵啊，我看顶多就值60元。"

"不好意思，小姐，真没办法卖了。"

"交10元办卡还得再花92元，里外不还是102元吗？凑个整100元好了。"

售货员做个无奈表情，看着顾客，一言不发。

"算了，不差那两元钱，不难为你了，帮我办卡吧。"

【案例解读】

一个怎么说都嫌贵，另一个怎么都觉得便宜，所以双方就是一对利益矛盾的统一体。在互相博弈中，必须有一方做最大的让步，不是推销员，就是顾客。有的时候，沉默就可以显出无声的力量。

（6）物美价廉。价格异议中有的顾客并不是因为价格高而拒绝购买，相反，是嫌弃价格过低，因担心商品质量而拒绝购买，对于这类异议，推销员要强调物美价廉，即促销价或者体验价，或者有特殊的进货渠道等，但是要说商品的质量有充分的保证，以此打消顾客的疑虑。

实战例句

"你这产品怎么这么便宜，我昨天在大商场买的要贵很多呢，是正品吗？"

"您放心吧，我们是老店了，我们有特殊的进货渠道，让利销售，遇到就是赚到。"

2. 恰当处理货源异议

货源异议大部分是由于顾客的购买经验与购买习惯不同造成的，推销员在处理此类异议时可采用以下策略。

（1）坚定不移，寻找切入点。对于拥有固定供货单位或固定业务员的个人顾客或企业，推销员初次推销很容易被拒绝，因此推销员要做好充分的心理准备，不怕被拒绝或嘲讽，从多角度、多层面接触顾客，以共同的兴趣、爱好为切入点，取得顾客的信赖，或者无私心、热心肠地帮顾客解决一些疑难问题，拉近与顾客之间的距离，让顾客给自己一个展示商品的机会，使顾客认同自己所提供的商品优于其原有的固定货源商品，从而促使顾客同意换用新商品。

实战例句

"我家的商品质量很好，您可以先拿一个和家里的对比下，一旦您用了，下回肯定还会找我买的。"

（2）鼓励对方尝试。任何商品都是从第一次购买到长久购买的，对于不愿更换固定商品的顾客，推销员应积极鼓励对方试用。介绍商品的时候，推销员要有意识地渗透一些观念，对于个人顾客而言，单一商品的长期使用，会使功效趋于不完善的状态，定期更换新商品，可以使效果达到最好；对于企业顾客，应侧面提示他们，采用单一货源具有很大的风险性，如易受对方的制约，无论是价格上还是货源数量上，一旦对方生产出现危机，就很难应对突变，为了抵御风险，企业应当采取多渠道策略，引入竞争会使企业获益。

实战例句

"王厂长，想必您也有犯愁的时候吧？长时间选择一家企业供货，不但价格没的商量，而且数量变动也会受到限制，万一您商品卖得好，想追加货物也不是很容易吧。我们老百姓买一件衣服都要货比三家呢，更何况商品的原材料呢？您试试我们的原料也是给自己企业增加一把安全锁。"

（3）提供佐证。在解决货源异议时，推销员为了抵消顾客对商品的异议，应提供必备的客观凭证来证明自己的商品质量稳定、进货渠道合法。

实战例句

"先生，您看，这是我们的商品质量鉴定报告和获奖证书。"

（4）无效退款。借用体验式营销，进一步消除顾客顾虑，降低顾客的购买风险。

实战例句

"减肥不成功全额退款。"

3. 科学处理购买时间异议

推销活动中，顾客在听推销员介绍后往往会提出"等过段时间再考虑"或者"先看看情况再说"等托词拒绝购买。针对此类异议，推销员可以采取以下几种策略解决：

（1）早买早受益。喜欢商品却又觉得价格昂贵，因此犹豫不定的顾客，往往会提出"过段时间再说"或"过几天再来看看"等时间异议。对此，推销员可引导其提早购买提早享受，万一过了一段时间，商品价格还是没降，顾客就错过了最好的使用时机。

实战例句

"择日不如撞日，何必明天买，您今天买了就可以使用了。"

（2）良机激励法。主要是采用对顾客有利的时机鼓励顾客，使其不再犹豫，立刻拍板定夺，快速成交。但要注意的是，良机客观存在，切不可以此欺骗顾客，否则是自毁信誉。

实战例句

"今天是优惠最后一天，如果错过了今天，折扣就没了，赠品也不送了。"

（3）激将法。对有资金但是出于某种顾虑而迟疑的顾客，推销员可以用诙谐幽默的语言"刺激"顾客做出决定。但是这种反击法一般只适用于关系比较熟悉的顾客。

实战例句

"您看上去穿得这么体面，该不是兜比脸干净吧？"

任务验收

（1）处理顾客异议的准则。

（2）如何处理顾客的需求异议？

～～～～中阶任务～～～～

任务情境

请自行设计情境。情境背景：甲顾客嫌弃商品太贵；乙顾客怕商品来路不正；丙顾客上来就问价格。

任务目的

（1）加深对推销异议准则的理解。

（2）熟悉推销异议的处理策略。

（3）掌握价格异议的处理技巧。

任务要求

（1）组建任务小组，每组 5 ~ 6 人为宜，选出组长。

（2）各组分角色分析情境，讨论表演流程，选择一人负责观察、指导。

（3）进行交叉打分，即选取一个小组表演后，其他小组各选派一名成员担任评委，负责点评。

（4）课代表要做好记录。

任务考核

（1）情境表演的真实性、合理性：2 分。

（2）小组成员团队合作默契：3 分。

（3）角色表演到位：4 分。

（4）道具准备充分：1 分。

（5）满分：10 分。

知识点概要

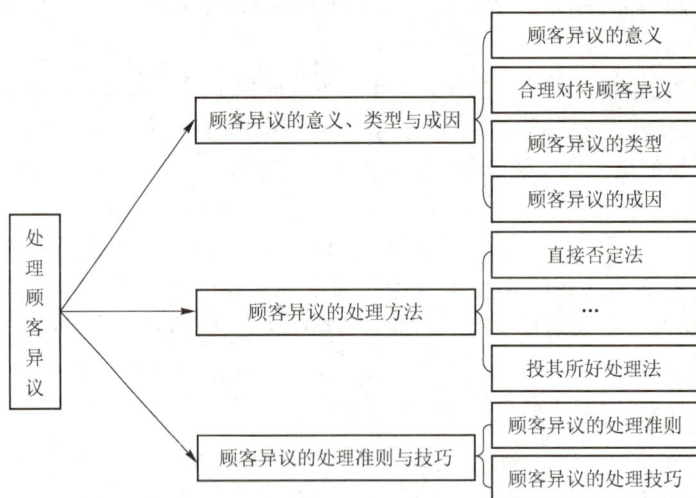

处理顾客异议
- 顾客异议的意义、类型与成因
  - 顾客异议的意义
  - 合理对待顾客异议
  - 顾客异议的类型
  - 顾客异议的成因
- 顾客异议的处理方法
  - 直接否定法
  - ……
  - 投其所好处理法
- 顾客异议的处理准则与技巧
  - 顾客异议的处理准则
  - 顾客异议的处理技巧

项目六知识结构图

※重要概念※

顾客异议　真实异议　虚假异议　直接否定法　间接否定法　抵消处理法　转化处理法
沉默处理法　自我发难法　问题引导处理法　投其所好处理法

※重要理论※

（1）顾客异议的分类及成因。

（2）顾客异议的处理方法及优缺点。

（3）如何巧妙化解价格异议。

※重要技能※

（1）准确辨别异议种类。

（2）熟练运用各种异议的处理方法。

（3）灵活使用化解顾客异议的策略。

客观题自测

一、单项选择题

1. 下列属于顾客异议正面效应的是（　　　）。

    A. 顾客异议并不能使推销员获得更多的信息

    B. 通过异议并不能判断顾客是否有消费需要

    C. 通过顾客的异议，推销员的销售技巧并不能提高和修正

    D. 异议就是"推销是从顾客拒绝中开始"的一种最好的例证

2. 根据性质顾客的异议可分为（　　　）。

    A. 真实异议、虚假异议　　　　　　　　B. 商品异议、需求异议

    C. 服务异议、支付能力异议　　　　　　D. 推销员异议、虚假异议

3. 在某种意义上讲，顾客的异议，恰恰使推销员清楚地认识到自己商品的市场定位及（　　　）。

    A. 市场反应　　　　　　　　　　　　　B 市场效应

    C. 市场前景　　　　　　　　　　　　　D 市场收益

4. 自我发难的缺点不包括以下哪项？（　　　）。

    A. 增加顾客购买压力　　　　　　　　　B. 有效阻止顾客提出异议

    C. 易使顾客先入为主　　　　　　　　　D. 不利于化解异议

5. 推销员为了抵消顾客对商品的异议，提供必备的客观证据来证明自己的商品质量稳定、进货渠道合法，这一行为属于下列哪种措施？（　　　）。

    A. 坚定不移，寻找切入点　　　　　　　B. 鼓励对方尝试

    C. 提供例证　　　　　　　　　　　　　D. 打包票试用

二、多项选择题

1. 下列哪种处理方法可以被形象地比喻为"以子之矛，攻子之盾"？（　　　）。

    A. 抵消处理法　　　　　　　　　　　　B. 沉默处理法

    C. 转化处理法　　　　　　　　　　　　D. 投其所好处理法

2. 自我发难的缺点不包括以下哪项？（　　　）。

    A. 增加顾客购买压力　　　　　　　　　B. 有效阻止顾客提出异议

    C. 易使顾客先入为主　　　　　　　　　D. 不利于化解异议

3. 顾客对推销商品产生异议的原因有哪些？（　　　）。

    A. 对推销商品功能、构造不清楚　　　　B. 对推销商品价格感到不满意

    C. 心情不好　　　　　　　　　　　　　D. 不想改变原来的生活习惯

4. 恰当处理货源异议的策略有（　　　）。

    A. 坚定不移　　　　　　　　　　　　　B. 虚假异议

    C. 立即处理异议　　　　　　　　　　　D. 鼓励对方尝试

5. 投其所好处理法适用于哪些商品？（　　　）。

    A. 高档服装　　　　B. 保险产品　　　　C. 食盐　　　　D. 贵重金饰品

~~~~~~ 高阶任务 ~~~~~~

任务情境

某服装专柜刚开始营业，两名中年女顾客到店中购买衣服，其中一位女士看中一件1 200元

的新款上衣，另一位女士却觉得价格不实惠，态度不冷不热。假设你和店长都在店中，请问作为推销员的你，该如何处理？

任务说明：合理化解顾客异议，至少使用三种以上的处理方法，使其顺利购买。

任务目的

（1）系统理解顾客异议的根源及成因。

（2）熟练掌握各种化解异议方法。

（3）因地制宜地娴熟运用化解异议的策略。

任务要求

（1）分别组建一支销售团队，每组5~6人为宜，选出组长。

（2）每组集体讨论台词的撰写和加工过程，各安排一个人做好拍摄工作。

（3）每组各选出1名成员作为顾客或推销员的角色表演者，通过角色表演PK的形式来确定各组的输赢。

（4）其他组各派出一名代表担任评委，并负责点评。

（5）教师做好验收点评，并提出待提高的地方。

（6）课代表做好点评记录并登记各组成员的成绩。

任务验收标准

高阶任务验收标准

项目		验收标准	分值/分	验收成绩/分	权重/%
验收指标	理论知识	基本概念清晰	15		40
		基本理论理解准确	25		
		了解推销前沿知识	20		
		基本理论系统、全面	40		
	推销技能	分析条理性	15		40
		剧本设计可操作性	25		
		台词熟练	10		
		表情自然，充满自信	10		
		推销节奏把握程度	40		
	职业道德	团队分工与合作能力	30		20
		团队纪律	15		
		自我学习与管理能力	25		
		团队管理与创新能力	30		
最终成绩					
备注					

项目七

推销成交

知识目标

1. 理解推销成交的含义
2. 辨别成交的信号
3. 理解推销成交的基本策略
4. 掌握推销成交的方法
5. 理解成交后续工作的内容和方法

能力目标

1. 提升识别成交信号的能力
2. 提高推销成交的能力
3. 提高成交后的跟踪能力
4. 提升为顾客服务的能力

任务构成

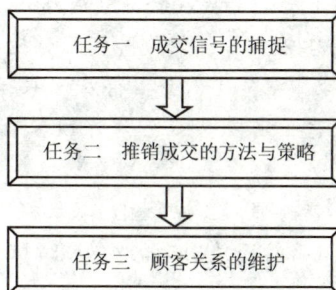

任务一　成交信号的捕捉

任务二　推销成交的方法与策略

任务三　顾客关系的维护

任务一　成交信号的捕捉

~~~~~~初阶任务~~~~~~

任务情景剧

　　旁白：小刘是一名有着多年销售经验的老业务员了，如今他是一名瓷砖推销员，以下是他日常接待顾客的情景，请大家自行寻找他究竟使用了哪些方法。

　　场景：某品牌瓷砖专卖店。

　　小刘："欢迎光临，请问有什么需要帮助的吗？"

　　顾客："哦，我看看你家的地砖，我刚买了房子，正打算装修呢。外科同事向我推荐了你们这个牌子的地砖，我今天抽空过来看下。"

　　小刘："您是医生啊，我最崇拜医生了，您贵姓啊？"

　　顾客："哦，我免贵姓孙。"

　　小刘："您同事推荐的肯定错不了，我们的地砖质量没得说，连续五年全国总销量第一，是经过 ISO 9000 和 ISO 14000 验证的，地砖环保，颜色纯正，非常坚固耐用。"（拿起一块瓷砖敲了下）"看，这当当的，质量差的会发出空空的声音。"

　　顾客："看着确实很好，就是觉得有点贵了。"

　　小刘："您的房子多少平方米啊？"

　　顾客："140 平方米，四室两厅的。"（表情很是得意）

　　小刘："那您的卧室需要铺地板吗？还是全铺瓷砖？"（态度比较温和）

　　顾客："我都想铺地砖，可我老婆非要在卧室里铺地板。"

　　小刘："嗯，都铺地砖显得比较气派，但是卧室里铺地砖毕竟不隔凉，不利于养生，尤其是丽水的冬天室内比较阴冷，湿气重，会显得房间寒气重的。作为生意人，我巴不得你们家全铺地砖，但是做生意一定要全心全意为顾客着想，这才是我们销售人员的宗旨。"

　　顾客："看来，你这人还不错。那么去掉卧室，我大概需要 40 平方米的瓷砖了。"

　　小刘："您的客厅朝向是阳面的还是阴面的？如果阴面的就要选暖色调的，比如粉色、土黄色。"

　　顾客："哦，我家客厅是阴面的。"

　　小刘："那您喜欢粉色还是土黄色？"

　　顾客："嗯，这个淡粉色不错。"

　　小刘："那您就选这种的好了，这种地砖环保，而且还有防滑功能，易清洁，对您和您家人的安全提供了足够的保证。我们是免费送货上门，如果需要安装，每平方米另加30 元。您家在什么小区，几幢几号啊？我登记下。"

顾客："别着急，我再看看，反正装修也不是一天两天的事，我再考虑考虑。而且，你的价钱还是贵，80×80 的要 80 元一片，都快赶上实木地板的价钱了，再说我现在也没揣那么多的钱。"

……

任务描述

1. 如何理解成交信号，一般在什么条件下顾客会泄露成交信号，成交信号有哪些种类？
2. 案例中小刘在推销洽谈中是怎样利用顾客购买信号引导顾客的？

任务学习

在推销活动的整个过程中，推销成交是最重要的环节，它是整个推销工作的最终目的，其他环节都是在为它做辅助工作。如果推销没有成功，那么推销员所做的所有努力都将付之东流。要想顺利实现目标，推销员要善于识别、捕捉成交信号，及时请求成交。

一、推销成交的含义

所谓推销成交，是指顾客接受推销员的购买建议及购买提示并迅速做出购买推销商品行动的过程。成交可以被看作顾客接受推销员的推荐、游说，并对此行为做出积极的、肯定性的反馈表现，然后买卖双方达成一致的交易条件的活动过程。我们可以从以下三个方面来理解。

1. 成交是检验推销员成功的分水岭

顾客接受推销员的推荐和劝说的程度，决定了能否成交，成交强调的是最终结果，而不是整个推销过程。在推销过程中，顾客显得神情很专注，聆听很仔细，并不意味着推销富有成效，只有顾客表示愿意花钱购买推销商品，才是成交的重要标志。

2. 成交是化解顾客异议的硕果

顾客异议是购买商品的拦路虎，只有顾客异议完全化解后，顾客才愿意购买，推销员所做的一切努力都是为了实现成交这一目的，即实现推销商品和货币的所有权的转移。

3. 成交是新的推销活动的开始

顾客购买商品，只是推销过程的第一成果的体现，推销活动并未结束，推销员与顾客建立良好、融洽的关系，就可为以后的推销做好铺垫，同时也可通过顾客的购买行为来做推销介绍，使更多的顾客前来购买。

二、成交信号的种类

所谓成交信号，是指顾客在决定购买推销商品的时候，从语言声音上、面部表情上、身体行为上会有一种下意识的动作流露。具体可以细分为以下三种信号。

1. 表情信号

所谓表情信号就是顾客认同商品后从面部表情本能地流露出来的一种生理反应。常言道情不自禁，如在化解异议后面带微笑、下意识地点头，紧凑的眉头渐渐变得舒展，眼神发出亮光等，这些都表明顾客认同了推销员的解释，愿意做出购买行为。

一个卖纸画的小贩沿街叫卖，一位中年男士随口问道："有中国地图吗？"

"有啊，中国地图、世界地图都有，您要哪种？都很便宜的。"

那位男士翻看着中国地图，表情很高兴，刚要说买，突然手机响了。

那位男士看完手机短信时，发现小贩已经走远了。

【案例解读】

当顾客对商品感兴趣时，推销员一定要善于观察顾客的面部表情，要适时地询问顾客是否要购买，要买多少，这样就不会错过推销机会了。

当顾客对商品抱有好感的时候，表情信号一般是最先流露的，推销员可以据此辨别顾客的购买意愿，一旦捕捉到成交信号，就要引导顾客消费，促成交易实现。一般而言，下列七种情况可表明顾客愿意做出购买行为：

（1）顾客眼睛紧紧盯住某一商品。

（2）顾客面带微笑且表情轻松。

（3）顾客眉头紧锁后又舒展。

（4）顾客眼睛向下看，似乎在思索什么。

（5）顾客频频点头表示同意推销员的观点。

（6）顾客态度比之前友善。

（7）顾客嘴唇嚅动，好像要说话的样子，却又没说。

2. 语言信号

语言信号是指顾客明确表达喜欢商品，脱口而出"喜欢""还不错""正是我想要的"等信息。一般来说以下八种情况都属于成交的语言信号：

（1）把玩商品，拨通了电话询问另一方对商品的意见。

（2）边看说明书边提出疑问。

（3）仔细询问交易方式、交货时间和付款条件。

（4）详细咨询具体的操作规则。

（5）对商品赞不绝口。

（6）步步追问推销员，尤其对商品保养、售后服务事项问得非常仔细。

（7）拿着价目表仔细盘问推销员。

（8）提出一个新的成交价格。

一个卖电子词典的小姑娘去拜访一位公司经理，她向经理详细介绍了她的商品，并将操作过程展示给这位经理，经理觉得色彩、屏幕大小都还不错，就亲自试验这台电子词典，脸上也流露出很自然的笑容。过了一会儿，经理说："这台机器可以升级吗？对于上初中的孩子，词典能和学校的课本配套吗？"

小姑娘："嗯，是的，我们公司有专门的网址，用户在家足不出户就可以升级，这个可以从小学一年级一直用到高中三年级，都有相应的课本配套，它非常适合学生和上班族学习英语，您在的这座大厦已经有很多经理都购买了，三楼的张经理一下子买了三台呢。"

经理说："你说的张经理是张强吗？"

小姑娘："是的，他说买给他儿子和两个外甥做生日礼物。"

经理："好吧，给我也来一台吧。"

【案例解读】

顾客对商品感兴趣，就会从表情上、语言上流露出来，推销员只要"趁热打铁"，积极说服顾客购买，生意就可以顺利成交。

3. 行为信号

所谓行为信号是指顾客愿意做出购买行为时肢体下意识地流露出的一些动作。一般来说，顾客的具体行为信号有以下九种：

（1）反复查看说明书，一直在熟悉商品结构。

（2）身体前倾，靠近推销商品。

（3）神情很专注，不停地摆弄商品。

（4）试用商品，并用手触摸商品或用手去丈量商品的大小。

（5）沉默不语或脚部持续晃动。

（6）突然给销售员倒水或递烟。

（7）将椅子拉近推销员，神情很专注。

（8）拿笔在商品介绍宣传单上写下自认为重要的文字。

（9）询问同行者的意见。

案例 7.3

炎热的夏季，一位中年女顾客走进某商场，看到一款心仪很久的羽绒服在做促销，于是就拿着羽绒服去试衣间试穿，一边照着镜子，一边仔细地询问价格等细节。虽然天气很热，但是女顾客一直就穿着羽绒服和推销员说话。推销员见此状，立刻说这衣服女顾客穿起来特别有风度，非常适合她，并告诉她这是换季促销，这款要是在冬季要多花300元呢。顾客很自然地就买走了这件衣服。

【案例解读】

大热天谁会愿意穿着厚厚的羽绒服啊？那肯定是顾客对衣服的喜爱，她要多照照试衣镜看看是否合身，这就表明顾客愿意购买，所以推销员只要稍微加点力，就会达成交易。

任务验收

（1）如何正确理解推销成交。

（2）推销信号的种类有哪些？

（3）哪些行为表示顾客对商品很感兴趣？

中阶任务

任务情境

张明拉着李强陪自己到商店买旅游鞋，他相中了一款新款跑步鞋。假如你是售货员，会如何巧妙识别对方的购买信号？

任务目的

（1）加深对成交信号含义的理解。

（2）认识推销成交的意义。

（3）善于捕捉成交信号。

任务要求

（1）组建任务小组，每组5~6人为宜，选出组长。

（2）各组分角色分析情境，讨论表演流程，选择一人负责观察、指导。

（3）进行交叉打分，即选取一个小组表演后，其他小组各选派一名成员担任评委，负责点评。

（4）课代表要做好记录。

任务考核

（1）情境表演的真实性、合理性：2分。

（2）小组成员团队合作默契：3分。

（3）角色表演到位：4分。

（4）道具准备充分：1分。

（5）满分：10分。

任务二　推销成交的方法与策略

~~~~~~ 初阶任务 ~~~~~~

任务情景剧

旁白：上回说到顾客没带钱，那小刘又怎么做了呢？大家往下看。

小刘："那您家是全包还是半包啊？"

顾客："哦，半包，现在装修全包价格高得实在离谱。"

小刘："那这样，您在我们店订下，我们提供的安装技术肯定比您在外面找的人好，我们还可以免费帮您设计对角线，也帮您申请一些辅料的折扣。"

顾客："我还是觉得贵。俗话说，买的没有卖的精。"

小刘："大哥，这您真冤枉我们了，我们是全国统一价，您也相信一分钱一分货吧？绿色环保无污染是人类健康的主题，您也不希望因贪图便宜买到劣质的地砖吧？不健康不说，万一使用起来踩碎一块，整个效果就没了；而且今天是厂家搞活动，打68折，最后一天，明天恢复原价118元一片。您再来，我就是再给您优惠，也得98元一片了。"

顾客："真的假的？我也没拿那么多钱啊。"

小刘："微信、支付宝支付都可以。"

顾客："那你算下大约多少钱？"

小刘："大哥，粗略算大概5 000元，要不您先交定金500元，三天之内您要是觉得不划算随时可以退。按说定金是不退的，但我表哥也是医生，所以我对医生特别亲近，我的权限就是三天内，超过三天我就没法退了，不过我们家的商品您出门肯定遇不到这个价格的。"

顾客："嗯，好的，兄弟，都说到这份上了，这地砖我就在你这里买了。以后有什么事，可去人民医院找我。"（微信扫码支付了500元）

小刘："大哥，您放心，这是收据，您拿好。"

顾客："好的，兄弟，我需要安装的时候提前电话联系。"

……

任务描述

（1）小刘运用了什么成交方法，该方法有什么优缺点？

（2）你还知道其他的成交方法吗？

（3）小刘使用了什么策略让顾客顺利购买的？

任务学习

一、推销成交的方法

所谓推销成交的方法是指推销员在恰当的时间，用以启发、引导顾客并促成顾客做出购买决定，完成购买行为的方法和技巧。它是推销成交规律和经验的总结，常用的推销成交方法主要有以下十一种。

（一）请求成交法

请求成交法又称为直接成交法，是推销员用明确的语言直接要求顾客购买推销商品的一种方法，是一种最基本、最简单、最常用的成交方法。一般推销员在解决顾客异议后，应顺带提示顾客采取购买行为。

1. 优点

（1）提高成交概率。很多顾客在选择商品的时候并没有太苛刻的要求，往往被款式新颖的商品动摇了当初的购买要求，很难在某两种或三种以上的商品中做出选择。这个时候推销员主动提出成交，就有可能让顾客下最后决心购买商品。例如："先生，我看还是这件淡蓝色的比较好，显得年轻、充满活力。""哦，是吗？那好吧，我就要淡蓝色的了。"

（2）节省推销时间。顾客有心购买，因此在商品中不停地寻找自己认为最满意、最适合自己的，即使觉得手上这件商品就不错，可还是希望能找到再好一点的。如果推销员任其继续选择，既浪费推销时间，又不利于推销，因为长时间的推销，会使顾客失去先前对商品的喜爱。顾客会说："算了，挑来挑去也没找到更好的，刚才挑的那件不错，可是我又找不到了，以后再说吧。"

（3）检验推销员的推销意识强弱。生意场上有句至理名言"张嘴三分利，不买也够本"，对于走进营业区域范围的顾客，推销员不能让他随意走掉，即使判断其对商品只有微弱的购买意愿，也要主动去推荐、劝说对方把商品买走。

2. 缺点

（1）易给顾客带来压力。如果苹果在青的时候就摘下来，那么它一定是青涩的，如果推销员急着催促顾客成交，那么会导致顾客厌烦，感受到购买压力。例如："挑了半天，可以开票了吧？""你催什么啊，买东西不得看仔细点吗？刚想好好选下，让你这一催已经没心情了，算了不要了。"

（2）破坏和谐气氛。顾客走进门，即意味着上帝走进家，顾客自然希望能随心所欲地挑选商品，不受任何约束，而推销员的善意提醒，有时候会让顾客很恼火，感到自己的权利受到限制，容易和推销员发生争吵。例如："我买不买是我的自由，用得着你管我什么时候买吗？我看好了自然会买。"

3. 注意事项

（1）及时捕捉购买信号。顾客对推销商品感兴趣，产生了购买欲望，但尚未主动提出成交时，推销员可以采用请求成交法，"帮"顾客做购买决定，就如同足球都快到球门了，你帮助他把球踢进球门。

（2）避免操之过急。由于一些推销员性子比较急躁，只要顾客翻看商品，他就使用直接成交法，这样会适得其反。俗话说"心急吃不了热豆腐"，一定要看清形势再做定夺，毕竟翻看商品的人并不一定都有购买意愿。有的人是为了打发时间来的，有的人是漫无目的随便看看，有的人是"偶遇购买"。顾客花点时间观看也在情理之中。

（3）尊重、体谅顾客。推销员要尊重和理解顾客的购物行为，学会换位思考，善待每位顾客。只有你心里有顾客，顾客心里才会有你。成交很重要，但是关系和谐更重要。现实中有很多销售都是来自顾客的第二次光临。例如："不瞒你说，你家的鞋子上一次我就看上了，但是怕买贵了，转了好几家商场，发现还是你家的鞋子漂亮，你的服务态度也好，所以我决定在你家买了。"

（4）注意适用条件。对于明显不适用商品的顾客不要强迫其试用、劝其购买，如明明顾客对含有酒精成分的商品过敏，你还奉劝他试用和购买含有酒精成分的商品；怂恿未成年人购买不适宜的商品等。

案例 7.4

培训师的懊恼

张强是浙江某保险公司的培训师，只要有人一说起某品牌服饰的时候，他就非常生气。

原来去年夏季的某天，晚饭后他走进该品牌专卖店，打算为自己买件衬衫。试穿一件衣服后，三个售货员都说衣服好看，劝他直接买走。他虽然没觉得哪点儿好，还是掏出 500 元买走了衬衫。

第二天他美滋滋地穿着新买的衣服去上班，结果发现同事们都用很奇怪的眼神看着他。一开始他还以为大家都很喜欢他身上的衣服，也没太在意。临中午下班时张强在电梯里碰到了他们的副总经理，副总经理说："你什么眼光，怎么买这么老土的花纹的衣服！你不知道自己胖啊？别人和我说的时候我还不信呢，没想到真的是这么回事，怪不得别人说你穿个印尼的难民服！"张强听到这里，脸都气绿了，从此他再也不买那个品牌的衣服了。

【案例解读】

虽然每个人的审美观点不一样，但是也不可能差得那么离谱。作为一名合格的售货员，为顾客推荐商品的时候必然要考虑到他的职业、年龄、体型，千万不要为了赢得一个生意而毁了一辈子的信誉。

（5）语气要灵活。对于已经完全认同推销商品的顾客，推销员可以直截了当，以坚定的语气促使犹豫不决的顾客做出购买决定，但是对于性格比较内向、做事比较谨慎的顾客，推销员的语气就要委婉，因为过于强硬的语气会使他因怕上当受骗而产生逆反心理。

4. 适用范围

（1）对待熟悉的顾客。对于已建立了较好的人际关系的一些老顾客或比较熟悉的朋友，由于彼此信任，可以运用此法，他们一般不会拒绝。

（2）适合顾客明确发出购买信号的有效需求。

（3）化解最关键的顾客异议。推销员尽力化解了顾客最关键的异议后，顾客就没什么可担心的了，推销员就可趁机提出购买建议，促成交易。

案例 7.5

一位顾客对推销员推荐的电饭煲很感兴趣，反复地询问电饭煲的功能、优点、质量、价格、售后等问题，不停地触摸电饭煲，并用手丈量着锅胆的大小，但一直也没说购买。

营业员："这种电饭煲是新产品，非常实用。它有预约功能，比如您晚上临睡觉之前设定好时间，那么您第二天早晨起床的时候，大米粥或白米饭就做好了，非常方便。现在厂家正在搞促销活动，购买电饭煲还送个热水壶，很划算的。您还犹豫什么，这么好的机会可别错过喽。"

顾客："嗯，看起来是不错，价格也说得过去，赠品只能是热水壶吗？可我家里已经有热水壶了。"

营业员："很抱歉，这款只送热水壶。其实，以前都是不送的，今天是厂家临时搞活动才给的，您可以把热水壶送给亲戚、朋友啊，这个水壶也至少值50元呢。"

顾客："好吧，我买了。"

【案例解读】

当顾客对推销商品仔细查看或爱不释手的时候，就意味着顾客已经发出了购买信号，这个时候推销员就要"临门一脚"帮顾客做出购买决定，否则顾客过了"热乎劲"就不可能再购买了。

5. 实战例句

"既然没有什么不满意的地方了，那我们就签订合同吧。"

"衣服您穿着太合适了，这个是小票，收银台在那里。"

（二）假定成交法

假定成交法又称为假设成交法，是指在顾客尚未明确提出成交，甚至还持有疑问时，推销员就假定顾客已接受推销建议而直接要求其购买的成交方法。一般比较自信的推销员经常使用假定成交法，他们往往对顾客的购买行为具有较强的判断力，用假定的方式来"催促"顾客做出购买行为，既显得轻松自如，又制造了比较融洽的推销气氛。有的顾客深受其自信的感染，也就顺便掏钱购买商品了。

假定成交法暗藏一种推动力，推销员可以占据主导位置，让顾客顺着自己的节奏完成购买行为。比如，汽车销售专员带领顾客试驾汽车，体验汽车的性能，再重点介绍汽车的特色构造，觉得时机成熟后，就可以假定顾客做出购买行为。"张先生，您现在只要花一些时间办好相关手续，一个小时后，您就拥有一辆新车了。您的同事一定羡慕您买到这么好的车。来吧，我们去楼上办手续吧。"

1. 优点

（1）节省推销时间。可以省去很多烦琐细节，又比较含蓄，便于顾客接受。推销员在用假定成交法之前，顾客已经对商品比较熟悉或推销员已经强调过商品的主要优点，那么在提出假设成交法后，很多顾客会认同推销员的说法，从而实现购买行为。例如，卖鱼的摊主看到买过自家商品的顾客张口说道："王姐，今天的鱿鱼很新鲜，来，我给您称2斤。""嗯，看着确实新鲜，你不说我还忘了，前天我儿子还吵着让我给他炸鱿鱼圈呢，行，来两斤。"

（2）减轻顾客压力。假定成交法一般是推销员以商量的口气说话，如"没意见，我就给您开票吧""喜欢，那就买下啊"。比直接成交法婉转，便于缓解顾客的购买压力，也给顾客提出拒绝的机会，如"等下，我再仔细看看""别急，我再选选"。

（3）隐藏推销力量。使用假定成交法时，推销员更多地是暗示成交而非明示成交，这就很好地隐藏了推销的力量，让顾客在不知不觉中实现购买行为。

2. 缺点

（1）破坏气氛。尽管假定成交法属于暗示成交，但是其本身也包含一定的催促购买成分，忽视了在推销活动中，买卖双方都是主导的事实，它将推销员的意志强加在顾客的意志之上，单纯以推销员的主观意志为基础，有时会让顾客反感。如果顾客尚未对商品发出明确的购买信号，推销员用这个方法会招致顾客的强烈反对。例如："你说买就买啊，是你掏钱还是我掏钱啊。"

（2）不利于化解异议。假定成交法的使用前提是推销员自以为解除了顾客异议，如果顾客还有尚未反映出来的异议，那它就阻碍了购买行为。

（3）失去主动地位。使用假定成交法时，推销员只是凭自己的感觉和经验去判断、猜测顾客购买商品的可能性，但并不能肯定顾客会采取购买行为，因此在推销活动中，反而使顾客变得更加主动地提出不同异议，从而使推销员处于不利地位。

3. 注意事项

（1）以推销信号为令。推销员使用假定成交法时要时刻关注顾客在购买过程中的心理变化，及时留意顾客的购买信号，一旦顾客发出明确的购买信号，就果断地提出假定成交。

（2）以顾客认同为基础。假定成交法的实质是让顾客从推销员假设的条件出发，达到既定的成交目的。如果顾客对推销员及推销商品缺乏认同，这一目的是很难实现的。

4. 适用范围

假定成交法主要适用于以下两种情况：

（1）顾客发出明显的成交信号。例如："太好了，这双就是我要找的鞋。""既然找到了，那就赶紧买吧。"

（2）性格比较柔婉、依赖感较强或与推销员关系比较好的老顾客。

案例7.6

一位顾客走进某品牌皮鞋专柜区域，看中一双鞋子。"营业员，帮我拿双42码的，我试试。"

"哦，请稍等，我去库房帮您找。"营业员查看了样品柜后走进库房。"先生，给您。"营业员双手递过鞋。

顾客试穿后，走到试鞋镜前，看了看。

营业员道："还合脚吧，您穿起来和您的裤子很搭配。"

顾客脸上表情很松弛，脱下了鞋子。

营业员："先生，这个是小票，我帮您把鞋包好，收银台在前方右侧。"

顾客稍微迟疑了下，还是顺从地接过小票，去付款了。

【案例解读】

假定成交法可以被看作在"牵着"顾客一步一步走向成交，引导顾客完成购买行为。案例中，顾客已经流露出购买信号，如果推销员还是很和气地不断问效果怎么样，规劝顾客考虑考虑，那么顾客对商品兴趣就会减淡，说不定，顾客的一句"我再随便转转"，就使交易落空了。

5. 实战例句

"我们送货上门，请告诉我您家的地址，我好给您做配货单。"

"李小姐，您要几包货？"

（三）选择成交法

选择成交法是指推销员向顾客提供一个有效的选择范围，一般提供两种或两种以上可供选择的购买方案来供顾客选择其中一种，并要求顾客立即购买的成交方法。选择成交法的理论虽与假定成交法理论类似，但选择成交法是假定成交法的具体运用和发展，选择成交法比假定成交法更加考虑顾客的感受，即推销过程中推销员显得更亲切和自然，更具有人性化。该方法的实质是推销员先假设顾客已经愿意购买，但是为了避免假定成交法的强推嫌疑，它更关注顾客对推销商品的细节考虑，使顾客在有效范围内进行"二选一"或"三选一"，让顾客自己做出选择，最终达到成交的目的。

1. 优点

（1）减轻顾客压力。此方法给出一定的选择范围，并征询顾客的购买意见，使顾客感到受到尊重，并且是在自主购物的前提下选择商品，更利于成交。

（2）掌握主动权。使用选择成交法，貌似让顾客在一定的推荐范围内自主选择商品，其实都是按照推销员的思路来进行推销活动，无论顾客如何选择，推销员都是赢家。

（3）利于实现交易。使用选择成交法相当于给顾客提供了更多的参考信息，帮顾客做好参谋，可以让顾客认为推销员在设身处地地帮助自己，使顾客避免了选择的盲目性和片面性，因此有利于成交。如餐厅服务员问："先生，您需要什么酒水啊？"顾客会反问道："你家都有什么酒水？""有白酒、啤酒、红酒、鲜榨果汁、可乐、雪碧等。""你们大家喝点什么？"顾客又会反问一起就餐的人员，如果意见不统一就搁置下来了。相反，服务员如果这样问："先生，您是需要啤酒呢还是红酒？""来四瓶啤酒好了，天热，凉快、凉快。"

2. 缺点

（1）易造成选择范围失当。使用选择成交法时，如果推销员按照自己的主观臆断为顾客设置范围，一旦和顾客的喜好发生冲突，会阻碍成交。例如："什么啊，这几个我都看不上。""你瞎选什么啊，是你买还是我买啊？""这几个就是你们店最好的产品吗？那算了吧，没有我喜欢的，我到别的店再转转。"

（2）分散顾客注意力。由于事先限定了选择范围，顾客的注意力集中在推销员推荐的商品上，使顾客购买的范围在无形中缩小。例如："你们家都有什么特色菜？推荐下吧。""这几页都是我们家的特色。""那就来这两个吧，别的就先不要了。"

3. 注意事项

（1）识别需求再设定范围。推销员对顾客嘘寒问暖的过程中，要通过有技巧的提问，识别顾客的大致需求，为顾客设定一个成交范围，范围宜小不宜大，尽快让顾客选择最合适的商品。

（2）自主权留给顾客。推销员在整个推销活动中是作为"导演"出现的，事先按照自行设计的"剧本"设定出大致的成交范围，而把自主权留给顾客。每次的选择题都由顾客自主做答，这样做既尊重了顾客的意见，又减轻了顾客的压力感。

（3）时时关注顾客的心理动态。在顾客流露出很强的购买信号后，设定成交范围已经不重要了，这时推销员可以及时让顾客做出购买行为，言多必失。

4. 适用范围

该法适用于有明确购买意图的顾客。

案例 7.7

药店的营业员："您好，先生，想买点什么药？感觉哪里不舒服呢？"

顾客："哦，嗓子疼，有没有消炎药啊？"

营业员："这些都是，您的嗓子疼是感冒引起的还是上火引起的啊？"（二选一）

顾客："昨天睡觉着凉了，有点感冒。"（确定原因，设定范围）

营业员："那这一排都适用于治疗感冒引起的喉咙痛，您喜欢片剂的还是颗粒的？"（又是二选一，了解顾客的购买习惯，也进一步缩小成交范围）

顾客："颗粒的吧，片剂的我实在咽不下去。"

营业员："这两款都是片剂的，一个是云南产的，另一个是浙江产的，从疗效看，浙江产的效果会好点。"（双项选择题的重点关注）

顾客："那就拿浙江的好了。"

营业员："来两盒吧，这样好得彻底。"（引导及提示）

顾客："好的。"

【案例解读】

营业员探明顾客的需求后，根据需求设定范围，在其"导演"下，顾客一步一步进入"主演"角色，顺利完成"剧本"任务，这就是选择成交法的魅力。

5. 实战例句

"小姐，按您的想法，我看这两双鞋都非常适合您，您选择平跟的还是高跟的呢？"

"先生您用微信还是支付宝支付？"

（四）从众成交法

从众成交法又称排队成交法，是推销员利用顾客的从众心理、随大流的思想，促成其购买推销商品的一种成交方法。从众成交法主要利用顾客的从众心理，这类顾客一般缺乏主见，愿意参考大多数人的购买意见。例如，有的顾客喜欢盘问营业员"哪款卖得最快"，"哪样商品购买的人多"，往往听到答案后也愿意购买该款商品。

在日常生活中，顾客或多或少都有一些从众的心理，他们在购买商品时，不仅要依据自身的需求、爱好、价值观选购商品，而且也要考虑大多数人的行为规范和审美观念，甚至在某些时候宁愿放弃自身的爱好而屈服于社会的压力，考虑多数人的意见，做出顺从的购买行为。例如："营业员，那条裤子给我来一条红色的，穿着喜庆。""大姐，这件红色您穿上会有点艳，像您这样岁数的顾客大都买淡蓝色的。""哦,是吗?行,那我也拿淡蓝色的吧!"

1. 优点

(1) 利用人多吸引顾客。一般来说,顾客都爱凑热闹,对大多数围拢购物充满好奇,认为抢购的东西一定值得购买,推销员可以充分利用顾客爱跟风的习惯来招揽更多的顾客。

(2) 增强说服力。推销员说得再好,顾客也不一定信服,但是用顾客的购买行为做证,会使更多顾客认同,商家如此注重顾客的评价,就是这个道理。例如:"大哥,买个西瓜吧,我这瓜老甜了,不信,您问这位大姐,她刚买了一个。""是的,很甜。""那好,给我也挑一个大点的,要沙瓤的。"

(3) 大批量地销售。该方法充分利用顾客的从众心理,吸引更多的顾客购买,实现大批量地销售。例如:"群众的眼睛是雪亮的。""大家都买的商品一定是好商品,今天不买,明天肯定后悔。"

2. 缺点

(1) 传递信息难。顾客盲目的从众性使其注意力都在争抢的商品上,忽视了推销员传递的信息。

(2) 易造成顾客反戈。由于是从众性购买,很多顾客对商品并不是很了解,如果碰到个别顾客恶意散布谣言,会被误导购买,推销员再解释也难奏效。例如:"大家不要买了,我昨天在这买桃子,他家缺斤短两,明明买了三斤,回家一称差了半斤呢!""他家专门卖假货,还骂人,谁买谁倒霉。"

3. 注意事项

(1) 辨明顾客的同质性。相同家庭收入、相同家庭成员情况、相同年龄段的顾客购买行为趋于相似,对于这些顾客,推销员可以使用从众成交法,但是,有些顾客喜欢标新立异,收入状况比较特殊,个人做事又愿意与众不同,若推销员对他们错误地使用了从众成交法,反而会引起他们的逆反心理,从而拒绝购买。例如:"什么?你说刚才那个人买了你们的商品,那我肯定不买,你看她的穿着和我的穿着能是一个档次吗?我怎么会买廉价货!"

(2) 选好"从众"的榜样。榜样要具有一定的代表性或易被大家接受,不可随意拉个人就做榜样。

(3) 购买人真实。从众推销的氛围要真实,推销员口中所说的顾客要符合实际,不可随意编造。

(4) 视频广告效果更好。视频中抢购的画面既吸引顾客踊跃购买,又间接提高企业商品的知名度。

4. 适用范围

爱追求个性的顾客除外。

案例 7.8

菜市场上一位中年妇女在卖一种草药,旁边已经有一男一女在挑选。

一位顾客好奇地上前问道:"这是卖什么啊?"

中年妇女回答道:"这叫'路路通',专门治疗肾虚的,男人喝了能补肾、健体。"

顾客问道:"怎么卖的啊?"

中年妇女:"不贵,3角1克。买点吧,泡水喝非常管用。"

顾客在考虑着。这个时候那个女顾客边把草药放到中年妇女的称上边说:"来给我再称一斤。"然后对着该顾客说:"这个可好使了,以前我爱人经常腰腿疼,我给他买了一斤,用过后,现在基本上不疼了。这草药价钱也不贵，比买药可强多了。"

男顾客也边挑边说："嗯，这个我也喝过，喝完确实感到身体比以前强壮了，以前我经常尿急，现在明显少多了。相信我的话，你买点没错的。"

中年妇女："买点吧，我每天卖得可快了，来菜市场买菜的人都愿意买我的草药。"

……

【案例解读】

这个就是经常在市面上流行的街头骗局，骗子商贩使用的手法就是从众成交法，造成很多人踊跃购买的假象，其实就是给顾客传递个"商品很好卖"的信号，你不抢就没了。当然事先挑选草药的一男一女都是"托"，是用来迷惑顾客的，而且明明是 150 元一斤，却只标注 3 角一克，让顾客误以为很"便宜"而已。

5. 实战例句

"这鞋质量老好了，今天一早上卖了 5 双，连我们营业员都买了。"

"这款卖得最火了，一个月不到就卖了 3 000 台了。"

（五）大点成交法

所谓大点成交法又称为主要问题成交法、异议成交法、全部成交法，是指推销员利用处理顾客异议的时机直接向顾客传达购买信息并要求顾客立即购买的一种成交方法。大点即顾客的主要异议，如果把顾客的主要异议化解掉，那么次要的异议就是小事一桩，从而加速实现顾客购买。

1. 优点

（1）直击要害。大点成交法主要针对顾客的主要异议，因此解决了顾客的主要异议，就意味着全局胜利，有利于准确传递推销信息。

（2）节省时间。双方避免在琐碎问题上过多地浪费时间，直奔困扰成交的主要因素，更利于化解异议。

（3）增强购买信心。顾客之所以犹豫购买推销商品，就是因为存在着让顾客担心的原因，推销员及时化解顾客的困惑，会增强顾客购买商品的信心，从而实现快速成交。

2. 缺点

（1）易导致推销失败。由于该方法直奔推销的主要障碍，一旦双方就主要异议存在较大分歧，会直接导致推销失败。例如："算了，价钱是成交的底线。既然你不能降价，那么我们就不要再谈了。""你这兜子的款式我不喜欢，即使再便宜，我也不打算要。"

（2）增加风险。双方就主要的异议进行磋商，话不投机或言语不当容易撕破脸，影响今后的合作。例如："出去，你再这么抬价，我以后再不会和你们厂合作了。""欺负我们小厂家吗？哪有一定要定这么多货的？算了，我惹不起，我躲得起。"

3. 注意事项

（1）以柔克刚，打好亲情牌。推销员在准确判断顾客主要异议的基础上，要态度真诚、语气委婉，善打亲情牌，尝试探明顾客的成交底线，然后在条件允许的情况下，缓解顾客的购买压力。例如："王厂长，您看现在物价上涨得那么厉害，不涨工资，员工就不给您出活。其实商品涨价，我们的压力也很大。您说句公道话，这批货比以往上涨 10%，真的算不多吧？""怎么不多？你们涨 10%，我还怎么卖？卖不动货，我的员工喝西北风啊？物价再怎么涨，也不能涨10% 吧，5% 还差不多，你的员工要求涨工资，难道我的员工就不活了吗？"

（2）捕捉信号，巧妙施压。当顾客对商品发出明确购买信号的时候，推销员就应该针对顾客的异议开展巧妙的施压，让顾客意识到商品的其他优点，同时可以配合其他成交策略铲除顾客的异议，如可以利用抵消处理法、机会处理法、优惠成交法等。

4. 适用范围

该法适用于顾客的有效异议，如产品价格异议、功能异议、服务异议等。

案例 7.9

一位顾客走进体育用品专柜，他左看右看后，指着柜台上的一只羽毛球拍对营业员说："请帮我拿下来，我看看。"

"先生很爱打羽毛球吧？这个是正品的尤尼克斯球拍，全碳素纤维的，又轻又有弹性。"（双手递给顾客）

"嗯，是不错，不过价格怎么样？太贵我就不要了。"

"好拍自然价格不便宜，这就像我们买家电一样，进口的家电和国产的家电价格肯定不一样，因为进口的家电效果好啊，您说是吗？"

"呀，标签价格要 380 元，确实太贵了，比我现在用的李宁球拍贵一倍呢！你们打折吗？"

"选球拍就选最适合自己的，国产的李宁牌虽不错，但毕竟比尤尼克斯还是差很多，这一点从球星的选用球拍上就可以看出，目前大部分球星使用的都是尤尼克斯，您要是诚心想要，可以给您打八折。"

"八折也要将近 300 多元呢，还是有点小贵。"

"先生，贵有贵的道理，买球拍就是为了实用，虽然多花了一点钱，但是提高了打球的质量和效果，还是值得的，要不我再送您一盒燕子的羽毛球怎么样？我们这里卖 20 元一桶呢。"

"这球拍有没有天蓝色的啊？"

"先生，这批球拍都是银灰色的，其实银灰色也很好看啊。"

"行了，先凑合着用吧，帮我开票。"

【案例解读】

大点成交法直奔顾客的主要异议，将它攻克了，其他异议就是纸老虎了，不堪一击。为了化解顾客的主要异议，推销员还可以配合使用抵消处理法、优惠处理法等，使用这些方法的目的就是突破顾客的主要异议。

5. 实战例句

"张经理，如果我说得没错的话，价格是困扰您购买我们商品的主要因素，那我们就先从价格谈起吧。"

"王厂长，既然我们把最主要的异议解决掉了，其他的地方就更好商量了，没什么大的意见，那我们就签合同吧。"

（六）小点成交法

小点成交法又称为局部成交法或次要问题成交法，是指推销员利用局部或次要问题的成交来促成整体成交的一种方法。小点与大点是相对的，即让顾客先在小的地方认可，然后过渡到大的地方认可，最后达到全部都认可，最终实现成交。

小点成交法主要利用给顾客"减压"的原理，顾客在处理一些细小问题时心理压力比较小，因此答应起来也比较容易，推销员将若干个细小问题慢慢争取过来，最后剩下的就不再是什么大问题了。比如顾客对商品拿不定主意往往是因为商品的价格，推销员可以故意避开这一点，先让顾客认同商品的颜色、款式、使用方法、功能特点、保养情况、售后服务这些貌似无关紧要的地方，最后就差价格这一点了，顾客也就不再坚持异议，购买就实现了。如果把商品成交看作一个整体性决定，推销员可以采取化整为零的方法，将整体性的决定划分为若干个分散性的"小点"，先取得顾客对第一个"小点"的认同，再取得第二个、第三个及更多小点的认同，那么最后的那个原来很大的异议也就变"小"了，以此达成交易。换言之，就是个个击破，一点一点"瓦解"顾客的所有疑虑。

1. 优点

（1）减轻压力。由于小点成交法是一点一点地取得顾客同意，对于非主要问题，顾客大体上都比较好认同，因此顾客也乐于配合，减轻了购买压力。换句话说，小点成交法类似"温水煮青蛙"，让顾客在不知不觉中实现成交。

（2）利用成交信号。顾客对商品的每次认同，都可以使推销员正确地发出请求，快速地判断顾客的需求，随时捕捉成交信号，促成与顾客成交。

（3）营造和谐气氛。小点成交法是顺着顾客的购买过程一步一步进行的，不会造成很多的推销障碍，推销员在一路提出请求中也得到了顾客的认同，利于构造和谐的推销气氛，从而利于顾客接受推销员的推荐。

2. 缺点

（1）浪费时间。由于顾客大都比较注重主要问题的异议，而小点成交法却首先对非主要问题达成一致，一旦涉及主要问题，就难以快速攻克异议。如果在最后阶段失败，就会功亏一篑。例如："算了吧，价格不优惠，你说别的我都不再感兴趣了。"

（2）容易引起顾客误会。小点成交法的隐含条件是假定顾客会最终认同大点异议，利用顾客对小点的认同最终过渡到对大点的认同，但是实际情况中，大小点有很大差异性，小点是无关紧要、次要的异议，而大点是决定顾客购买商品的决定性因素，一旦最终在大点问题上不能达成一致，顾客会感觉被忽悠了，转而对推销员产生抱怨情绪，不利于成交。例如："你说你实质问题不解决，其他的小破问题忽悠我干吗？你不早说不能卖，这不是让我瞎耽误工夫吗？！"

3. 注意事项

（1）选准小点及时向大点转化。推销员要关注顾客购买心态的变化，选准可利用的小点，并有意地向大点方向转化。例如："嗯，这样式、材质、颜色都非常好，这么好的商品还真难找，那您还犹豫什么呢？其实和材质比起来，价格也算实惠的了。"推销员如果猜测顾客的大点是价格，就要事先打好预防针，提高顾客对价格的免疫力，促进与顾客成交。

（2）不忽视顾客的大点问题。任何人买商品都有购买的底线，如果触及底线，就很难实现成交，这就需要推销员尊重顾客，耐心听取顾客的大点问题，采取合适的策略化解异议。

4. 适用范围

该法适用于并不是特别尖锐的有效异议。

案例 7.10

一位顾客到某商场给孩子挑选学习机，看好某个型号后，却一直没有成交。

"先生，这款学习机的屏幕大小可以吗？"

"嗯，够用的。"

"这个学习的功能您满意吗？"

"行，我儿子才初中一年级，这些功能基本够他用的了。"

"那我们提供的资料下载服务，您还有什么意见吗？"

"嗯，我就觉得你们提供的免费下载服务很不错，我也看中了这点。"

"还有，您对我们提供的赠品喜欢吗？"

"嗯，送的《百科全书》，我儿子最喜欢看了，我原来还打算给他买一套呢，这下就不用买了。"

"您真是位好父亲，那我就帮您下单了，与我们的商品质量、售后服务相比，价格也是很实惠的，随后我帮您再多下载些学习资料，您儿子肯定非常喜欢的。"

"哦……好吧。"

【案例解读】

顾客的异议大致出在价格上，所以推销员刻意回避价格这个问题，从屏幕大小、功能特点、售后服务、附赠礼品的"小点"出发，陆续取得"突破"，那最后剩下的就是价格了，大面积"解决"了，小面积也就好"瓦解"了。

5. 实战例句

"张经理，如果商品式样、功能、材质都没问题，那我们就先确定下来吧。"

"王女士，您看型号对吧？颜色也是您喜欢的粉色，如果没什么意见，我就帮您开票了。"

（七）最后成交法

最后成交法又称机会成交法、无选择成交法、限制成交法、唯一条件成交法、只有站票成交法，是指推销员直接向顾客提示最后成交机会或唯一成交条件而促使顾客立即购买商品的一种成交方法。这一成交方法要求推销员合理运用购买机会原理，向顾客提示购买行为"机不可失，时不再来"，让顾客意识到购买商品的紧迫性，从而产生迅速购买的决定。现实生活中火车站旅客排队买票，当售票员告知应乘的列车只有站票的时候，旅客就没有时间再思考了，要么买站票要么放弃。这种方式一方面避免了旅客长时间在窗口逗留，另一方面节省了售票员很多时间。

机会千载难逢，因此机会本身也是一种宝贵的财富，能否抓住机会就如同能否抓住财富，失去购买机会就如同失去财富，所以最后成交法实质上限制了顾客某些选择的权利，向顾客施加了压力，使顾客在利益均衡下做出购买行为。

1. 优点

（1）节省时间。由于限制了顾客的某些选择权利，使顾客认识到时间的紧迫性，顾客往往会做出购买行为，避免了过多的周折。例如："先生，我们还有5分钟就闭店了，您要不买只能等明天了。""哦，行，那你给包起来吧，我就要这个了。"

（2）限制提出新异议。由于条件限制，顾客所能选择的机会已经不多，因此即使顾客再有异议，也只能自我消化，被迫妥协。例如："售货员，再帮我拿一件，这件看上去有点脏。""抱歉，先生，就剩这一件了，上午还有顾客嘱咐给他留着呢。您要是不要，恐怕就得等下一批了，这件商品是好的，没任何毛病。""那行吧，你帮我装起来吧，好用就行。"

2. 缺点

（1）易导致失败。并不是所有的顾客都把机会看作财富，有的顾客侧重点不同，因此推销员使用最后成交法时又造成新的推销障碍。例如："啊，没有坐票了啊，那算了，我改乘别的车吧。""什么？就剩一台了，那我不要了，我不喜欢买别人挑剩下的东西。"

（2）易失去顾客信任。过于频繁地使用最后成交法会造成顾客疑惑，顾客一旦发现推销员说谎，就会对其产生不信任，继而拒绝购买推销商品。例如："什么最后一天啊，今天不还在营业吗？我再也不去买了，就是个骗子。"

（3）增加顾客压力。限制了顾客的选择权利，使顾客在有限的条件下选择商品，容易引起顾客抱怨。例如："都是歪瓜裂枣，你让我怎么选？""时间太短了，我还没挑好东西呢，怎么买啊？"

3. 注意事项

（1）顾客的意愿。顾客愿不愿意购买商品是最重要的，如果顾客对商品一点兴趣都没有，最后期限将毫无意义。

（2）最后机会要真实。比如卖小工艺品的小贩说："我就剩5个了，这挂件卖得快极啦，你过一会儿就买不到了。"顾客高兴地买走5个，可等顾客离开后，小贩又从包里拿出5个来欺骗下一个顾客，这样的做法一旦被识破，就会落得无人问津的下场。

案例 7.11

一位女顾客在卖皮包的柜台前站了半天，手中摆弄着皮包，却迟迟没有做出购买决定。

营业员见此道："小姐，这个包很适合您的，和您的穿着也十分搭配，买下来吧。"

女顾客："看着还不错，就是感觉这个不是带扣的，显得不是很流行。"

营业员："这个是特意这样设计的，挎起来更显休闲感，您看现在都已经4点50分了，也快到我们打烊的时间了，您再不买，估计您今天就买不到了。"

女顾客看了下表，又看了下包："好吧，你开票吧，帮我把它包装好，我准备送人的，明天她就要出差了。"

【案例解读】

在顾客犹豫不决的时候，推销员适时地运用最后成交法，可以促使顾客立刻做出购买决定，否则案例中的女顾客继续犹豫，收银员理好账不收款了，推销员再想卖也卖不成了。

4. 适用范围

（1）长时间挑选商品却迟迟没有购买的顾客。

（2）对商品过度挑剔，并以此作为讲价条件的顾客。

5. 实战例句

"今天是优惠活动最后一天，明天恢复原价。"

"距离活动结束还有半小时，下订单的要抓紧了。"

（八）优惠成交法

优惠成交法又称为让利成交法，是指当顾客犹豫不决时，推销员通过提供优惠的交易条件来促成交易的一种方法。该方法巧妙利用了顾客在购买商品时求廉求利的心理，商家借此让利销售，从而促成顾客购买。现实中商家的"买一送一""买大件送小件"等都是此法的典型例子。优惠的成交条件包括价格优惠、商品数量优惠、赠品优惠、返现优惠等，如购物满300元返现金60元；买一件九折买两件八折；三人同行一人免单等。现实中的薄利多销实质上也是优惠法，还有目前比较流行的"团购"也是该法的另一种演绎。

1. 优点

（1）提高效率。该方法对顾客提供购买优惠，使顾客购买商品更有动力，对顾客是一种鼓励，买得越多，越实惠，因此可以大大提高成交效率。

（2）利于搭配销售。一般顾客只专注商品的主体，对多余附属品并不是很挑剔，因此商家可以借机将滞销商品或新上市的体验商品一并送出，这样做既可以清理库存，又便于推广新商品，顾客花同样的钱却买到更多的商品。

（3）利于招揽顾客。顾客大都有求荣求利的心理，遇到商家实行优惠，往往趋之若鹜，争相选购，商家可借此扩大商品交易量。淘宝的"双十一""双十二"销售额年年创新高靠的就是对此法的熟练应用。

2. 缺点

（1）便宜无好货。"羊毛出在羊身上"，很多顾客理性购货，对任何优惠活动都保持着高度警惕，对于厂家的优惠并不领情，甚至抵触。例如："天下没有免费的午餐，搞优惠，肯定是滞销的商品，价格定得太高，卖不动，当然要降价，我可不买。"

（2）降低商品毛利。让利于民必然损失原来商品正常的利润，无论附送赠品还是体验品，势必会增加企业成本，造成商品的毛利润下降，搞不好就变成了"赔钱赚吆喝"，得不偿失。

（3）顾客不信任。由于太多的商家使用这样的优惠字眼，顾客已经变得麻木，甚至有个别商家明降暗升，失去顾客的信任。

3. 注意事项

（1）注意让利的空间。

（2）优惠商品的质量不能有问题。

（3）优惠要有诚意，不要弄虚作假。如果明明没有优惠，硬说成优惠，就易遭到顾客的嗤之以鼻，如"卖鞋了，全场大优惠，买一送二"，结果买一双鞋送了两根鞋带，这种偷换概念的做法，很难收到理想的推销效果。

4. 适用范围

该法适用于除国家法律禁止或有失道德伦理外的其他商品和服务。

案例 7.12

"小姐，感觉这双鞋怎么样？我看挺好的，很适合您的身材，穿着很时髦的。"

"嗯，看上去还可以，不过感觉稍微有点大啊。"

"您平时不是穿 37 码的吗？这双就是 37 码的啊。要不我帮您拿双 36 码的试试？来，给您。"

"不行，这双有点挤脚。看来真不太合适。"

"那您还是要 37 码的吧，看您穿 37 码的感觉好点。"

"这个，我再……"

"小姐，这样吧，您就拿 37 码的吧，您要是嫌大，我可以送您副真皮鞋垫，穿着更养脚。这鞋垫我们店里还卖 10 元呢。"

"嗯，好吧，那我就拿 37 码的吧。谢谢啊！"

【案例解读】

优惠成交法，顾名思义，就是顾客希望在购买商品的时候得到一点"小优惠"，无论是在价格上还是在其他成交条件上，都愿意比其他顾客多得到一点利益，这往往是爱精打细算或比较精明的顾客的初衷。有的时候推销员为了顺利成交可以考虑用些赠品来吸引顾客做购买决定，也就是我们常说的"手套换兜子"，一双手套和一个兜子比起来太微不足道了，但是丢出去一点"小利"却捕捉到大的"猎物"，这对推销员来说当然是划算的。

5. 实战例句

"全场大优惠，买 500 减 80。"

"买一赠一，再打八八折。"

（九）保证成交法

保证成交法又称为许诺成交法，是指推销员通过向顾客提供各种成交保证来促使顾客快速成交的一种方法。顾客购买商品除了关心价格、性能、质量以外，更担心购买商品的安全，如是不是正品。如果不是正品，售后就无法得到保障。保证成交法即向顾客提供上述问题的成交保证，消除顾客的心理不安因素，降低顾客的购物风险，促使顾客果断购买。保证成交法对顾客最关心的问题给予保障性承诺，使顾客买得放心、用得安心，是顾客购买商品的"定心丸"。

1. 优点

（1）提高效率。对顾客担心的问题，推销员如果提供适当的保证，扫除困扰在顾客心头的疑虑，就会促使顾客果断做出购买行为。例如："行，既然你都这么保证了，我信你了，给我开票吧。"

（2）增强说服力。充足的书证、物证，使顾客更加信服推销员的话，从而使推销员可以快速地化解顾客异议。例如："师傅，您看到墙上挂的锦旗就应该知道我们的店是非常讲信誉的，怎么可能会有假货呢？""哦，还真是镇政府颁发的呢！行，我买了。"

（3）传递重要信息。保证成交法的目的就是化解顾客购买商品的最后一块"心病"，即推销员有意识地传递重要的推销信息，化解顾客心中最后的疑虑。例如："张先生，您放心，关于价格方面，我们是明码标价，全国各地都是统一价。您看，这是我们厂的报价单，这是我们以前签订的合同的复印件，不管订多少货，也不管是什么公司，都是7.8元每件，绝对没有谎价。"

2. 缺点

（1）顾客不信任。现实生活中造假的事情太多，顾客会处处保持警惕性，因此对推销员的保证并不能完全认同。例如："你保证，你保证有用吗？出了事情我找谁去？""你以为墙上的锦旗就能解决问题了？花50元，我还可以做成省政府的锦旗呢！谁知道你那是真的假的。"

（2）易失去信用。有的推销员为了完成销售业绩，频频对顾客提出的各种问题说有保证，其实都是谎言，一旦露馅，就会失去信用，导致顾客对商品产生严重质疑。例如："你说你保证都是信口雌黄，还叫什么保证啊？我还敢买你们的商品吗？"

3. 注意事项

（1）真实客观。不要提供一些虚假的保证，推销员要做到诚实、敬业，对于不能保证的事情要和顾客解释清楚，不要乱打包票。

（2）找出主要异议。如果保证不能完全解除顾客的主要异议，那么这个保证就起不了任何作用，因此推销员要善于捕捉顾客的主要异议，"对症下药"，方能去除顾客的"病根"。

4. 适用范围

（1）顾客存在购买疑虑。
（2）中间商对前景比较迷茫。
（3）顾客存在对运送、售后等问题的担心。
（4）其他可以有保证条件的有效异议。

案例 7.13

一名保险业务员向顾客推销某险种。

顾客："保险有什么用，还花那么多钱，我这么年轻，根本用不着。"

业务员："虽然每天只需区区几元钱，但买保险是保一份平安。人吃五谷杂粮，不可能一辈子不生病，越是健康的人越对身体越不重视，可是一旦发现往往是'绝症'。出行在外，风险就在我们周围，买保险就是买一份保障，相当于给家庭买了一把遮挡灾难的伞。"

顾客："别说得那么悬，要是保险什么都赔，我就买。"

业务员："大哥，这我还真没办法给您打包票，根据保险法规定，在非人为情况下，发生了重大疾病或意外伤害，才赔偿呢。"

顾客："保险不都赔啊，那啥叫非人为情况？"

业务员："比如说酒后驾驶，没有驾驶证的人开车，在这样的情况下发生事故，保险都不赔的。"

顾客："那要除了你说的非人为情况出了事故，保险赔吗？"

业务员："那您放心，只要在保险范围内，保险公司肯定赔。"

顾客："真的？"

业务员："保证没问题，我敢打包票。"

顾客："行，那我就买份吧。"

【案例解读】

保证成交法的关键是消除顾客的疑虑，但是保证的内容一定要符合企业的规定，很多人之所以不愿意再相信保险业务员，就是因为个别保险业务员卖保险的时候，无论顾客提出什么，他都信誓旦旦地打包票，等顾客签了单出了险后，公司只能按合同办事，没办法承担顾客的损失，而当时签单的业务员早就离职了。可见无论哪一行，诚信最重要，不履行承诺的人在推销行业中寸步难行。

5. 实战例句

"彩页商品买贵补五倍差价。"

"钻石卡用户终身免费健身。"

（十）试用成交法

试用成交法又称体验成交法，是指推销员为了让顾客加深对推销商品的了解、增强购买信心，让顾客试用或者体验商品（服务）的一种成交方法。试用成交法能给顾客留下非常深刻的直观印象，降低顾客的购买风险，因此利于成交。现实生活中很多超市的面包坊、熟食专柜、拌菜专柜、水果摊位都提供试吃品，免费让顾客品尝的目的就是试后购买。

1. 优点

（1）增强顾客信心。由于顾客已经试用过该推销商品，因此相对而言就比较了解商品，大体上可以判断该商品是否适合自己，从而增强购买信心。

（2）增强说服力。"要想知道梨子的滋味就得亲口尝一尝"，不同的人对商品的评判有一定的差异性，甲顾客喜好的商品，并不一定得到乙顾客的好评，试用成交法是顾客用自己的感受去证明推销员的建议，因此推销说服力更强，容易得到顾客的接受。

（3）提高效率。试用成交法以试用、试吃、试喝、试玩等体验的形式，让顾客在短时间内感觉商品的性能、质量等关键因素，顾客一旦体验成功，不用推销员过多介绍，即可实现购买，从而大大提高了推销效率。

（4）易招揽更多顾客。由于试吃、试用品都属于免费发放，对顾客具有一定的吸引力，因此容易招揽更多顾客，使推销信息传递得更广。

2. 缺点

（1）成交效率低。并不是所有的顾客都对试用成交法感兴趣，有的个性比较清高或有洁癖的顾客对试用品并不领情。由于众口难调，并不是所有顾客都认可推销员的建议，他们往往以不好为借口，逃避购买，导致成交效率低。

（2）加大成本。少数贪图便宜的顾客多次索要试用品、试吃品、试饮品，却不肯购买，这无形中增加了推销成本。

（3）忽视重点推销信息。很多顾客更关注试用品、试吃品、试饮品的感觉，而忽视聆听推销员的推销信息。

3. 注意事项

（1）办妥试用手续。试用推销商品要注意风险，供顾客留用的推销商品要办理相关手续，防止节外生枝。

（2）鼓励顾客试用。强调买不买没关系，不要给顾客造成过多的购买压力。有的顾客今天试用后没买，也许下次会买。

（3）了解顾客的试后感受。试用后，推销员要留意顾客的意见，为今后商品的改良、调整价格等提供依据。

4. 适用范围

试用成交法一般适用于不易磨损的商品，如按摩椅、治疗仪等；也可用于新商品的试用装；还可以用于现场生产制作的商品，如糕点、饮料等。

案例 7.14

现在很多健身房都提供顾客体验券，这种体验券一般在大超市、商场的门口会专门有人发放，一般会登记体验者的姓名、电话，并和体验者商定体验时间。当顾客体验时，只需在前台核对一下个人信息就可以不花钱在健身房健身了。这样有健身需求的顾客可以看到健身房的环境，对健身房的硬件、软件设施有大致了解，然后户籍顾问就会和顾客商谈入户健身的要求，顾客往往会同意入会。

【案例解读】

试吃也好，试用也好，最关键的是让顾客体验到该推销商品的好处，一个城市可能有多家健身房，顾客选择健身房大多属于被动的，让顾客无须花钱就可以"免费试用"健身房，这样的做法降低了顾客选择的风险。顾客体验好了，生意也就做成了。当然，这样的方法并不是对所有人都有效，比如有的顾客会嫌健身房太小或价钱太高或离家太远等，但重要的是招来了顾客，让顾客看到了你，推销员。要知道，只有顾客走近了商品，才有可能实现成交。

5. 实战例句

"3D望远镜好用又不贵，大哥您试一下，买不买没关系。"

"大妈来试试我们的5D按摩椅，以后不用再去花高额按摩费了。"

（十一）总结利益成交法

总结利益成交法是指推销员在推销洽谈中将顾客关注的推销商品的主要优点和利益，以积极的方式做以概括性总结，让顾客意识到推销商品的诸多优点和好处并最终促使顾客购买的一种成交方法。

总结利益成交法实质上是请求成交法和小点成交法的一种叠加和变通，它是由推销员主动向顾客提出成交请求。总结利益成交法是最流行的一种争取定单的方法。顾客认同商品的优点后，推销员将零散的优点一并汇总，复述给顾客，让顾客认识到商品有很多地方都很让他满意，就便于说服其购买。一般来说，总结利益成交法由以下三个基本步骤组成：首先记录顾客对商品的款式、材质、型号、品牌等认可之处；其次总结以上的利益（如款式好、材质好、型号适合、品牌知名度高等）；最后提出购买建议，快速成交。

1. 优点

（1）提高效率。推销员在罗列很多推销商品的优点后，得出的结论是顾客应该购买推销商品。在实际场景中，很多顾客也认为既然认可了商品的很多优点，购买商品也是理所当然的事情。

（2）巩固信息效用。一般推销员传递推销信息是按照顾客购买的流程进行的，先介绍，再强调，然后重点推荐。顾客在这种情况下接收的信息是零散的、凌乱的，他们并不能一一记住；而使用总结利益成交法，推销员在最后将上述信息再汇总、强调一遍，可加深顾客的印象，凸显商品的实用性，利于顾客理解和接受。

2. 缺点

（1）难解决顾客的主要异议。由于推销员强调的都是顾客认同的推销商品信息，若还有顾客未认同的信息存在，也会影响成交。例如："先生，您也觉得这款洗面奶可以有效去油、味道清香、适合您的肤质，那我就给您把它包起来吧？""别，再看看，我还是觉得这个牌子不太适合我。"

（2）浪费时间。由于总结优点未能包括顾客的主要异议，因此即使推销员总结利益后，话题还要回到顾客的主要异议上，这势必会延缓成交。例如："这个洗面奶的生产商是新厂家，通过了 ISO 7000 和 ISO 14000 质量体系验证，已经有越来越多的顾客开始使用这件商品了，我今天就卖出去 10 多个呢，使用后的人都说好。""我不太喜欢使用新牌子的商品，总怕出现不良后果，要不你还是把欧莱雅的洗面奶拿来让我看下吧。"推销又回到了起点。

3. 注意事项

（1）记录顾客核心利益。顾客购买商品关注的因素有很多，但是并不是同等重要，不同的顾客最在意的因素不同，如有的图利，有的图新，有的图美，推销员应根据顾客的核心利益有针对性、逻辑性、条理性地汇总罗列推销商品的优点，提醒顾客推销商品能给他带来的收益，激发顾客的购买兴趣，促使顾客迅速做出决策。

（2）抓准购买信号。总结利益的时机很重要，一定要在顾客表露明显的成交信号时提出，过早、过晚都不利于成交。过早提出有催促顾客购买之嫌，过晚提出会失去成交时机。如果顾客已失去购买兴趣，推销员的总结也就不起作用了。

（3）勿在利益中混杂异议。推销员要仔细聆听顾客的话，千万别把顾客的异议当成优点加以罗列，以免遭到顾客的拒绝。例如："师傅，您看，这商品的款式、功能、价格、材质您都没什么意见，那我们是不是……""谁说我认可功能了，我不是一开始就嫌弃它功能单一吗？你有没有认真听啊？"

（4）可搭配其他方法。总结利益后，为了顺利实现成交，推销员可以结合优惠、保证等成交方法促成交易。例如："行，那我再给您优惠十元，等于给您报销打车费了，买贵了给您退款。"

4. 适用范围

总结利益成交法适用范围很广，且对特点复杂商品的推销更适用。

案例 7.15

一位女顾客打算购买一台足疗机，推销员介绍该商品并让其体验后，顾客看着足疗机犹豫着。

"来，大姐，坐下歇会儿吧。"推销员拉了把椅子，"对，足疗机也算是大件商品了，谁都想买台好的、价格合适的，多比较比较是应该的。一般来说，选择足疗机呢，一看品牌，品牌好和质量几乎成正比，谁都不希望刚买回去没几天就坏，是吧？（顾客点了点头）我们这台机子是健尔玛的，就是经常在央视做广告的那个品牌，可以说是足疗机里的一线品牌了。二呢要看功能，用了得有成效，人得感觉舒服，是吧？（顾客又点了下头）三呢要看款式，这台足疗机的款式设计非常新颖，小巧、不占地方，摆在卧室或客厅一角也显得非常精致，和您的身份非常相称；它是按人体工程学设计的，按摩起来就好像足疗师给按摩一样，每天按摩一次，肯定让你感到特别轻松，尤其在睡觉之前按摩，还有利于睡眠。一台机子买回去，全家都受益，我说得没错吧？"（试探性成交）

"嗯，这些我基本上也没意见，可是价钱有点贵了，我昨天看了一款足足比你们这台便宜500元呢。"（顾客异议的真正原因）

"大姐，您这么看啊，我们这台足疗机保修三年，终身免费维修，咱就按您使用十年来算吧，每年才多花50元，每月才多花不到5元，但是免除了您的后顾之忧，对吧？再说，大品牌和小品牌在外观上可能没什么差别，但是零配件肯定是有区别的，而且买足疗机就是为了健康、舒适，咱要买就买个好的，是吧？买对商品了才是真正的省钱，您说是这个理儿吧？"

"对，也是，图便宜买个不好的还不如不买。行，我要了。"

【案例解读】

推销员用总结利益成交法可探明顾客的需求，及时了解阻碍顾客购买的真实原因，再辅以其他成交法，促成顾客顺利购买。

5. 实战例句

"这位小姐，您看这衣服是纯棉的，颜色也是您喜欢的蓝色，价格也合适，款式也新颖，如果没其他意见，我就给您开票了。"

二、推销成交的策略（成交策略）

成交策略是促成交易活动的基本战术，适用于各种商品或服务的推销活动，能否实现成交，取决于推销员是否熟练掌握并灵活运用成交策略。常用的成交策略主要有以下几种。

1. 树立正确的成交意识

成交是推销活动成功的标志。成交的障碍除了来自顾客、推销商品本身及外界干扰外，还来自推销员本人的情绪和心理障碍。推销员由于对商品知识的掌握程度、推销经验、个人性格等原因，会对顾客能否购买产生不确定、不自信甚至恐惧等心理反应，具体表现有：努力地介绍商品，不给顾客说话的机会；沉默不语，被动地等待顾客做出回应。这两种表现对促成交易无任何推动作用，也很难让顾客愿意购买。事实上，顾客的喜好因人而异，商品不一定能让每个顾客都感到合适，顾客拒绝也是很普遍的现象。推销员要保持积极的心态，树立正确的成交意识，耐心地引导顾客，即使最后顾客还是拒绝了，也不要表现出负面情绪，记住"买卖不成仁义在"，给顾客留下好印象非常重要。

2. 提防第三者"搅局"

推销过程当中，推销员最忌讳的是与顾客已基本确定交易了，突然有第三者加入使交易夭折。第三者对商品的怀疑、疑虑、偏见会改变或动摇顾客先前的选择，使顾客重新考虑，甚至会放弃购买。"两人同行，礼物为先"，聪明的推销员往往会用一些小礼品"封嘴"，即提示买了商品每人获送一个小礼物，第三者为了得到礼物，也不好再说"反话"。推销员应尽量在没有第三者干扰的情况下与顾客成交，防止第三者的"横加干涉"。例如："这太嘈杂了，咱们找个清静的地方谈吧，可以给您一个更优惠的价格！"

📖 案例 7.16

一天下午两个中年女性一起走入一家服装店。

营业员："欢迎光临，二位打算买服装吗？长款还是短款？"

顾客甲："我想看看你们的长款衣服。"

顾客乙："我不想买，主要陪她看看。"

营业员用手示意顾客甲："这边都是新到的长款服装，您随便看看。"（并示意另一位营业员上前招呼顾客乙）

（一会儿顾客甲从试衣间走出来，照着镜子）

营业员："嗯，这衣服跟您很搭配，显得您更年轻了。"

顾客甲头转向顾客乙："王姐，您看怎么样？我觉得还可以。"

顾客乙看了看："嗯，但是我觉得颜色淡了点，好像不耐脏。"

顾客甲："嗯，也是，我也觉得有点浅了，隔三差五的就得洗，是很麻烦的。"

营业员："怎么会呢？这个颜色非常适合您，您看您的脸衬托得更白皙了，身材也更有型了，而且这个是用了耐脏的工艺，不会像您所说的那么麻烦的。"

顾客乙头扭向柜台："凤云，你看看别的款式吧。"

（顾客甲又进了试衣间）

（另一位营业员在向顾客乙推荐衣服，借此分散乙的注意力，防止再搅局）

顾客甲又照了照试衣镜："王姐，这款如何？"

营业员自言自语："身材真是太好了，这衣服太配您了。"

顾客乙看了一眼："还成吧。"

营业员手里拿了两条小丝巾对她们说："这个是厂家的赠品，一般我们都是买一件衣服赠送一份的，今天正逢我们店销售达 1 000 件，就破例给你们一人一份了，这个在我们店卖 50 元呢。"

甲、乙两个顾客各自接过小丝巾把玩了下，顾客乙对顾客甲道："凤云，这件衣服你觉得怎么样？我看还行，比那件可好多了。"（边说边把小丝巾装进兜子里）

顾客甲："我也觉得不错，营业员开票吧，我要了。"

【案例解读】

如何提防第三者搅局，这是个关乎成交能否顺利实现的关键问题，第三者一般都是向着顾客说话的，他的观点一般都会让顾客深思，因此推销员要想让第三者帮自己说话，就要给他点"甜头"，让他帮着你说话。俗话说"拿人东西手软，吃人东西嘴短"。

3. 报价保守，留有余地

顾客提议成交条件难免有单纯询价之嫌，因此推销员要保留一定的成交余地。即不可把成交价和盘托出，否则当顾客再次提议购买的时候因条件没有变化，会造成心理失衡，从而放弃购买。

正确的做法是报出比较保守的成交底价，保有一定的回旋余地，这样在推销过程中推销员才能始终占据主动地位。如果顺利成交最好，如果顾客觉得需要考虑，推销员要适时地递上名片或留下联系方式，待顾客考虑清楚后，如有需要再行联系，届时根据实际情况，推销员还可以适当给予优惠，以达成交易。例如："您转一圈没合适的再回来，价格我们可以再商量，全商场我家价格是最实惠的。"

案例 7.17

"王科长，您看这是我们公司的报价单。"

"呦，价格好像没有什么优势哦。小张，虽说你们的样品不错，但价格好像有点高哦，我们再考虑、考虑吧。"

"嗯，当然，如果贵公司觉得价格高，我回去再请示下我们经理，这个是我的名片，等我有好消息的时候及时和您联系。"

几天后……

"王科长，我是推销员小张啊，上次那批货您考虑得怎么样了？我回去请示了我们经理，说为了表示合作的诚意，我们的价格还可以下浮3%，这可是从来没有的价格啊。"

"是吗？行，这个价格还算靠谱了，你下午把合同带过来吧。"

【案例解读】

如果一揽子把价格报"死"，推销员就会处于被动地位，顾客的一句"太贵""太没诚意"，就会让生意"砸锅"。

4. 因势利导，引导顾客主动成交

在推销过程当中，推销员应竭力宣传，强调推销商品给顾客带来的好处和利益，使顾客确信商品即为其最需要的，如果不能购买，则是他本人的巨大损失，以此引导顾客主动购买。一般而言，如果推销员的说服工作准确、到位，顾客对商品及交易条件感到满意，那么顾客就认为没有必要再讨价还价，大都会主动提出购买，从而顺利成交。因此，推销员应善于"借力""借势"尽可能地引导顾客主动购买商品，达到减少成交阻力的目的。

每个顾客都有自己的主见，愿意把"明智"的购买行为当成一种可以炫耀的"资本"，对此，推销员要采取适当的方法与技巧来引导顾客主动成交，使顾客觉得购买行为完全是个人的决定，并不是别人的推荐，这样顾客在成交的时候，心情也会十分轻松和愉快。这种策略尤其适用于有主见的或比较自负的人。例如："您太会买东西了，这个是纯进口绵羊皮，皮质又软又亮。""小妹，你可真识货。""这衣服穿在您身上，真是太漂亮了。"

5. 抓住每个成交机会

成交在一个瞬间就可以完成，因此整个推销活动就有可能随时结束，推销员要养成积极主动的推销习惯，抓住任何一个可能成交的机会。比如心肠软的顾客一开始已经断定不会购买商品，结果听到推销员几句恳求的话语，就不再拒绝，购买了商品；拒绝购买的顾客看到推销员沮丧的表情，会产生同情心，如果推销员眼泪吧嗒地说"先生，您能买一个吗？要不我工作就没了"，顾客可能就会出于同情买走商品。

案例 7.18

一名年轻的推销员多次拜访某公司的经理总是被不断地拒绝，可是还是一直坚持。

这一天，他又敲开了这个经理的门，经理说："你怎么回事？和你说过多少遍了，我不需要，整天来，你烦不烦？"

"经理，真不好意思打搅您，请您再给我5分钟可以吗？5分钟一过我就走。"推销员用恳切

的眼光看着经理。

经理动了恻隐之心，想了下，说："好吧，就5分钟，我真不想再看见你。"

……

经理："好了，5分钟过去了，我还是不想买，明天别再让我看见你。"

推销员深深地鞠了躬："谢谢，经理，耽误您时间了。"起身准备告辞，眼睛似乎很湿润。

经理看了他一眼，想说什么又没说，目送他离去。

推销员快走到门口了，突然哽咽地说："经理，您不买，还是说明我做得不够好，您愿意帮我指点一下吗？"一边说着，泪水快流出来了。

经理起身道："你看你的穿着，你这身穿着谁敢买你的商品……不过，你的商品还成。刚开始干推销能这样执着也是难得，现在工作不好找啊，看你的岁数跟我外甥差不多，行了，这台机器我要了。"

【案例解读】

"不管黑猫白猫，能抓到耗子就是好猫"，只要能促成交易，各种合理、合法的方法都可以尝试，即使是顾客出于同情购买了你的商品，那也是你的本事，不要放过任何一个成交机会。

任务验收

（1）常用的推销成交方法有哪些？

（2）如何分辨大点成交法和小点成交法？

（3）选择成交法是假定成交法的特例吗？为什么？

（4）顾客犹豫不决的时候，用哪种成交方法最能奏效？

（5）推销时，如何更有效避免"第三者"搅局？

～～～中阶任务～～～

任务情境

请任选三种成交方法进行角色演练，正确运用成交策略，使顾客满意而归。

任务目的

（1）加深对推销成交各种方法含义的理解。

（2）掌握各种推销成交的方法。

（3）学会娴熟地运用成交策略。

任务要求

（1）组建任务小组，每组5～6人为宜，选出组长。

（2）各组分角色分析情境，讨论表演流程，选择一人负责观察、指导。

（3）进行交叉打分，即选取一个小组表演后，其他小组各选派一名成员担任评委，负责点评。

（4）课代表要做好记录。

（1）情境表演的真实性、合理性：2分。

（2）小组成员团队合作默契：3分。

（3）角色表演到位：4分。

（4）道具准备充分：1分。

（5）满分：10分。

任务三　顾客关系的维护

~~~~~初阶任务~~~~~

任务情景剧

孙医生家的瓷砖安装一个月后。

"孙大哥，您好，我是卖瓷器的小刘啊，我打电话是想问一下，您对我们的瓷砖质量感到满意吗？铺设的效果还喜欢吧？一般瓷砖如果在一个月内没出现鼓包现象，就不会再有大的问题了。"

"嗯，挺好的，一点儿没鼓包，颜色也没褪色，真是信了你的话，没图便宜。我的隔壁就为了省钱买到了劣质瓷砖，没铺多久，就全掉漆了，还是你们的商品好啊。"

"那肯定的，我们这是一线大品牌，您放心好了。那好，孙医生您忙，我就不打搅了，要是有同事、亲戚装修买瓷砖，可以找我啊，到时候我可以冲您的面子给他们打个折扣，以后要是您再买什么东西，我肯定给您多点儿优惠。"

"嗯，好的。"

两个月后的一天，下午三点，孙医生正坐在办公室翻阅病人病历。

一阵悠扬的手机铃音后，孙医生一看，发现是小刘的电话："你好。"

"孙医生，您好，我是小刘啊。这次给您去电话是想告诉您一个好消息，我们厂家搞三十周年大庆，瓷砖全场8.5折，购买金额超过1万元还送一个电磁炉，怕您家人或朋友装修错过这个好机会。"

"真的啊，还别说，最近我妹妹要结婚，家里的房子也正准备装修呢，上次我把你的店址告诉她了，她说等忙过这两天就去看看。"

"那孙医生您再和她说一下吧，店庆活动就搞一天，别错过这么难得的机会，您也知道我们这品牌的质量，它真的很少做活动的，要知道买60平方米现在只要1万元不到，活动过后估计至少得1.7万元了，整整少花7 000元呢！"

……

活动当天，顾客络绎不绝，一个年轻女孩走进店内，问："哪个是刘先生？"

"您好，我姓刘，您是？"

"你好，小刘，我是孙大夫的妹妹，我们今天打算购买70平方米的瓷砖……"

任务描述

（1）小刘一个月后打回访电话的目的和意义是什么？

（2）你如何看待成交的后续服务工作？

任务学习

推销员与顾客顺利达成交易后，推销活动仍然没有完全结束。从现代推销学的角度看，成交只代表推销活动的成果，而推销活动还在继续。顾客购买商品后仍然需要推销员的服务，如顾客购买商品出现问题可能会投诉，即使商品在三包政策范围内，也需要推销员帮忙联系解决。推销员要处理好与顾客之间的"推销关系"，为下次交易打下坚实的基础。

一、成交后续跟踪

1. 成交的含义

成交有两层含义：一层是狭义的成交，所有权与物权的同步转移，即一手交钱一手交货，实现钱货两清；另一层是广义的成交，指签订及履行合同，简单说就只是商品的所有权转移，而物权（现金）是否结清未做具体要求。商场实战中双方签订合同后，钱款就有四种可能：第一货款两清；第二货到付款；第三双方约定，先付定金再分阶段付款；第四款到发货。

2. 成交后续跟踪的含义和意义

成交后续跟踪是指推销员在顾客购买后或签订成交合同后要继续与顾客交往，并完成与成交相关的一系列工作，以更好地实现推销目标的行为过程。推销的目标是实现买卖双方共赢，即顾客需求得到满足，获得购买的利益，推销员完成推销任务，获得相应的佣金。顾客利益与推销员利益是相辅相成的，顾客需要有更完善的售后服务，推销员需要回收尾款或招揽下次生意。因此成交后续跟踪有以下几方面的特殊意义。

（1）体现了现代推销观念。顾客不是专家，因此顾客在成交后仍然希望得到商品保养、维修等方面的服务，同时对购买后出现质量、价格等问题也希望得到合理的解释。顾客的上述需求就是通过推销员的成交后续跟踪完成的。

（2）利于获取重要的市场信息。通过成交后续跟踪，推销员可以获取顾客对商品的信息反馈，如商品性能、质量、使用效果评价等方面的信息，这些信息可以帮助企业及时了解自身商品的不足，并为新商品开发提供资料。例如："您好，这里是康佳××店售后服务中心，请问您家买的康佳电视效果怎么样，对我们商品的质量有什么意见吗？"

（3）利于提高企业形象。随着科学技术的进步，商品同质现象日趋严重，能否为顾客提供多方位、多层次的售后服务已经成为提升企业竞争力的一个重要方面。售后服务的水平高低，已成为顾客购买推销商品时考虑的一个重要因素。

（4）企业资金回笼的需要。对于分阶段付款或货到付款的交易，企业若尚未回收到全部资金，推销员应及时跟进，确保资金入账。

（5）利于后续销售。从关系营销而言，无论是广义的成交还是狭义的成交，都是为了实现今后更长远的利益，希望顾客后续购买或推荐其他人购买商品。

二、成交后续跟踪的内容

由于顾客的需要具有多样性，所以成交后续跟踪所包含的内容是非常丰富的，这里主要讲回收货款（尾款）、售后服务、与顾客建立融洽的关系三个方面。

1. 回收货款（尾款）

由于市场竞争激烈，一般大宗购物很难用现款结算，往往采用货到付款的方式，这种成交就面临着资金回笼的问题。能否收回货款决定着推销的成败，关系着经营者是否蒙受损失，讨要货款也就成为推销员的一项重要任务。

在现代推销活动中，赊销、铺货是企业应对竞争的常用手段，如何有效规避风险，及时、全额地收回货款是关系企业成败及推销员业绩好坏的大难题，因此，推销员在工作中应注意以下几点。

（1）审查资信，留意动态。在商品签订合同前，要对顾客的货币支付能力和信用记录做好资信审查，确认货物安全；合同订立后要时刻关注顾客的经营状况。

（2）找准关键接洽人。对于分阶段付款的顾客，推销员追讨尾款的时候，要和"老板"身边的人搞好关系。很多企业领导对待尾款能拖就拖，甚至推销员打来电话也谎称开会或不在办公室，这就需要推销员从外围做起，比如让前台接待"通风报信"、让财务人员向你透露重要信息等。

（3）灵活运用一些收款技巧。推销员掌握一定的收款技巧有利于货款的回收。例如：

①合同明确约定付款日期，不要过于笼统，如要写"2019 年 7 月 15 日"，而不是写"2019 年 7 月"。

②推销员按时赴约，避免对方创造借口。例如："哦，抱歉，你那天没来，钱我们只好先打给另一个客户了，过几天，再给你们打吧。"

③如果对方多次延迟付款，就以公司有规定为由暂停提供某些服务，以使对方早日付款。

④及时留意对方资金账户，一旦有钱立刻登门。

⑤换取顾客的理解和同情。

⑥催讨货款时带好相关票据。

⑦如果确实无法按约收款，可让对方分批次付款，并暗示延迟付款会影响信誉和合作。

案例 7.19

某企业将一批电子设备推销给某公司，合同总额 100 万元，双方约定分阶段付款。发货前公司支付企业 10% 定金；企业发货后，该公司再支付 85% 的货款；双方定下售后服务为期一年，另 5% 在售后服务期满后支付。目前该批电子设备售后服务已满一年，可该公司一直拒绝支付剩下的 5% 货款。

推销员小王多次去该公司讨要，但是每次不是看不到经理，就是经理推说账上没钱，等有钱了一定给他打电话。就这样，5 万元迟迟到不了企业的账户上。

推销员小王每次拜访公司负责人都要通过前台的接待。有一天，小王看见负责前台接待的小姑娘的鱼缸坏了个豁口，于是在下次拜访的时候就顺便给其带来个新鱼缸，小姑娘很高兴，双方很投机地聊了几句。聊了一会儿后小王就回去了，因为小姑娘告诉他老板出差了。

隔了几天，小王突然接到前台接待小姑娘的电话："快来，我们经理回来了，心情很高兴，昨天公司卖了一大批设备。"

小王连忙跑到经理办公室，经理看着他："怎么又来了，账上没钱。"

小王连忙赔笑："哦，刚拜访顾客去了，正好路过你们公司，想上您这里讨杯水喝。"

经理看小王微笑的样子也不好再说气话："算了，甭给我兜圈子了，你合同带来了吗？"

小王立刻将合同双手递过来，经理大笔一挥，尾款总算结清了。

【案例解读】

尾款难要，这是很多推销员一致认可的说法，顾客可能找各种理由拒绝支付，比如商品不好、服务有瑕疵、性能不全、比别人家的贵等，甚至直言"我买你那么多的东西，你就当给我点优惠好了"，因此推销员要想追讨尾款，一般要从外延打开缺口，争取有人向着你说话，或者有人愿意给你通风报信，否则尾款很难讨回。

2. 售后服务

售后服务是指买卖双方发生所有权与物权转移后，推销员能提供的如送货、安装、调试、保修、技术培训等各种服务。推销员提供给顾客良好的售后服务，不仅可以让顾客成为自己忠诚的客户，还可以借助顾客的口碑宣传给自己带来更多的顾客，扩大自己的顾客群，实现更大的推销业绩。售后服务的主要内容有：

（1）免费送货。对于购买大件商品或一次性购买数量较多、自行携带又不太方便以及有特殊困难的顾客，企业若能提供送货上门服务可大大方便顾客，刺激顾客购买。

（2）安装调试。对于一些在初次使用的时候需要安装或调试的家电商品，如空调、热水器、电视机等，可以承诺配以完善的安装调试服务，使顾客买着放心、用着舒心，从而使顾客购买欲望强烈，更坚信购买商品是明智的选择，也愿意将商品介绍给其他顾客。

（3）包装服务。顾客购买商品的用途因人而异，有的是自用，有的是送人，推销员应根据顾客的要求，提供普通包装、礼品包装、组合包装、整件包装等包装服务，既为顾客提供了方便，满足了顾客的需要，又达到了一定的广告宣传效果。

（4）提供高于国家标准的"三包"售后服务。企业应根据商品的特点和自身条件，制定适宜的"三包"售后服务，真正为顾客提供方便，降低顾客的购物风险。

（5）妥善解决售后工作。顾客购买商品后，可能对推销商品产生抱怨，觉得商品没有推销员介绍的那么完美，有上当受骗之感，甚至会出现要求退货、索赔等情况，对此推销员应予认真对待、妥善解决顾客的投诉，消除顾客的疑虑，维护供货企业及推销人员的信誉。

案例 7.20

一位老人在某商场买了一台 42 英寸的液晶彩电，花了 1 380 元，厂家说好为顾客免费安装，可是安装工人在安装调试好电视机后，竟向顾客索要底座费 200 元，顾客感到受到了欺骗，于是就打电话到某电视台市民热线节目组。

节目组接到电话后，就带着老人一起到该商场专柜询问原因，推销员解释当时和老人说了电视机是不附带底座的，底座要另外付钱，可老人对此矢口否认，记者也发现商场确实有标注，可是"底座200元"的字体非常小，顾客不仔细看很难发现，尤其对于60多岁的老年人更是吃力。商场经理出面调解后，最后同意免费给老人送底座，老人对此表示满意。

【案例解读】

老人对多出来的安装费肯定不满意，有种上当受骗之感，推销员当初介绍商品的时候也许说了底座要另外付费，但是毕竟面对的是老年人，应该着重强调，同时商家为了促销特意将"1 380 元"写得很大，而关于底座的字却很小，误导顾客以为整台电视只需1 380 元，好在商场经理迅速化解顾客投诉，让顾客对商场保留了好感，也为商场挽回了信誉。

3. 与顾客建立融洽的关系

1）顾客关系的含义

所谓顾客关系是指推销员为了不断获取新的订单或更大的销量，主动与现有顾客建立起的和谐联系。这种联系可以是单纯的买卖关系，也可能是通信联络关系，也可能是为顾客提供一种特殊的接触新商品的机会，还可能是为实现双方共赢而形成某种基于买卖合同或联盟的关系。顾客关系不仅仅可以为二次销售提供便利，节约推销成本，也可以为推销员深入理解顾客的需求和双方交流信息提供机会。

顾客愿意购买商品，推销员应致以简短的感谢，毕竟顾客认可了你的推荐，切不可面无表情，因为顾客可随时中断购物。成交后，推销员应积极主动地通过各种形式与顾客建立融洽的关系。

2）顾客关系维护的意义

（1）及时了解顾客对推销商品的评价。顾客购买后有什么感受，商品质量如何，顾客是否会有新的需求，这些信息都可以通过联系顾客后获得，为企业开发新商品，在市场竞争中取胜提供参考依据。

（2）让顾客做推销员的"粉丝"。推销员的服务好不好顾客最清楚，推销员与顾客建立融洽的关系可以让顾客有"被关怀感"，体会到"上帝"的感觉，从而更愿意长期购买你的商品。

案例 7.21

35 个越洋电话

一份颇有影响的杂志报道，一位到某国短暂工作的美国女记者，在当地一家颇有名气的商场买了一台电唱机。在购物的过程中，训练有素的售货员始终谦恭有礼、笑脸盈盈地提供服务，着实让女记者感动，可回家后打开电唱机时，她发现这台电唱机竟然没有机芯。温文尔雅的女记者顿时怒气上升，联想起买东西时售货员那张"虚情假意"的笑脸，马上写了一篇《笑脸背后的真面目》，并传真到远在美国的报社。没想到，第二天清晨，那家商场的经理带人送来新的电唱机、唱片和一盒蛋糕。原来，商场在当日下午清点货物时发现，一台只做样品没有机芯的电唱机竟被卖了出去。于是，大家倾尽全力寻找这位美国女记者及其报社的电话号码，先后打了35个越洋电话，才找到她供职的报社，最后找到她现在的住址。经理亲自登门换机、道歉，女记者大受感动，连夜又写出《35个越洋电话》一稿发至报社，希望替换掉前稿。报社总编却将两篇稿件一同发表，还配发了编者按，国外的一些媒体纷纷转载。

（资料来源：http：//www.cnki.com.cn/Article/CJFDTOTAL-ZGBX 200503002.htm，2019-09-15，有修改）

【案例解读】

或许打35个越洋电话比买一台电唱机花钱还多，但是它的意义却非同小可，为之感动的不只是一个顾客，而是一大批顾客，相信任何看到这则故事的人都愿意到这个店里去买商品，因为他们心里装着顾客，将心比心，顾客心里也会记着企业。

（3）壮大顾客队伍。当顾客认同你的商品、认同你的服务时，就愿意把你的商品介绍给周边的人，同时你也可以主动让顾客帮你推荐最有可能购买的人，这样你的顾客就会越来越多。

（4）人脉就是钱脉。"笑迎八方客，生意必兴隆"，多个朋友多条路，多个顾客不愁吃。

（5）实现后续销售。推销员永远不希望顾客只做其一次顾客，而是希望顾客能继续光顾自己的生意，希望各个都成为回头客。推销员通过顾客关系维护可以不断地向对方提供新商品信息、新的促销方案，有助于后续销售。

3）维护顾客关系的方式

（1）通过信函、电话、走访、面谈、电子邮件、手机短信等形式与顾客取得联系。

（2）以提供更好的服务为由，通过售后服务、上门维修等方式索要顾客电话。

（3）在本公司的一些重大纪念日或举行各种优惠活动时，邀请顾客参加，寄送资料或优惠券等。

（4）在国家法定假日或者传统的节日到来之前，向顾客致以节日的问候。

（5）在顾客的生日或者结婚纪念日发出祝福，让顾客感到温暖。

案例 7.22

某公司的王明刚喜得贵子，通过泰康人寿公司的业务员小李为儿子购买了一份"智慧宝贝"保险，由于小李专业知识很强，推销礼仪也规范，双方很投缘，给彼此的印象都很好。

小李不像某些业务员那样，在顾客购买保险后就不再登门、不再联络，他仍然借着拜访其他顾客的机会，顺路去王明那里寒暄，问问孩子胖没胖，母乳够不够喝，把从自己老婆那里问来的经验告诉给王明。不管这些经验有用没用，反正王明一直觉得在这样的业务员手中买保险一百个放心。

这天小李又顺便到王明那里探访，正好赶上王明在包红包，原来大学同学生了个7斤重的女儿，今天摆满月席，小李也替他同学感到高兴，于是顺着话说："王明，您对我的服务满意吗？"

"当然满意了，有您这样的业务员，保户肯定放心！"王明微笑着说。

"那您愿意把您同学介绍给我吗？我相信您也愿意把保险的好处和她分享。"

王明："没问题，说不定她也要给女儿买保险呢，有您这么专业的保险人士给她介绍，她肯定高兴，那您记下她的号码137……马苹。"

……就这样小李又成交了一份保险。

【案例解读】

顾客介绍顾客，这样的顾客互相之间比较了解，对推销员也比较信服，因此购买也比较容易，但前提是要让购买商品的顾客认同你，这也就是为什么成交后要和顾客保持融洽的关系。

任务验收

（1）如何理解维护顾客关系的重要性？

（2）成交后续跟踪的意义是什么？

中阶任务

任务情境

张海是一家工业用阀门、法兰、密封圈及密封剂的销售经理，他正在反问某公司采购经理雷海龙，希望他能使用沱牌的密封制品来防渗透。双方讨论完商品的特色、优点、利益，也说明了公司的营销计划和业务开展计划，张海感觉到快大功告成了。以下是他们二人的推销对话。

张："让我来总结一下我们之前谈到的。您说过您喜欢由于快速修理而节省的钱，您也喜欢由于我们快速的反应而节省时间，最后一点，我们的服务实行3年质保，是这样的吧？"

雷："是的，大概是这样吧。"

张："雷经理，我提议带一伙人来这里修理这些阀门渗透，您看是让我公司的技术员星期一来呢，还是别的什么时候？"

雷："不用这么快吧！你们的密封商品到底可不可靠？"

张："雷经理，我们的商品非常可靠。去年，我们为很多大公司做了同样的服务，至今为止我们都未因担保而返回修理，您听起来觉得可靠吗？"

雷："我想还行吧。"

张："我知道您经验丰富、富有专业性，而且您也认同这是一个对你们公司有益的服务，让我安排一些人来，您看是下星期还是两周内？"

雷："张经理，我还是拿不定主意。"

张："一定有什么原因让您至今犹豫不决，您不介意我问吧？"

雷："我不能肯定这是否是一个正确的决策，风险太大，一旦出现问题，我吃不消。"

张："就是这件事让您拿不定主意吗？"

雷："是的。"

张："只有您自己对自身的决策充满自信，您才可能接受我们的服务，对吧？"

雷："可能是吧。"

张："雷经理，让我告诉您我们已经达成共识的地方。由于能够节省成本，您喜欢我们的在线修理服务；由于能得到及时的渗透维修，您喜欢我们快捷的服务回应；而且您也喜欢我们训练有素的服务人员及对服务所做的担保，是这些吧？"

雷："没错。"

张："那什么时候着手这项工作呢？"

雷："张经理，计划看起来很不错，但我这个月没有钱，或许下个月我们才能做这项工作。"

张："这点不成问题，雷经理。我尊重您在时间上的选择，下个月5号我再来您这里，确定维修工人动身的时间。"

任务目的

(1) 加深对顾客成交含义及购买信号的理解。
(2) 掌握推销成交的策略。
(3) 灵活运用推销成交的方法。
(4) 完善此案例，体会成交后续跟踪工作的意义。

任务要求

(1) 组建任务小组，每组5~6人为宜，选出组长。
(2) 各组分角色分析情境，讨论表演流程，选择一人负责观察、指导。
(3) 进行交叉打分，即选取一个小组表演后，其他小组各选派一名成员担任评委，负责点评。
(4) 课代表要做好记录。

任务考核

(1) 情境表演的真实性、合理性：2分。
(2) 小组成员团队合作默契：3分。

（3）角色表演到位：4分。

（4）道具准备充分：1分。

（5）满分：10分。

知识点概要

※重要概念※

推销成交　成交信号　请求成交法　假定成交法　选择成交法
从众成交法　大点成交法　小点成交法　最后成交法　优惠成交法
保证成交法　试用成交法　总结利益成交法　后续跟踪　售后服务
顾客关系

※重要理论※

（1）推销成交的意义。

（2）各种推销方法的优缺点及适用范围。

（3）后续跟踪的意义。

（4）推销成交的策略。

※重要技能※

（1）使用各种推销方法促成交易。

（2）利用成交策略防止第三者搅局。

```
                              ┌──────────────────┐
                 ┌──成交信号的捕捉──┤ 推销成交的含义    │
                 │            ├──────────────────┤
                 │            │ 成交信号的种类    │
  ┌───┐          │            └──────────────────┘
  │推 │          │            ┌──────────────────┐
  │销 ├──────────┼──推销成交的方法与策略┤ 推销成交的方法    │
  │成 │          │            ├──────────────────┤
  │交 │          │            │ 推销成交的策略（成交策略） │
  └───┘          │            └──────────────────┘
                 │            ┌──────────────────┐
                 └──顾客关系的维护──┤ 成交后续跟踪      │
                              ├──────────────────┤
                              │ 成交后续跟踪的内容 │
                              └──────────────────┘
```

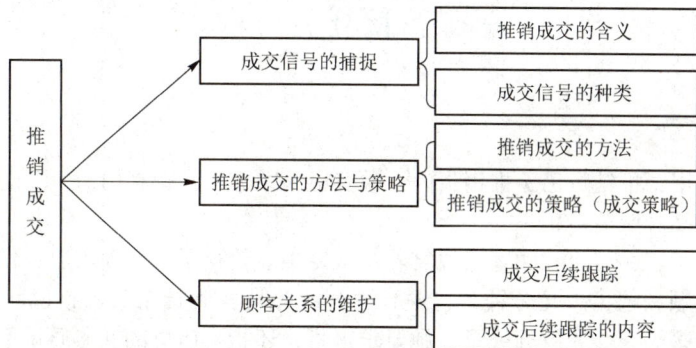

项目七知识结构图

客观题自测

一、单选题

1. 推销员利用局部或次要问题的成交来促成整体成交的一种方法是（　　）。

　A. 大点成交法　　　　B. 小点成交法　　　　C. 保证成交法　　　　D. 试用成交法

2. "大哥，买西瓜不？我这瓜很甜，不信您问这个大姐，她刚买了一个。"这是属于推销成交方法中的哪种？（　　）。

　A. 请求成交法　　　　B. 假定成交法　　　　C. 选择成交法　　　　D. 从众成交法

3. 下列不属于最后成交法缺点的是（　　）。

　A. 浪费推销时间　　　　　　　　　　　B. 容易导致推销失败

　C. 容易失去顾客信任　　　　　　　　　D. 增加顾客的购买压力

4. "孙通，偷偷告诉你个好消息，我们单位今天处理一批计算机，比原价降低1 000多元呢，你赶紧订购吧，我只给你留了 10 台，抢购的人实在太多了。"这属于下面哪种方法？（   ）。

    A. 假定成交法   B. 选择成交法   C. 从众成交法   D. 请求成交法

5. 适用面广，对复杂商品更适用的方法是（   ）。

    A. 请求成交法   B. 大点成交法   C. 总结利益成交法   D. 试用成交法

二、多选题

1. 成交信号的种类有（   ）。

    A. 表情信号   B. 语言信号   C. 行为信号   D. 自然行为

2. 常用的推销成交方法有（   ）。

    A. 直接请求成交法   B. 假定成交法   C. 选择成交法   D. 从众成交法

3. 顾客常见的成交信号有（   ）。

    A. 提出问题   B. 征求别人意见   C. 拿起订货单   D. 仔细检查商品

4. 成交的策略有（   ）。

    A. 保持积极的心态，培养正确的成交意识

    B. 提防第三者"搅局"

    C. 因势利导，诱导顾客主动成交

    D. 不放过任何一个成交机会

5. 推销员应该具备哪些素质？（   ）。

    A. 漠不关心   B. 软心肠   C. 树立形象   D. 协调人际关系

～～～～高阶任务～～～～

任务情境

    人物：推销员甲，推销员乙，推销员丙，顾客甲，顾客乙，顾客丙。

    地点：某儿童品牌服装专柜。

    剧情：快过年了，顾客甲和顾客乙说笑着走入专柜要给孩子买套新衣服，推销员甲尝试着用成交方法促使二人顺利购买。几分钟后，顾客丙气哼哼地找到推销员乙，说昨天推荐给她的衣服，儿子刚穿上没多大一会儿就开线了，她要求退货，还指责店里的衣服质量不好。

任务目的

    （1）准确识别各种成交信号。

    （2）熟练使用各种推销成交方法。

    （3）深刻理解客户关系维护的重要性。

任务要求

    （1）分别组建一支销售团队，每组 5～6 人为宜，选出组长。

    （2）每组集体讨论台词的撰写和加工过程，各安排一人做好拍摄工作。

    （3）每组各选出 3 名成员作为顾客或推销员的角色表演者，通过角色表演 PK 的形式来确定各组的输赢。

    （4）其他销售团队各派出一名代表担任评委，并负责点评。

    （5）教师做好验收点评，并提出待提高的地方。

    （6）课代表做好点评记录并登记各组成员的成绩。

任务验收标准

高阶任务验收标准

项目		验收标准	分值/分	验收成绩/分	权重/%
验收指标	理论知识	基本概念清晰	15		40
		基本理论理解准确	25		
		了解推销前沿知识	20		
		基本理论系统、全面	40		
	推销技能	分析条理性	15		40
		剧本设计可操作性	25		
		台词熟练	10		
		表情自然，充满自信	10		
		推销节奏把握程度	40		
	职业道德	团队分工与合作能力	30		20
		团队纪律	15		
		自我学习与管理能力	25		
		团队管理与创新能力	30		
最终成绩					
备注					

实战篇

项目八

推销实战

知识目标

1. 熟悉门店推销的流程及推销策略
2. 知晓电话礼仪的内容并掌握电话推销的技巧
3. 熟悉互联网推销的特点并掌握其策略

能力目标

1. 提高门店推销应变能力
2. 提高电话推销沟通能力、执行能力
3. 提高互联网推销的应变能力

任务构成

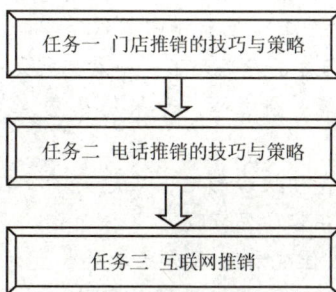

任务一　门店推销的技巧与策略

↓

任务二　电话推销的技巧与策略

↓

任务三　互联网推销

任务一 门店推销的技巧与策略

~~~~~~初阶任务~~~~~~

任务情景剧

时间：周四的上午十点。

地点：某家电商场。

人物：推销员小张，推销员李姐，顾客甲。

小张："欢迎光临海尔电视专柜，请问您有什么需要吗？"

（顾客甲看了一眼小张，没有吱声，下意识地又扫视了柜台摆放的液晶电视机，还用手轻轻触摸了下显示屏）

小张："这款是 4K 屏的，画质非常清晰、逼真……"

（顾客甲听了小张说话好像刻意躲避小张一样转身朝旁边的一台电视机走去）

小张连忙又上前介绍道："这款机器也不错，内核是 4 GB 大内存，64 位的……"

（可顾客好像故意跟小张作对似的，又去看另一台电视机了，对此小张非常沮丧，搞不清顾客到底要不要买电视机，索性就由着顾客随便看去了）

李姐：（看到了这一幕）"小张，店里说了这批 32 英寸和 42 英寸的液晶彩电明天后就恢复原价，你去系统查一下，看我们还有多少库存。"

小张："嗯，好的，我这就去查……32 英寸的还有 9 台，50 英寸的还有 8 台。"

（这个时候顾客顺着小张的声音又回过神来看这台彩电，似乎在想什么）

李姐："先生，您好，看您看了好半天了，一看您就是一个非常仔细的人。对，买商品就应该多走走看看，这样才能买得放心。如果您愿意，我就帮您参谋一下，不过买不买还是您说了算。"

顾客甲："嗯，我打算给客厅换台彩电，又想要不要在卧室也放一台，这不天冷了吗，窝在被窝里看电视肯定比在客厅里舒服。"

李姐："一般选电视呢，最佳观看距离是显示屏长度的 4～5 倍最好，对眼睛伤害程度最小。如果短于这个距离，眼睛看电视时间长了就会发涩；如果长于这个距离，屏幕就显得相对较小，眼睛看着特别累；同时也要看电视屏幕分辨率是 480 级、720 级、1 080 级还是 4K，像这台 32 英寸的电视，它是 1 080 级的，那么最佳观看距离是 1.25 米，而那台电视是 4K 级的，最佳观看距离是 0.63 米。请问您家的客厅和卧室长度分别是多少啊？"

顾客甲："客厅电视墙距离沙发大约 3.2 米吧，卧室的距离也就是 2 米不到。"

李姐："那照这个公式去换算，（说着拿出公式换算表指给顾客看）720 级的电视机，客厅放 55 英寸的，卧室放 32 英寸就足够了。卧室要放 1 080 级的，就得放 50 英寸的，贵还不说，也显得太大了。至于 4K 级，说实话，还没能完全达到那个标准，价格比 720 级的贵了 1/3 呢。"

> 顾客甲："你刚才说这批 32 英寸和 50 英寸的电视机要涨价？"
>
> 李姐："是的，店里说厂家搞活动的时间已经快截止了，您今天要是买的话还真赶上了，而且刷工行信用卡满 5 000 元的话还可以得到工行赠送的 100 元优惠券，全场买什么东西都可以用。"
>
> 顾客甲："是吗？那太好了，我还是工行的金卡会员呢，那你给我开票吧，这两台我都要了。"

任务描述

（1）门店推销的流程是什么？

（2）顾客甲为何没有理会小张？

（3）你认为小张在接待顾客上存在什么问题？

（4）李姐为何当顾客的面说彩电要调价了？

（5）顾客甲购买目的是否明确？你从哪里看出来的？

任务学习

门店推销是指顾客主动进店接近商品，推销员（导购员或营业员）用积极的心态向顾客主动介绍、推荐商品，并引导顾客购买的推销活动过程。与其他推销活动相比，门店推销是推销员"坐等"顾客上门，只有做好热情服务，才有可能让顾客满意而归的推销行为。

一、门店推销的特点

门店推销是顾客主动到店家"串门"，所以推销员要热情地加以款待，把最好或对方最喜欢的商品呈现给他看，让他带走商品，满意离开。一般来说，门店推销有以下特点。

1. 主动性接近

在门店推销中，顾客要么是看到门店的招牌、促销广告而来，要么是听人介绍，慕名而来，所以相对来说他们是愿意主动接近推销员的。

2. 有购买意识

有资料统计，主动进店的顾客中 90% 以上有一定的购买倾向。有的顾客已对欲购商品有了明确的认知；有的顾客已有购买某类商品的打算，只是对具体型号不太了解；有的顾客出于对促销广告的进一步了解；有的顾客因打折等信息来"捡漏"。

3. 购买具有不确定性

虽然顾客对商品的需求很明确，但是顾客也非常理性，在了解商品特征的同时也会考虑商品的优惠活动信息，做到货比三家，同时对企业或推销员的服务态度保持观望状态，买还是不买具有不确定性。

4. 购买冲动性

一部分顾客没有太明确的购买目标，但是容易受"打折""促销""大清仓"等信息诱惑，看到其他顾客抢购某种商品，即使原来并无购物打算也愿意积极抢购。

二、门店推销的种类

1. 柜台售货

所谓柜台售货，是指推销员将要出售的商品放置在玻璃柜台或身后的货架上，顾客查看商品的时候需要推销员帮助的售卖方式。

（1）特点。顾客与推销员有柜台相隔；顾客想细看商品就需借助推销员的帮助，无法自取；商品单位价值较高。

（2）优点。商品有专人看管，可最大程度保护商品的安全，避免货物丢失或损坏现象的发生。

（3）商战实例。黄金饰品专柜、手机专柜、化妆品专柜等。

（4）推销策略。柜台售货需要推销员面带微笑，为顾客提供热情、周到、细致的服务，积极主动招揽顾客，准确识别顾客的购买信号，做到迅速成交。

2. 超市售货

超市售货，是指顾客自由进入超市，随心所欲地查看、挑选摆放在货架上的商品，根据自己的需求和意愿而购买的一种售卖方式。

（1）特点。顾客可以随意触碰自己喜欢的商品；推销员与顾客可以近距离接触；商品单位价值较低；商品有防盗消磁码。

（2）优点。商品种类比较齐全，顾客购买的自主空间较大。

（3）商战实例。沃尔玛超市、大润发超市、世纪联华超市等。

与柜台售货相比，推销员可自由走近顾客身边进行大力促销，但是不应采用跟踪式服务，只有当顾客有疑问或主动寻求帮助时，推销员方可上前，耐心解答再顺便推荐。例如："你说的这个雪糕的价格在这里标价是 3 元，非常好吃，购买的人很多。"在超市售货中，顾客最反感的是围攻堵截式推销，有时好几个推销员围在顾客周围拼命地推荐自己的商品，吵得顾客耳朵嗡嗡的，早就失去了购物的乐趣。

（4）推销策略。推销员适度推销，有需即来，即问即答，避免跟踪式服务。

3. 展会售货

展会售货，是指通过参加展销会等形式，将商品集中售卖的一种售卖方式。

（1）特点。展销会的主办方一般都会提前做大量的广告铺垫，会吸引大量的人气，销量会很大。

（2）优点。顾客络绎不绝，场面比较热闹，主题商品种类繁多。

（3）商战实例。食品博览会、糖酒世博会、新春年货会等。

（4）推销策略。推销员经过选拔或培训，熟悉商品知识，耐心细致地解答顾客疑问，充分打好优惠牌进行促销。

4. 拍卖售货

序号11

拍卖售货一般效仿古董拍卖的形式，在各大型商城、超市门前人员相对聚集的地方，将若干件商品聚集在一起，选择其中一件，进行集合竞价拍卖，出价最高者买走商品。

（1）特点。拍卖品起拍价低至一元起拍，成交价一般都低于商场零售价，拍卖售货利用顾客图实惠的心理以烘托人气，为商场、超市节假日促销做"引流"。

（2）优点。顾客可随意参与，有时候会以相对较低的价格买到商品。

（3）商战实例。商场促销做势，如丽水中都百货广场拍卖促销、丽水小转盘家电商场十一的拍卖促销。

（4）推销策略。推销员要能带动现场气氛，吸引很多的顾客光临商城，运用喊价技巧，使顾客愿意参与叫价，摊销商品的成本。

三、门店推销的流程

1. 笑脸相迎

门店推销看似简单，其实并非易事，导购员、推销员要对进入店内的每位顾客露出真诚的笑脸，做到来有呼声"欢迎光临"。

2. 辨识购买信号

进入门店的顾客购买需求千差万别，因此推销员要掌握察言观色的技能，及时找出真正的购买者，而对于暂时没有购买目的或购买目标不明确的顾客也要热诚相待，任其随意浏览、触碰商品，待顾客神情比较专注或长时间停留在某种商品面前时，也要积极地做好宣传、推荐。有明确购买目标的顾客一旦发出购买信号，推销员就要果断地促其下单。

3. 热情服务

"来的都是客"，推销员要热情地为顾客提供服务，做到百问不厌，用一两句话委婉探明顾客的需求，视顾客如亲人，让顾客如沐春风。

4. 激发购买欲望

当推销员查明顾客的需求后，为避免顾客"挑花眼"，可以利用二择一法则有针对性地推荐价格、档次不同或款式、功能不同的两件商品，让顾客通过操作、触摸商品进一步验证商品符合其需求，从而产生购买欲望。

5. 引导促成交易

用积极的话语、鼓励的眼神，充分使用成交法引导顾客完成交易，让顾客觉得物有所值、此商品不买肯定后悔；恰当催单，如"那我去库房给您拿双新的"，"那我就给您开票了，现在刚好收银处排队的人不多，再过一会儿交款的人就非常多了"。

6. 双手递物送客

推销员收取钱款或售货单并确认无误后，将核对好的商品进行包装，双手递给顾客，并温馨提示顾客做好检查、重点查看商品的货号、尺码、样式，有无破损、油污、跳线等问题；待顾客无异议后，顾客离去的时候应随一声"感谢惠顾，欢迎下次光临"。

四、门店推销的技巧

门店顾客按照购买目标清晰与否可分为三种类型：购买目标明确的顾客、购买目标模糊的顾客、没有购买目标的顾客。推销员想要提高推销效率就要能够准确判断和接待不同类型的顾客，针对不同顾客使用不同的推销技巧。

1. 购买目标明确的顾客

（1）特点。顾客已经确定要买什么样的商品，已充分做过商品比价工作。

（2）表现。直奔商品销售区域，直接问询选定的商品。

（3）实战策略。推销员不要再过度热情地推荐其他类似商品，在顾客提出需要帮助后，应及时传递商品，并强调商品的优点，增强顾客购买的信心；要不断说出鼓励、肯定的话语并"顺带"推荐相关配套商品。

（4）实战例句。

"嗯，您太会买东西了。""您选的商品是我们这里最畅销的商品，卖得可火了。"

2. 购买目标模糊的顾客

（1）特点。顾客有购买动机，脑海中只有商品的轮廓，存在着对品牌模糊、款式犹豫、价格迟疑等问题。他们进门店的目的在于寻找是否有更合适的商品。

（2）表现。顾客进店直奔商品销售区域，反复对类似商品进行比较，但比较犹豫。

（3）实战策略。推销员不要过早打扰，要在顾客做出分析后再帮其"参谋"，淘汰不合适的，留下最恰当的，适时提出成交请求。

（4）实战例句。

"先生，要我看，这件淡蓝色衣服更适合您。您穿上它显得年轻多了。""这台电饭煲是最新款的，买的人很多，做饭特别香，您看看。"

3. 没有购买目标的顾客

（1）特点。顾客单纯地在打发时间，解决空虚烦闷的心情，期望"捡漏"，易冲动性购买。

（2）表现。目光比较懒散，视线比较疏离，面无表情，步履缓慢，走走停停，东看看西瞅瞅，这摸摸那碰碰。

（3）实战策略。推销员不必主动上前单独推荐，而是应面向大众高声吆喝，借以吸引他们注意，人越多喊得声音越大，频率越高。

（4）实战例句。

"现在商城搞促销活动，全场打 7 折，明天就恢复原价了，快来买啊。""熟食清空，打折了，打折了。"

案例 8.1

一位上了年纪的老人和一对年轻男女一起走进了家具商城，转了一圈后看中了一套组合沙发。售货员看他们衣着比较简朴，就断定他们不像要买高档家具的人，于是态度比较冷淡地问："你们要买这套沙发吗？"

"哦，我们随便看看。"

"你小心点，那套沙发很贵的，要 3 万元呢，你没看上面写的字吗？'贵重商品，非买勿碰'。"嘴里小声地嘟囔道："一看就是穷鬼。"

年轻男士刚想大声说什么，脸色涨红的老人制止了他，并且很鄙夷地看了一眼售货员，说："走，那家也有这样的沙发。"

售货员恨不得像赶苍蝇一样，注视着他们离开自己的摊位。可接下来的事情，让他后悔不已，原来这三个人来到对面的家具摊位，一下子购买了价值五万元的商品。

【案例解读】

进入门店都是客，你没办法区分出哪个是真正的买货人，即使他只是随便看看，没打算购买商品，但是推销员的耐心服务，也许就会触及他的购物神经，实现购买。以貌取人是推销员的大忌，有的人虽然没揣现金，但是也许揣着很多信用卡呢！有的人穿着虽然简朴，没准购买商品却是"大手笔"。

五、门店推销的策略

尽管每天的营业时间是固定的，但提高单次的推销工作效率，就可以创造更多的营业额。

1. 缩短单次成交时间

推销员要随时了解顾客的心理变化，通过观察、询问辨准顾客的购买需求，提高说服技巧，尽量让顾客在短时间内成交，提高交易达成率。

2. 提高应对多位顾客的能力

店里人少的时候，推销员可从容面对。当进入购物高峰期，多位顾客同时选购的时候，推销员不可手忙脚乱，要应接不暇，提高应对多位客人光顾的能力。推销员要做到多点开花、面面俱到，用话语温暖每位顾客。例如："好的，马上给您拿。""稍等，您先看看其他的，我开好票就给您从库里取。"

3. 打好"开张"牌

门店开张也称为首单，图个吉利、好兆头，首单顺利，推销员的心情必然充满喜悦，遇到诚心买的顾客报价平稳、还价有诚意，适当给顾客一点"甜头"，尽可能地促使顾客顺利购买。

案例 8.2

离商场打烊还有一刻钟的时候，一位顾客走到李敏的摊位旁，看中了一条裤子，李敏热情地招呼顾客："妹妹，喜欢就试一下，快下班了，给你优惠点儿，开个晚张，图个顺利。"

顾客试了后，觉得还不错，就希望她再便宜点。

"小妹妹，这个我真的不赚钱的，我就是图个顺当。你看标价 180 元，我才卖你 120 元，这裤子光进货价就要 110 元呢，再去掉运费、摊位费，就没什么赚头了。"

顾客还是犹豫，想买又不想买。

"算了，妹妹，就当姐姐白帮你带一件吧，你给 110 元好了，连运费我都不要了。"

"别 110 元了，100 元我就要了。"

双方最后很高兴地成交了。

【案例解读】

做生意、搞推销也要注意时间管理，因为临近商场打烊，顾客也没有多余的时间选择，同样，当天你也没有其他顾客再来光顾，因此本着见利就走的原则，这条裤子今天能赚 5 元，也比明天可能能赚 30 元要好，因为 5 元是现实的，是你清清楚楚放在钱箱里的，而明天的 30 元只是一种可能性，能否实现都不一定。

4. 收银唱收

当顾客觉得合适准备交钱的时候（无专门收银员），推销员应该唱票唱收，而不是默默地收款。例如："先生一共消费 158 元，收您 200 元，应找您 42 元，请核对下金额"。收银唱收的好处是防止出现已找钱给顾客，可顾客不认账，硬说没找或顾客出门又回来说钱找得不对等之类的麻烦，门店收银应做到票款当面两清。

5. 不轻易放过尾张

所谓尾张即门店即将关闭的时候，在打烊前几分钟有顾客前来购买，推销员要边整理商品边招呼顾客，但凡超过成本、有微薄利润都可以成交（紧俏、不愁卖商品除外），如顾客给价过低无法成交，也不要出口伤人，应委婉地说："抱歉，商场要下班了，您可以去别家转转，没合适的您再找我。"

任务验收

（1）根据顾客方格理论，对于不同类型的顾客，推销员应怎样处理？

（2）门店推销应注意哪些细节问题？

~~~~~~ 中阶任务 ~~~~~~

任务情境

女顾客打算买一件体面的结婚典礼时穿的衣服，重视款式、颜色，而其准婆婆只关注价格，希望能省点钱。

人物：收货员小张，买衣服的女顾客（大约22岁），女顾客的准婆婆（大约50岁）。

场景：某商场的衣服专卖店。

要求：根据情境及人物，帮其选购适合的衣服，尽量让婆媳双方都满意。

任务目的

（1）加深对推销员门店推销技巧和方法的理解。

（2）进一步熟悉门店推销的准备工作。

任务要求

（1）组建任务小组，每组5～6人为宜，选出组长。

（2）各组分角色分析情境，讨论表演流程，选择一人负责观察、指导。

（3）进行交叉打分，即选取一个小组表演后，其他小组各选派一名成员担任评委，负责点评。

（4）课代表要做好记录。

任务考核

（1）情境表演的真实性、合理性：2分。

（2）小组成员团队合作默契：3分。

（3）角色表演到位：4分。

（4）道具准备充分：1分。

（5）满分：10分。

任务二 电话推销的技巧与策略

~~~~~~ 初阶任务 ~~~~~~

任务情景剧

张海是一名保险推销员，自从进入公司后非常积极地联系顾客，以下是他工作的一个场景，请大家仔细看。

张海：“师傅说了，卖保险是一个光荣的职业，我们卖的不是保险而是保障。上次在同学李明的婚礼上，听闻刘欢喜得贵子，或许他就是我的潜在顾客。”（从电话本里找出刘欢的电话号码）

（叮铃铃）

张海：“刘欢你好，我是张海啊！”

（“你找谁？是不是打错了？”一个女性声音）

张海：“哦，女士，实在抱歉，我顾客太多，一疏忽打错号码了，您的声音真好听，都赶上主持人了，真不好意思啊。”（等着对方挂断电话）

（张海连忙给同学李明打电话，发现自己存刘欢号码的时候把“8699”错记成“8966”了，于是拨通了刘欢的电话）

张海：“刘欢，您好，我是张海，最近工作忙吗？看来你真是好运连连啊，又升职又喜得贵子。”

刘欢：“哦，是张海啊。哥们儿，最近你在哪儿工作呢？李明婚礼上本来还想找你喝一杯，可没想到你转眼工夫就跑了。”

张海：“上次接到顾客电话，说要签保险合同，就先走了。”

刘欢：“你现在干保险工作了，你不会特意打电话让我买保险吧？我可没闲钱，买房子欠了一屁股债呢。”

张海：“老哥，您还真说对了，不过不会强迫您买的，给我十几分钟，我把产品利益和您讲明白了，到时候您自己拿主意，不过您不听肯定后悔。”

刘欢：“真的？那你说吧，反正我也没什么事情了。”

张海：“电话里哪能说清啊！这样吧，这周三晚上或者周四晚上8点，我们在欧凯茶楼见呗，大学毕业好多年没见了，真想和您多聊聊。”

刘欢：“行，那就周四晚上8点吧。”

……

几天过后，刘欢非常痛快地给自己的宝贝儿子买了份保险。

任务描述

（1）打电话需要礼仪吗？

（2）张海通过什么途径找到顾客的？

（3）刘欢明明说好不买保险了，张海是如何说服他的？

（4）你觉得电话推销需要技巧吗？

任务学习

随着信息时代的发展，电话已经走进千家万户，电话推销也是企业经常使用的一种方式。

一、电话交流的技巧

打电话很简单，拨通号码直接说话就可以了，可恰当地拨打电话却并非一个简单的“活”。其实打电话也需要技巧，给顾客留下好的印象是电话推销成功的基础。

（一）接听电话的礼仪

1. 铃响多长时间接电话

当座机铃响后不要忙着接电话，要给对方一个缓冲，铃响两声后再拿起话筒。若忙于手头工作让铃响超过三声，需向对方致歉："抱歉，让您久等了。"一定要给对方留下好印象。对于接听手机电话，在手机铃响后 5~6 秒钟的时候接听比较适宜。

案例 8.3

张明看到某汽车 4S 店的广告说，现在预订新款汽车可以减免 7 000 元的费用，于是就按照广告上的号码拨了过去。电话拨出后，铃响了一下、两下、三下、四下，还是没人接听。由于办公室里突然来了客人，张明只好作罢。最后张明也再没拨打那个 4S 店的电话。

【案例解读】

关于电话推销，当顾客主动送上门来，接线员能否在合适的时间接待好顾客，对成交与否特别关键，因为电话不是面对面沟通，顾客打电话的时候也不知道接线员正忙，当铃响几声后，顾客就以为没人值守，购买商品的热情也就消退了。

2. 自报家门

（1）直拨电话，即你是打电话的人，应先问候对方，然后报出自己的公司名称或所属部门名称。例如："您好！××公司销售部。"

（2）如果前台接转到你们部门的电话，即话机是部门员工公用的，则应先问候对方，然后报出你所属部门的名称和自己的名字。例如："您好，销售部张楠。"

（3）如果前台接转到你自己专用的电话，你可以直接报出自己的名字。例如："您好！我是张楠，您哪位？"

案例 8.4

李海明是一家医院的办公室主任，他们医院根据上级通知要印刷一些宣传彩页，要求使用 A4 纸双面套色印刷，并在医院大厅醒目的位置贴出了招标信息，因此每天都能接到很多广告公司的推销电话。有一天他接到了这样的推销电话："您好，李主任，我听说你们需要印刷宣传彩页，我公司的报价是 A4 纸双面套色每张 0.37 元。"李海明拿笔记录后，刚要询问对方是哪家单位，电话中却出现了忙音。招标日期到了，李海明发现 0.37 元是最低报价，可是他没办法联系到上次打电话的人，最后报价 0.42 元的公司中标了。

【案例解读】

推销员拨打电话的时候，首先要大声地"推销"自己，只有让顾客知道你出自何门、叫什么名字，顾客才能对你有印象。虽然推销商品是最主要的，但是缺乏次要话语做陪衬，怎么能凸显哪个是最主要的呢？顾客对商品感兴趣，又怎么能找到你呢？因此"做好事"也要先"留名"。

（二）拨打电话的礼仪

1. 自我介绍

拨打电话时应首先问候对方，再自报家门。若拨打陌生人电话，则应说："您好！我是××公司的张楠。"如果是熟悉的顾客，则应简单地说："您好，×先生，我是张楠。"

2. 简述目的

自报家门后，应用非常简洁的语言说明你打电话的意图，如新品促销、顾客回访等，不要漫无目的地寒暄。

3. 掌控时间

通电话时间不宜过长，一般控制在 3~5 分钟内。若需要占用较长的时间，要询问对方是否方便或另商时间。

4. 公事用座机

若是谈公事，请拨打顾客办公电话，除重要、紧急事情外，最好不要拨打顾客私人电话。

5. 对传话人予以感谢

当电话接听人并非要找的人时，应礼貌地恳求转接："麻烦您，请帮我找下 ×× 好吗？谢谢！""哦，他不在啊，等他回来能让他给我回个电话吗？我的电话是 159×××× 6428，谢谢！""他一小时以后回来吗？那好，我过一会儿再打，谢谢您了。"

案例 8.5

郁闷的电话

李小璐在办公室中正给领导撰写发言稿，突然电话铃响了。铃响两声后，李小璐拿起电话："您好，圣洁公司，您是哪里？"

"我找办公室的马天翔。"

"对不起，他不在。"

"他咋不在呢？你骗人吧？我明明看他进了公司，你去喊一下。"

"他真的不在，你让我去哪儿喊？要不你过会儿再打来。"

"不行，我有急事的，你去走廊帮我喊下。"

"抱歉，办公室场所禁止大声喧哗，再见。"（脸上一脸郁闷的表情）

"你，……"

【案例解读】

拨打电话找寻顾客的时候，如果碰巧顾客不在，推销员应非常礼貌地对接听人员表示感谢。如需让其带话或让其转告什么消息，当接听人员认为你态度和蔼、电话礼仪规范时，就会对你产生好感，也愿意为你效劳；相反，若你不尊重对方，对方也同样不尊重你。一旦得罪了接听人员，他不但不帮你，反而还会成为你推销路上的绊脚石。

（三）拨错电话

1. 自己拨错电话

应主动致歉，说明缘由："抱歉，我看错号码了，打搅您了，再见！"

2. 对方拨错电话

应报家门，顺带推销自己："抱歉，我这是 ×× 公司，买 ×× 商品可以找我，再见。"

（四）结束通话

1. 话别
2. 致谢

对于陌生顾客，应感谢对方打电话咨询，欢迎下次再打来电话，或者感谢顾客接受你的询问。

3. 寒暄

对于熟悉的顾客，要稍微寒暄几句。例如："多保重身体。""工作别太累了。""祝您工作愉快。""等您好消息。"

4. 挂机

使用座机时应等顾客先挂机；若顾客没有及时挂机，可默数三下，轻声地放好座机听筒。如果用手机，应待顾客挂断后按停止键。

（五）借助声音的感染力

电话沟通的时候，语言传递只占全部信息传递的 50% 左右，其余的都要通过声音传递，运用富有感染力的声音，更有利于电话沟通。

1. 坐姿端正，面带微笑

提高声音感染力的第一个基本要求就是将微笑传递给顾客，在电话推销中虽然推销员与顾客互相看不到、摸不着，但说话人的语气和态度可以通过声音传达到对方耳中。如果推销员心中有怒火，说话必然会嗓门高，会让顾客反感。推销员如果面带微笑地打电话，声音会爽朗自然，顾客接听电话时也会心情愉悦。

2. 语速适中

（1）语速忌过快。如果推销员语速过快，顾客会听不清楚推销员讲的内容，也会认为推销员比较毛躁、不成熟、不自信。

（2）语速忌过慢。如果推销员语速太慢，往往会使顾客觉得推销员反应迟钝、缺乏激情，从而导致不愿意继续通话。

3. 语气平稳

电话推销员与顾客沟通时，语气应不卑不亢，尽量用谦语，用"您"代替"你"，说话婉转，以显得谦虚有风度。

4. 语调干净利落

电话推销员与顾客沟通时，讲话要果断，做到铿锵有力，这样会让顾客觉得你很专业，敬佩之心油然而生，更愿意继续交流。

二、电话推销的应用

电话推销是推销员通过电话向目标顾客介绍商品或推荐服务，以达到获取订单、成功销售的目的。电话推销的最大好处就是足不出户就可以联系到全国乃至全球的顾客，为后续拜访接近打下扎实的基础。

1. 电话推销的优点

（1）降低成本。电话推销只需一部座机和一些电话号码等资料就可以联系顾客，是当今比较省钱的一种推销方式。电话推销员无须把时间浪费在汽车、飞机等交通工具上，也节省了住宿费用，最大限度地降低了推销成本。

（2）打破地域限制。电话推销没有地理界线，只要电话能覆盖到的地方，都可以成为推销员的推销"战场"，有效地避免了被顾客刻意拒绝的尴尬。

（3）缓解压力。由于不需要面对面交流，因此推销员无须承受被顾客当面训斥、拒绝的压力。

（4）沟通高效快捷。与信函、电报、传真等文字沟通方式相比，电话沟通属于双向沟通。通过电话交流，推销员可以快速判断对方对商品有无需求或有多大的购买可能性，为后续跟踪随访做好铺垫。

（5）无第三人打搅。如果推销员讲解到位，顾客也有需求，双方就可以在短时间内达成成交意向；同时，电话推销属于主动性推销，一问一答的方式便于推销信息的传递，交谈双方不受第三人打搅，沟通质量较高。

2. 电话推销的缺点

（1）推销易被中断。因为电话推销没办法甄别顾客是否方便接电话，因此顾客接到推销电话时，常常刚听明来意，就以不需要、没用过等借口挂断电话，或者以正逢客人来访等原因终止交谈。

（2）降低感染力。"耳听为虚，眼见为实"，在电话推销中，顾客无法对推销商品和服务有更直观的认识，电话推销缺乏常规推销的视觉冲击力，从而降低了信息的感染力。

（3）语言障碍。不同地区语言习惯有很大差异，可能会导致电话交流困难，个别地区的顾客习惯使用方言，也在某种程度上影响了推销的效果。

（4）可信度低。受"电信诈骗""广告轰炸"等不良社会现象的影响，顾客往往对电话推销比较反感，一接听就挂电话的现象也很常见。

三、收集顾客电话号码的途径

电话推销需要找到接听电话的顾客，因此推销员要通过各种渠道挖掘顾客名单及资料。

1. 电话黄页
通过电信公司的电话黄页，可以查询到商品受众的单位及单位负责人。

2. 网络查询
网络是连接推销员和顾客的纽带，通过互联网查询，可轻易地找到顾客的相关信息，通过搜索引擎，可以获得更多的行业相关信息。

3. 汇编资料
各种行业协会、国家部门的统计资料里会包含很多商家信息，而且所包含的信息全面、系统。

4. 会议索取
各种形式的会议，比如展销会、博览会、研讨会、交流会，甚至同学会、朋友聚会等，都是获得顾客资料的方式。

5. 索取名片
通过各种场合索取名片，也是收集顾客电话号码的一种好方式。

6. 报纸、杂志
各大报纸、杂志上也会包含很多公司的信息，如开业信息、搬迁信息、招聘信息等。一般信息里都有公司的电话号码。

7. 关系网络
通过各种关系，如同学关系、同事关系、亲戚关系，也可以收集到顾客的电话号码。

8. 顾客转介绍
向顾客索要有类似需求的人的电话号码。

四、电话推销"敲门"的技巧

所谓电话推销"敲门"，即打开顾客的心门，通过简短话语牢牢地把握住顾客的内心，让顾客愿意听下去。

1. 巧设开场白

顾客接到一个陌生的推销电话,本能地会很反感,如果推销员不能开口就给顾客一个愿意接电话的理由,必然遭到拒绝。因此要想推销成功,就要设计一个精彩巧妙的开场白。电话推销常用的开场白如下:

(1)雪中送炭法。推销员提供的商品可以恰好满足顾客的某种需要或可以解决顾客急需解决的大难题,带给顾客一定的利益,让顾客认为推销员是在"雪中送炭",那么顾客就会非常愿意接受电话推销。例如:"孙经理,您好,我是中国移动的小范,我们新推出的移动座机服务,可以减少40%贵公司的电话费用,您愿意使用吗?"

(2)勾起好奇心法。推销员可以巧妙利用顾客的好奇心,让顾客迫不及待地想听下文。当顾客总是拒绝或不耐烦接推销电话时,推销员可以用勾起好奇心的方式,牢牢吸引住他。例如:"哦,您没空啊,本来打算给您一个免费出国旅游的机会,咳,真可惜!""咦,等一下,什么免费出国?"

(3)请教问题法。电话推销也要投其所好,推销员可以求教顾客引以为豪的经验,让顾客很有面子,愿意将电话推销延续下去。例如:"您好,孙总,我是移动公司的范美丽,都说您是数据传感器方面的资深专家,可以向您请教一个问题吗?很多人都不清楚。"

(4)借用熟人法。对于熟人推荐的推销员,顾客一般都会因为给熟人面子而愿意接听电话。例如:"您好,李慧珠小姐,我是移动公司的范美丽,是您朋友李秀贤建议我给您打电话的,您现在接电话方便吗?"

(5)施压法。推销员对顾客施加压力的时候,反而会使顾客更愿意接受电话推销。例如:"您好,李经理,你们公司的商品有很严重的质量问题。""马经理,我发现你们公司的网站一直打不开啊。"但是这种方法一定要情况属实,不可凭空捏造。

2. 找出决策人的策略

推销员初次打电话给顾客时,往往不知道决策人具体是谁,因此很容易被前台拦截。例如:"您好,东方公司,请问您找谁?""我找你们采购部经理。""您有什么事情?是否有预约?抱歉,我们谢绝一切推销,再见。"公司安排前台接待人员的职责之一就是过滤推销电话,一般几句话就使推销员露馅了,导致推销失败。

前台接待人员在判断是否需要转接时常问的话语是"你是谁?什么事情?你找谁",这就需要推销员采取策略,避免被拦截,从而顺利地和决策人物进行电话沟通。

(1)个人私事。当前台询问"你找他什么事"时,推销员可巧妙地回答:"不好意思,这是我们之间的私事,他不让我说"或者"是他让我上午10点回电话给他的,我也不知道什么事情"。这样的电话通常会被直接转到决策人那里。

(2)熟人或朋友。让前台误以为打电话的人是决策者的熟人、朋友、亲戚,这时电话也会被快速转到决策人那里。例如:"您好,帮我找下赵瑞,我是他表弟。""喂,我找志强,家里有急事。"注意在每次沟通中都表现出诚意与感谢,使前台接待人员更愿意主动地帮助你。

(3)打给高层领导。当推销员收集到的资料不全,无法判断具体的负责人时,可以按客户资料把电话打到决策人的上一级领导那里。相对而言,领导一般层次较高,虽然业务不熟,但态度比较和善,一般会告诉电话推销员直接找××联系,再转到接线员那里,电话就比较顺利地被送达到决策人那里。例如:"哦,那你应该找市场部的方敏,我让前台接待帮你转过去。"

(4)和前台拉近关系。推销员可以以打错电话的方式和接线员多聊几句,增加对方的好感,顺便问一下你想知道的信息,他会在不知情的情况下透露给你。

案例 8.6

寒暄后的收获

张强是某进出口设备公司的销售员,他听说本市中大公司近期要采购一批设备,可是不知道采购经理的名字,于是他灵机一动把电话打到前台,希望能有所收获。

"您好,中大公司,请问您要转哪个部门?"

"您好,我找下办公室的李小鸥。"

"我们办公室没有这个人。"

"哦,那她可能还没去你们单位报到吧。小姐您说话声音真好听,一猜就是个漂亮妹妹。"

"呵呵。您真会说话。"

"别谦虚了,前台工作可不是一般人能做的。等李晓鸥到你们那里上班,我去找她的时候一定能看到您的。听口音您好像不是本地人,本地人说话没这么好听。"

"我山西的。"

"哦,我说呢,我大学寝室一个室友也是山西的,口音和您很像,他人可好了,看来山西个个都是好人啊。好像山西人爱吃陈醋吧?"

"嗯,那是我们的特产,您也喜欢?"

"嗯,受他的影响,我也喜欢陈醋了。对了还不知道您怎么称呼呢,我叫张强。"

"叫我李丽吧。"

"我听说你们采购部人不多,我有个师弟还想进你们采购部,不知道有戏没戏?"

"那真的很难,采购部的经理马天明这几年一个人都不要,听说要把他小舅子调进来呢。"

"嗯,好的,不耽误您工作了,认识您很高兴,等李小欧上班的时候,我一定顺便去拜访您,那到时候见。"

……

【案例解读】

找不到关键人物没关系,我们可以和前台人员兜圈子、套近乎,很可能就会获得想要的信息;当然,还可以使用迂回战术,电话打到办公室、财务部、销售部都能打听到采购部经理的个人信息,毕竟其他部门的人没有前台人员那么经验丰富,发下善心就成全了我们。

五、电话推销的策略

电话推销一般只是约访的前期工作,毕竟买卖双方不面对面沟通,也无法让顾客直观感受到商品的切实利益,因此在电话推销中要注意以下几个细节。

1. 不可耗时

电话推销因为不能直观地使顾客看到商品,所以只适用于给顾客一个大致的概念。当顾客有针对性地选择购买的时候,推销员可再通过上门拜访的方式,给顾客提供样品及商品报价单,在电话中长时间沟通并不能解决实质问题。

2. 避免信息反复

一些非必要的信息,尽量不要对顾客做无意义的重复,那样会使顾客很反感。例如:"您的联系地址可以再说下吗?""您的手机号是多少?刚才我没记全。"这样会让顾客失去耐心,觉得你在浪费他的时间。打电话的时候,手上要有笔,随时记录信息,能配备录音电话、录音笔更好。

案例 8.7

张明是某家公司的老总,他的外甥马华通过他的关系认识了某大公司的采购部经理李响,张明帮他们搭上线,双方在饭局上见面后,李响也很给张明面子,答应在合适的时候照顾马华的生意,可是一次电话就把一切全搞砸了。

马华和李响的电话沟通开始时非常流畅,双方已大致敲定采购的事项,但是接下来的事情,让李响感到特别的"头疼"。

"好的，李经理，那我们就这么说定了，您能把您公司地址再说下吗？我刚才没记住。"

"凤庆区浏阳路784号。"

"七百多少号？"

"784号。"

"还有你们公司的钱，货到就能打款吧？"

"能。"李响心里想："我们这么大的公司，你还问这话？"

"还有……。"

"对不起，我现在正忙。"断然挂断了电话。

【案例解读】

"肉"到了嘴边，最后却掉在地上了。电话推销中最忌讳的就是用无关紧要的事情消磨顾客的耐心，对这种低级的错误，推销员一定要避免。

3. 占据主动权

电话推销被拒绝的可能性很大，很多推销员还没开口就被拒绝，这就要求推销员占据主动权，在最短的时间内把自己打电话的理由说出来。例如："哦，您在开会，我就说一句话，30秒就够。""好，你说……"

4. 保持联络

"重复是最好的记忆方式"，电话推销不可能一次成交，推销员要根据交谈节奏适时跟进，慢慢引导顾客提高对商品的理性认识。多次电话沟通后，顾客对商品的印象就会深刻，待时机成熟就可能实现交易。当商品送达后，推销员更应及时与顾客沟通，询问商品的使用效果。对顾客关怀越多，顾客就越信赖推销员，这一方面可以为下次推销做好铺垫，另一方面也利于顾客为推销员介绍新顾客。推销员利用电话保持联络要张弛有度，不要引起顾客的反感。

任务验收

（1）在电话沟通中如何运用声音的感染力？

（2）电话推销时应注意哪些礼仪细节？

（3）电话推销的流程是什么？

中阶任务

任务情境

推销员："早上好！请找一下李处长。"

接线员："哪个李处长？男的还是女的？我们公司有四个李处长呢。"

推销员："请问哪一位负责办公室采购？"

接线员："李勇，我给你转过去。"

推销员："谢谢！"

推销员："您好！是李处长吗？我是迅达公司的李斌，我能和您约个时间见面吗？"

李处长："你是哪里的？找我有什么事吗？"

推销员："您一定听说过迅达公司吧？我们为顾客提供全国范围的快递服务，确保在48小时内迅速到达。"

李处长："飞马公司一直在与我们合作，处理这类事务。"

推销员："我们能保证最低的价格。"

李处长："你们的价格是多少?"

推销员："每公斤 12 元。"

李处长："飞马公司的价格比你们便宜多了。"

推销员："真的吗? 价格还可以再商量。"

李处长："不好意思啊，我们今年不打算做什么变动，明年再说吧。我还有事，再见!"

任务目的

（1）找出案例中打电话时的有失礼仪之处，并帮其重新设计。

（2）加深对电话推销技巧的理解。

（3）进一步理解电话推销的策略。

任务要求

（1）组建任务小组，每组 5~6 人为宜，选出组长。

（2）各组分角色分析情境，讨论表演流程，选择一人负责观察、指导。

（3）进行交叉打分，即选取一个小组表演后，其他小组各选派一名成员担任评委，负责点评。

（4）课代表要做好记录。

任务考核

（1）修正错误：1 分。

（2）情境表演的真实性、合理性：2 分。

（3）小组成员团队合作默契：2 分。

（4）角色表演到位：4 分。

（5）道具准备充分：1 分。

（6）满分：10 分。

任务三　互联网推销

~~~~~~初阶任务~~~~~~

任务情景剧

人物：打算创业的王琳，大学同学乐海。

旁白：王琳毕业于某高职院校市场营销专业，前几天刚刚辞去工作，打算借助互联网的神奇力量实现自己的创业梦想。某天在路上和同班同学乐海相遇了。

乐海："咦，王琳，你这是打算去哪里啊？"

王琳："哦，乐海啊，我打算去服装批发市场转转，看看有什么生意可以做。"

乐海："你原来不是在××公司做客服吗？怎么？想开淘宝店？"

王琳："没有了，我上星期辞职了，打算做微商。毕业两年了，好久没见，你工作不错吧？你去年考上公务员了？"

乐海："没有啦，就是在单位混口饭吃罢了。前面就是咖啡店，要不我请你喝杯咖啡吧？上大学期间我可没少向你借作业。"

旁白：两人走进了咖啡店。

服务员："二位想喝点什么？扫桌子上的二维码就可以成为我们的终身会员，享受第一杯8折优惠；如果充值的话，充100元送20元的代金券。"

乐海：（拿起手机扫了下桌上的二维码）"那我就再充100元吧。我要杯卡布奇诺不加糖。王琳，你要什么？"

王琳："我也要杯卡布奇诺吧，加白糖。"

服务员："先生，卡布奇诺25元一杯，您的第一杯打8折，充值100元送20元代金券，一共消费45元，卡里还有75元。"

乐海：（接过充值卡）"还不错，相当于免费送了一杯，划算。"

旁白：王琳看到这里，想了想。

两人在咖啡店聊着天。

服务员在计算机上写着店内的微博，上传的滴滴声，也引起了王琳的注意。

服务员写好微博后，看店内人不多，又打开手机进行网络直播："HI，大家好，欢迎又走进'左左咖啡店'。今天天气有点闷热，店里的人并不是很多。喝咖啡讲究的就是口味纯正……"

王琳看到店里投影仪上粉丝互动的画面，原本紧皱的眉头舒展了，因为她觉得今后的日子会更充实，她对如何做一个微商更有信心了。

任务描述

（1）请描述什么是互联网推销，它包含哪些种类，请至少描绘3种。

（2）你了解什么是"网红经济"吗？你觉得如何才能做好一个"网红"呢？

（3）请说出你所了解的"网红"，并总结做一个"网红"需要具有什么样的能力。

任务学习

一、互联网推销的概念及主要特点

1. 概念

互联网推销是指依托互联网信息技术和社交媒体功能向潜在目标顾客推荐商品或服务，通过技术手段刺激并满足顾客需求，实现商品销售的各种销售行为。

2. 主要特点

（1）无界性。互联网能够跨越时间约束和地域限制自由地进行信息交换，使得推销没有任何时空限制，分秒瞬间就可以完成交易，推销员有了更多时间和更广的空间进行推销，一年365天，推销信息都可以无界限地、不间断地向顾客传递。

序号12

（2）富媒体。推销员可以借助互联网特有的技术灵活切换文字、声音、图像、视频等各种方式，向潜在目标顾客传递商品信息，使得为达成交易进行的信息交换能以多种形式推广，能充分发挥、挖掘推销员的创造力和能动性。

（3）互应性。推销员通过互联网技术手段向潜在顾客展示商品的图像、目录，向他们提供商品信息资料库，方便查询相关信息，为实现交易进行互动与双向沟通。一方面卖方传递商品信息，另一方面买方（含观望者）就商品发表疑惑、问询、建议、成交条件等信息，双方信息经过交融、互应，直到达成一致。利用这种互应性还可以进行商品测试与消费者满意调查、顾客购买感受收集等活动。互联网为商品联合设计、商品信息发布以及各项技术服务提供了最佳工具。

序号13

（4）复合性。互联网是一种功能强大的推销工具，它兼具渠道、促销、电子交易、互动、顾客服务以及市场信息分析与提供等多种功能。它既具备一对一的推销能力，又兼容一对多的销售潜力，广面撒网、重点打捞，将定制推销与直复推销完美结合。

（5）感染性。随着互联网的高速发展，计算机、智能手机等设备已经成为成人的常用工具，推销员通过互联网技术手段向顾客传达的信息具有很强的视觉、听觉冲击力，力压传统的书籍、报纸等媒介，部分有真人互动环节的推销方式具有极大的感染力，很容易影响潜在顾客，增强购买力。

二、互联网推销的方式

在高速发展的信息时代，互联网推销种类越来越多，为避免与其他课程知识点交叉，本教材重点讲述最常用的三种互联网推销方式。

（一）微博推销

1. 定义

微博推销是指推销员通过微博平台为创造价值而执行的一种推销方式，是推销员通过微博平台发布商品信息刺激并满足顾客的各类需求的商业推广方式。微博推销以微博作为推销平台，每位听众（粉丝）都是潜在的顾客，推销员精心发布令听众（粉丝）感兴趣或能激发共鸣的话题，激发听众（粉丝）主动跟帖或转发的欲望，从而顺便推广某些商品或服务，来带动销售。

2. 主要特点

（1）高速性。微博推销最显著的特征之一就是其传播的高速性。一条微博在触发微博引爆点后几分钟内甚至数秒内借助互动性转发就可以遍布微博世界的每个角落，达到短时间内最多的目击人数。

（2）覆盖广。微博推销信息支持各种平台，包括手机、计算机与其他传统媒体，覆盖面广，同时传播的方式也多种多样，转发非常方便，利用名人效应能够使事件的传播量呈几何级增长，可谓一夜遍天下。

（3）个性化。从技术上讲，微博推销可以同时利用文字、图片、视频等多种展现形式。微博推销可以借助许多先进多媒体技术手段，从多维度对商品进行描述，从而使潜在顾客能接收到更形象的信息。

（4）低成本。微博推销仅仅需要编写好140个字符以内的文案，经"微博小秘书"审查后即可发布，大大节约了时间和成本。140个字符的信息发布，远比博客发布容易，推销效果与传统的大众媒体（报纸、流媒体、电视等）相比更加经济、便捷。微博推销是投资少、见效快的一种新型的网络推销模式，可以在短期内获得最大的收益。前期属于一次性投入，后期维护成本也相对低廉。

（5）反馈性。利用微博，推销员可以和潜在目标顾客点对点交谈，任何信息都可以与听众（粉丝）即时沟通，及时获得他们的反馈。

案例 8.8

微博——我是江小白

中国白酒市场的竞争尤为激烈，一个新的品牌想要进入市场，难之又难！但是江小白却不这么看——"我是江小白"成立于2011年，以青春的名义创新，以青春的名义创意，以青春的名义颠覆，深刻洞察了中国酒业传统、保守的不足——拘泥于千篇一律的历史文化诉求，对鲜活的当代人文视而不见。"江小白"给老气横秋的中国酒业增添了一股时尚清新的感觉，迅速在年轻消费群体中获得高度认同，并成为各地酒企争相模仿的对象。

不说历史，用创新创造新的历史。

颠覆传统，表达鲜活的当代人文。

回归简单，用心酿造简单的美酒。

江小白致力于文艺的青春感觉，致力于有态度的个性表达，致力于有体验的优质产品，致力于成为一家小而美的个性企业。"江小白"卖的也不是酒，而是一种有态度的青春表达。他们是一群怀揣青春梦想的年轻人。

（资料来源：https：//www.ishuo.cn/subject/btlmpu.html，2019-09-14）

【案例解读】

通过微博的内容定位，"江小白"迅速引起年轻白领人的关注，名不见经传的江小白瞬间就占据了白酒市场的一席之地，可见微博140个字的庞大力量。

3. 微博推销策略

推销员微博定位是对自己的商品、个人形象的宣传，目的是获得尽可能多的粉丝。

（1）内容为王。引起共鸣是关键，因此推销员发布微博的时候，内容非常重要。微博内容应突显时尚、休闲的品质生活，并且配上精致的图片，也可以发布旅游、摄影、文化、奢侈品等内容吸引粉丝眼球，还能结合社会热点，发布一些热门段子、心灵鸡汤、热点图文等蕴含正能量的宣传元素。简要来说，微博推销内容的五要素是：

①有趣。有趣是分享的第一动力，因为有趣所以转发。

②实用。发布关于你的行业、商品，同时对粉丝有用的内容，有用是分享的第二动力。

③相关。跟粉丝相关，跟微博运营目标相关，跟你的行业商品相关，泛行业化。

④多元（文字、图片、视频等）。信息整理度高、价值高。

⑤有序。内容、时间、话题都整合起来。

（2）数量不宜过多。有规律地更新、发布，每天3~5条左右，同时保证微博质量，多发一些有趣、有特色的信息。不要发布无病呻吟、哭诉社会不公之类的信息，只有质量好的微博，才能"粘"住粉丝，才能保证辛苦推广吸引来的粉丝不流失。

（3）积极回应。应该积极跟粉丝进行互动交流，达到人际传播和推广的效果；为了形成良好的互动交流，应该关注具有一些影响力的粉丝，并积极参与讨论，以此吸引更多的粉丝。

（4）发布时间。推销员微博发布的黄金时间段是早上的10点半到11点，下午的3点半到5点和晚上的8点到10点，这些时间段上班族刚好忙完手头工作，有空余时间，拿出手机刚好能点开新信息。

（二）微信推销

1. 定义

微信推销，简称微商，即推销员通过微信的朋友圈工具，向微信群或微信好友发布关于商品的相关信息，借以引起大家关注，刺激并满足粉丝需求，从而带动销售的一种推销模式。

2. 特点

（1）点对点精准推销。微信拥有庞大的用户群，借助移动终端、天然的社交和位置定位等优势，能够让每个个体都有机会接收到信息，继而帮助推销员实现点对点精准化推销。

（2）形式灵活多样。

①漂流瓶。推销员可以发布语音或者文字漂流瓶，然后投入"大海"中。如果有顾客"捞"到则可以展开对话。

②位置签名。推销员可以利用"用户签名档"这个免费的广告位为自身做宣传，这样附近的微信用户就能看到商品等相关的信息。

③二维码。用户可以通过扫描、识别二维码来添加朋友，推销员则可以设定自己品牌的二维码，用折扣和优惠来吸引用户关注，开拓O2O的推销模式。

④开放平台。通过微信开放平台，推销员可以接入第三方应用，还可以将应用的LOGO放入微信附件栏，方便地在会话中调用第三方应用进行内容选择与分享。

⑤公众平台。在微信公众平台上，推销员可以用一个QQ号码，打造自己的微信公众账号，并在微信平台上实现和特定群体用文字、图片、语音等全方位沟通和互动。

（3）关系由弱到强。微信的点对点商品形态注定了其能够通过互动的形式将普通关系发展成强关系，从而产生更大的价值。推销员通过互动的形式与用户建立联系，互动就是聊天，可以解答疑惑，可以讲故事，甚至可以"卖萌"。总之，用一切形式与潜在顾客形成"朋友"的关系。

案例 8.9

《疯狂动物城》没有前期营销，也没有当红明星配音，似乎少有人关注它。从首映日UBER公众号推送了一篇名为"别逗了！长颈鹿也能开UBER？还送电影票?!"的文章开始发力，在各大微信公众号的推荐下，原本对该电影无关注的人在朋友圈里纷纷发起了约看邀请。第二日迪士尼顺势推出《疯狂动物城》性格大测试的H5，测试结果在朋友圈刷屏，而树懒式说话和动态图也在微博走红。借助这一波新媒体营销，影片的排片、票房迅速上升，话题热度居高不下。

图8.2 《疯狂动物城》电影剧照

【案例解读】

微信推销不单纯是依靠朋友圈、微信群吸引大量人气，借助微信公众号也可以唤起大量的人气，对目标顾客群而言远比传统广告更具有诱惑力。2019年一部国产的动画片《哪吒》横空出世，很多人就是受朋友圈的刷图影响才去电影院一睹为快的。这种主动性的购买力是不容小觑的。

3. 微信推销策略

（1）朋友圈发帖策略。推销员可以在朋友圈采取发帖爆文的形式吸引粉丝，朋友圈的爆文通过转发可以让更多的人看到商品信息。这个推销策略的关键就在于如何最大化地发挥爆文的价值。就拿冬季养生来说，有些商家会推出一篇有价值的文章，讲述冬季的养生哲学、保暖的小窍门，等等。这样的文章自然会吸引用户来关注，这时推销员借以叙述姜汤红枣茶保暖的好处，并顺理成章地推销自己的姜汤红枣茶，就会赢得粉丝的关注并促成顾客的购买。

（2）朋友圈+公众号策略。发帖爆文固然能够吸引粉丝，但好文章也要做好周密的部署，让粉丝主动添加公众号，这样就形成了自己的私域流量。公众号结合朋友圈的做法，可以很好地处理对接问题，让粉丝能够找到服务，形成购买动态链。例如，推销员发布文章，在后面标注公众号吸引粉丝加关注。在公众号当中，推销员做一些活动就能更好地留住顾客了。

（3）朋友圈+微信群策略。微信朋友圈加微信群的策略，可以很好地打消潜在顾客的疑虑，建立买卖双方的信任，这样有利于后期的商品推销。推销员完全可以在微信群里按时发布一些精品商品或者优惠商品，这样就可以牢牢把握住顾客，产生复购。

（4）营造朋友圈品牌策略。品牌不仅包括优质的商品，更包括优秀的服务。营造朋友圈品牌可以很好地推广自己的商品。推销员发布朋友圈的时候，务必做到真实、有价值，这样大家才会被吸引。另外，推销员真诚地推荐优质商品，大家使用满意，才会继续相信他。此外，推销员在发朋友圈的时候，也要做好售后的安排，这样就有利于创建优秀的服务体系，对推销也有很大帮助。推销员需要让朋友圈品牌显得更加专业，给消费者提供专业的咨询服务。

（5）线上线下同步推销策略。线上是银，线下是金。线上线下同步才能让顾客体验到网络和实体的完美结合，毕竟在网络上是看不到实物的。在实体店中，推销员可以在显著的位置摆放二维码标识，并根据实际情况实施相应的策略，鼓励消费者用手机扫描二维码（如扫码享受折扣价等），这样的做法能提高粉丝的精准度，同时也积累了一定的实际消费群体，这些粉丝对以后顺利开展微信推销起到很大的作用。因此，做好实体店的同步推销对于微信推销来说至关重要。

（6）微信大小号策略。在微信推销中，推销员可以通过各种渠道注册多个微信号，如可以把小号的签名修改为广告语，然后再通过小号向周围的人传播，以此来达到推销的目的；小号可以通过寻找附近消费者的形式来推送大号所发出来的信息，这样小号和大号有机地结合在一起，就可达到推销的目的。大小号策略的前提是做好、做稳大号，所有的小号都是为大号服务的。

（三）手机 APP 推销

1. 定义

手机APP推销指的是应用程序推销，这里的APP就是应用程序application的缩写，手机APP推销是推销员通过特制手机、社区、SNS等平台上运行的应用程序来开展的推销活动。

（本教材主要讲述推销员以个人名义使用手机APP开展的推销活动，因此与传统的手机APP

推销略有不同，毕竟个人还没足够能力开发属于自己的 APP。）

2. 主要特点

（1）精准推销。与传统广告推销的高成本相比，手机 APP 推销通过可量化的精确的市场定位技术，突破传统推销定位只能定性的局限，借助先进的数据库技术、网络通信技术及现代高度分散物流等手段，保障和顾客的长期个性化沟通，使推销达到可度量、可调控等精准要求。手机 APP 推销保持了推销员与顾客的密切沟通，从而不断满足顾客的个性需求，建立稳定的忠实顾客群，实现顾客链式反应增殖，满足销售企业和个体微商快速的发展需求。

（2）商品信息更全面。移动应用程序应该能够全面地展现商品的信息，让顾客感受到商品的魅力，降低对商品的抵抗情绪，通过对商品信息的了解，产生购买欲望。

（3）提升品牌实力。移动应用程序可以提升推销员的个人形象，可以让顾客了解品牌，进而提升品牌实力。良好的品牌实力是商品竞争优势的保障。

序号14

（4）随时服务。顾客通过移动应用程序对商品信息进行了解，可以随时地在移动应用程序上下单或者是转至网站进行下单。利用手机和网络，也易于开展由商家与个别顾客之间的交流，顾客的爱恶、格调和品位也容易被商家一一掌握。这对商品的大小、样式设计、定价、推广方式、服务安排等均有重要意义。

（5）互动性强。推销员推广商品时可将时下最受年轻人欢迎的手机位置化"签到"与 APP 互动小游戏相结合，融入商品推销活动。例如，顾客接受"签到玩游戏，创饮新流行"任务后，通过手机在活动现场和户外广告投放地点签到，就可获得相应的勋章并赢得抽奖机会，互动性比其他推销模式效果要好。

3. 推销员手机 APP 推销的具体应用

推销员使用手机 APP 进行商品推销的方式有很多，限于篇幅，本教材只列出目前最常用的两种方式。

（1）直播平台推销（网红经济）。直播平台推销是指推销员借助目前比较流行的西瓜视频、抖音、快手等手机 APP 客户端，下载注册后以网络视频直播的形式，向受众群体展示、推销商品。直播平台推销是以一位年轻貌美或具有某些特殊标签的时尚达人作为形象代表，以红人的品位和眼光为主导，进行选款和视觉推广，在社交媒体上聚集人气，依托庞大的粉丝群体进行定向推销，从而将粉丝转化为顾客。

案例 8.10

2014 年 5 月成为淘宝店主的董小飒，是直播平台的网络主播，每次的线上直播都能获得百万人次的围观。在粉丝的支持下，仅仅一年多的时间，董小飒的淘宝店已经发展成为三个金皇冠的店铺，每个月的收入可以达到六位数以上。

网红店主张大奕在微博上有 193 万粉丝。2014 年 5 月，她开了自己的淘宝店"吾欢喜的衣橱"，淘宝店上线不足一年做到四皇冠，而且，每当店铺上新，当天的成交额一定是全淘宝女装类目的第一名。

这两个人的淘宝店只是网红店铺的缩影。在 2015 年"6·18"大促中，销量 TOP10 的淘宝女装店铺中有 7 家是"网红"店铺，甚至在这些"网红"店铺中，还出现了有的网红店铺开店仅两个月就做到了五钻的案例，堪称淘宝"奇迹"。

据悉，淘宝平台上已经有超过 1 000 家网红店铺。2014 年"双 11"活动，销量排名前十的女装店铺中网红店铺占到整整七席，部分网红店铺上新时成交额可破千万元，表现丝毫不亚于一些知名服饰品牌。

（资料来源：https：//baike. sogou. com/v106367162. htm? fromTitle = % E7% BD%91%
E7% BA% A2% E7% BB% 8F% E6% B5% 8E，2019 - 09 - 14）

【案例解读】

以前我们常说榜样的力量是无穷的，但在互联网时代，粉丝的力量才是最宏大的，一个网络主播的背后跟着千百万个甚至上亿个的粉丝，他们踊跃购买，数量之多让你无法想象。网红经济大崛起是互联网推广的必然结果。

（2）直播平台展示。所谓直播平台展示，是指推销员借助手机下载相应直播软件，并不是向外推销任何商品，只是通过才艺表演、讲故事、唠家常或者单纯地展示自己的工作状态等方式吸引粉丝关注，并建议粉丝对自己的精彩表现进行打赏，和直播平台就打赏金额进行适当比例分成，即我们常说的网络主播，如游戏主播、烹饪主播等。

案例 8.11

近年来，随着游戏产业和现场直播的兴起，许多人把观看现场直播当作一种餐后娱乐方式。正因为如此，一些游戏主播随之诞生了，很多人依靠做主播每月赚取数千万元，这也使得很多人开始投资到游戏当中。许多直播平台都有像冯提莫、小智和呆妹这样每年都有几千万元收入的主播，他们是所在平台的"台柱子"。

主播的收入主要有以下三个途径：

1. 平台签约底薪

与直播平台签约后，主播可获得平台的签约底薪，目前可获得签约底薪的直播平台有网易CC、YY 等。当然，想得到签约底薪，也是有条件限制的，比如在线时长、收到礼物数量等。

2. 平台虚拟礼物分成

在直播的过程中，如果有用户给主播刷礼物，主播就可以获得虚拟礼物的分成，比如花椒直播。每个平台的分成制度也都是不一样的，有的是三七分，有的是五五分。

3. 直播贴屏广告收入

当主播拥有人气和粉丝后，就会有些广告商主动联系，希望在直播中展现他们的品牌。一般来说，一次广告最少300 ~ 500 元，多的一次10 000 元也有可能，主播粉丝越多，广告费就越高。

观众所打赏的礼物，平台和工会抽成占了80%。最重要的是主播每个月必须完成固定的直播时间，但凡没有完成，工会会在每个月主播的收入中扣除一大部分资金。

事实上，大多数游戏主播的收入可能不如一个普通工人的收入，甚至一些平台的中上层主播的收入连自己的花销都负担不起。随意打开一个实况平台，我们会发现其实每个平台都有很多主播，让人眼花缭乱。

据一位主播朋友说，他的平台的平均受欢迎度是1:150。他还说，在之前的平台上，这种受欢迎程度更是被夸大了，达到了1:300。换言之，当一个观众进入直播室时，他可以为主播增加150 直播室的受欢迎程度。所以，当我们看到一些大主播进行直播的时候，屏幕上的数字显示多达一百万人或者好几百万人在观看，实际上可能只有1 万人或者几万人在观看。

其实，归根结底，任何职业都需要慢慢来，经过积累沉淀之后，才能取得收获。

（资料来源：https：//baijiahao. baidu. com/s? id = 1617998110193478674&wfr = spider&for = pc；
https：//zhidao. baidu. com/question/1515764607863081260. html，2019 - 09 - 14，有删减）

【案例分享】

不要迷恋金字塔顶的网红，起步期的网红的收入都很低，就如同很多演员一样，一开始只能演小角色，待演技提高了，有机遇了才能成为一线明星。只可惜大多数人在没走到金字塔顶端的时候已经放弃了。

4. 手机 APP 推销（网络主播）策略

（1）价值观正确。网络主播的价值观一定要正确，不能哗众取宠，说话要充满正能量，踩热点可以，但是不能违背基本的是非观念、故意诋毁别人而抬高自己。

（2）打造独一无二的形象。千篇一律地重复或模仿别人不可能吸引大量粉丝，一定要让观众眼前一亮，觉得你与众不同，愿意听你讲述的话题并主动与你互动。

（3）得体地装扮自己。网红经济不在于网，而在于红，任何观众都喜欢看到主播"养眼球"的一面，或者天生丽质、相貌精致，或者后天善于修饰，都能让观众喜欢上你。

（4）打造引起共鸣的话题。同一个平台网络主播很多，观众看手机 APP 直播如同看电视一样，喜欢就多看一会儿，不喜欢就立刻退出。为了留住观众，主播要抛出让观众感兴趣、能引起共鸣的话题，让观众"流连忘返"。

（5）善于讲故事。很多观众乐意从主播身上了解到他感兴趣的事情，这个时候主播如果讲述发生在自己身上或身边的事情，就能让观众认真地听下去。

（6）不冷落任何人。遇到初次进入直播室的观众，主播要及时问好，对于观众的提问，在不违背原则的情况下要主动答复，用真诚温暖每个观众。

（7）重视主次。网络主播的目的要么是带动销售，要么是取得观众的打赏，无论是哪种，取得适当的利益是主播生存的关键。如果想带动销售，网络主播要积极推广商品，大力宣讲商品的优点、特点；如果单纯为了打赏，网络主播要在直播间里主动要求关注和支持，并适时地展现自己，用还没完成任务、还差几个礼物的方式，博得观众的支持。

（8）布置灯光和背景。直播的灯光、背景、设备要尽量规范，这样不仅有利于推销商品或者展示自己，而且是对观众的一种尊重。

（9）重视观众。主播和网友聊天，不仅自己要懂得如何说话，也要懂得如何去聆听，要切实把握观众对话题的感受，让观众体会到你对他的尊重。

（10）说话失当时应该及时致歉。人无完人，当主播发现自己的言语伤害到观众的时候，应立即致歉，观众喜欢真诚、和善的主播，而不是高高在上、不学无术的主播。做主播的目的是更好地卖货或得到更高的打赏，因此主播不能做任何伤害观众的事情。

任务验收

（1）微博推销和微信推销的区别和联系分别是什么？

（2）网红经济的到来给你带来的影响有哪些？

（3）你做过网络主播吗？你觉得如何才能做一个好主播？

~~~~~ 中阶任务 ~~~~~

任务情境

今年正逢你校 100 年校庆，作为即将毕业的你请使用三种互联网推销方式，为母校送出你的心意，让更多的人知道你母校的光辉历史。

任务目的

(1) 恰当运用互联网推销方式。

(2) 准确辨识各种互联网推销的优缺点。

(3) 锻炼互联网推销能力，使推销内容更具体，能引起粉丝共鸣。

任务要求

(1) 组建任务小组，每组 5~6 人为宜，选出组长。

(2) 各组分角色分析情境，讨论表演流程，选择一人负责观察、指导。

(3) 进行交叉打分，即选取一个小组表演后，其他小组选各派一名成员担任评委，负责点评。

(4) 课代表要做好记录。

任务考核

(1) 情境表演的真实性、合理性：2 分。

(2) 小组成员团队合作默契：3 分。

(3) 角色表演到位：4 分。

(4) 道具准备充分：1 分。

(5) 满分：10 分。

知识点概要

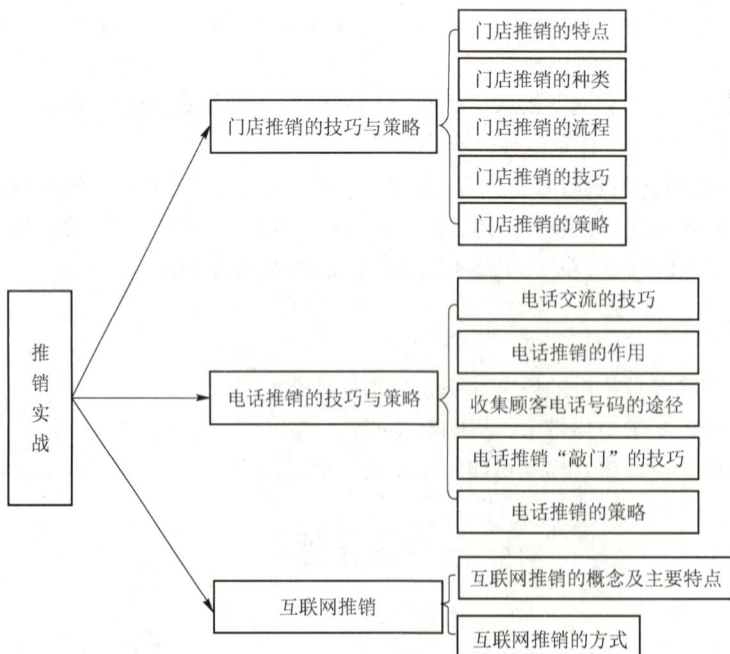

项目八知识结构图

※**重要概念**※

门店推销　柜台售货　电话推销　电话"敲门"技巧　互联网推销　微信推销

※**重要理论**※

（1）门店推销的特点。

（2）门店推销的流程。

（3）门店推销的策略。

（4）电话"敲门"的技巧。

（5）电话推销的策略。

（6）互联网推销的特点。

（7）网红经济的推广价值。

客观题自测

一、单选题

1. 在商城门前，将若干件商品聚集在一起，选择其中一件，进行集合竞价拍卖，出价最高者买走商品，属于什么类型的售货？（　　）。

　　A. 柜台售货　　　　　B. 超市售货　　　　C. 展会售货　　　　D. 拍卖售货

2. 门店推销员不应具有的行为是哪个？（　　）。

　　A. 耐心服务　　　　　B. 微笑待人　　　　C. 主动询问　　　　D. 以貌取人

3. 柜台售货的最大特点是（　　）。

　　A. 保证商品摆放整齐、有序

　　B. 保证商品安全，杜绝货物丢失或损坏

　　C. 吸引顾客眼光

　　D. 便于统一对商品的管理

4. "您好，王慧珠小姐，我是移动公司的范美丽，是您的朋友李秀贤建议我给您打电话的，您现在说话方便吗？"这一开场白运用的方法是（　　）。

　　A. 勾起好奇心法　　　B. 施压法　　　　　C. 请教问题法　　　D. 借用熟人法

5. 以下哪个不是电话推销前的准备工作？（　　）。

　　A. 推销员物品准备　　　　　　　　　B. 手机顾客资料

　　C. 找出决策人　　　　　　　　　　　D. 找准目标群

6. 接听电话的礼仪中，下列正确的是（　　）。

　　A. 抱歉，让您久等了。　　　　　　　B. 喂！哪位？

　　C. 你找谁啊？　　　　　　　　　　　D. 说，什么事！

7. 电影《疯狂动物城》上映前的宣传采用的是哪种方式的推销（　　）。

　　A. 电话推销　　　　　B. 微博推销　　　　C. 微信推销　　　　D. 手机 APP 推销

8. 一篇微博最多可写多少个字符？（　　）。

　　A. 80　　　　　　　B. 100　　　　　　C. 140　　　　　　D. 200

二、多项选择题

1. 下列属于展会售货模式的有（　　）。

A. 食品博览会　　　　　　　　　　　B. 糖酒世博会

C. 拍卖会　　　　　　　　　　　　　D. 五金交易博览会

2. 门店顾客按照购买目标清晰与否可分为哪几种类型？（　　　）。

A. 购买目标明确的顾客　　　　　　　B. 购买目标模糊的顾客

C. 对目标可买可不买的顾客　　　　　D. 没有购买目标的顾客

3. 电话推销"敲门"的技巧包括（　　　）。

A. 提供客户利益　　　　　　　　　　B. 勾起好奇心法

C. 请教问题法　　　　　　　　　　　D. 施压法

4. 下列属于收集顾客电话号码方法的是（　　　）。

A. 电话黄页　　　　　　　　　　　　B. 报纸、杂志

C. 索取名片　　　　　　　　　　　　D. 向专业公司购买

5. 互联网营销的特点有（　　　）。

A. 无界性　　　　　B. 富媒体　　　　　C. 复合型　　　　　D. 感染性

6. 微博推销发布内容的要素有（　　　）。

A. 有趣　　　　　　B. 实用　　　　　　C. 相关　　　　　　D. 多元

高阶任务

任务情境

假设你是某小区附近的一家健康养生馆馆长，由于刚开业，馆里人气不是很旺，请根据本项目所学内容，充分利用门店推销、电话推销、互联网推销的优势，写出你的经营思路和经营步骤（90天期限），列出你给员工开会的工作纪要并描述情景。

人物：作为馆长的你，客服张琳，业务员李茂、潘飞。

任务说明：说话状态符合身为馆长的神态，布置任务时要充分利用门店推销、电话推销、互联网推销的优势，做到分工明确，切实解决人气冷清的问题。

任务目的

（1）具备门店管理能力。

（2）熟练运用电话进行顾客引流。

（3）娴熟运用各种互联网推销方式。

（4）正确开展门店的线上、线下推销。

任务要求

（1）分别组建一支销售团队，每组5~6人为宜，选出组长。

（2）每组集体讨论台词的撰写和加工过程，各安排一个人做好拍摄工作。

（3）两组各选出1~2名成员作为顾客或推销员的角色表演者，通过角色表演PK的形式来确定各组的输赢。

（4）其他销售团队各派出一名代表担任评委，并负责点评。

（5）教师做好验收点评，并提出待提高的地方。

（6）课代表做好点评记录并登记各组成员的成绩。

任务验收标准

高阶任务验收标准

项目		验收标准	分值/分	验收成绩/分	权重/%
验收指标	理论知识	基本概念清晰	15		40
		基本理论理解准确	25		
		了解推销前沿知识	20		
		基本理论系统、全面	40		
	推销技能	分析条理性	15		40
		剧本设计可操作性	25		
		台词熟练	10		
		表情自然，充满自信	10		
		推销节奏把握程度	40		
	职业道德	团队分工与合作能力	30		20
		团队纪律	15		
		自我学习与管理能力	25		
		团队管理与创新能力	30		
最终成绩					
备注					

参 考 文 献

[1] 罗小东，王金辉. 推销实务 [M]. 大连：大连理工大学出版社，2010.

[2] 肖凭. 新媒体营销实务 [M]. 北京：中国人民大学出版社，2018.

[3] [美] H. M. 戈德曼. 推销技巧：怎样赢得顾客 [M]. 谢毅斌，译. 北京：农业机械出版社，1984.

[4] [美] 小 H. N. 鲁赛尔. 销售工程 [M]. 张万贤，洪晋宝，译. 北京：机械工业出版社，1985.

[5] [日] 原一平. 撼动人心的推销法 [M]. 宋霞珍，译. 福州：福建科学技术出版社，1985.

[6] [日] 佐藤久三郎. 推销商品的秘诀——销售心理窥测 [M]. 褚伯良，孙再吉，译. 南昌：江西人民出版社，1986.

[7] 黄恒学. 现代高级推销技术 [M]. 武汉：湖北科学技术出版社，1987.

[8] 杨凯东，王建平，杨世东，陈克. 实用销售心理学 [M]. 北京：中国展望出版社，1987.

[9] 庄国强，刘粤荣. 推销学 [M]. 广州：中山大学出版社，1988.

[10] 薛春梅. 推销策略与技巧 [M]. 北京：中国经济出版社，1989.

[11] 廖为建. 公共关系学简明教程 [M]. 广州：中山大学出版社，1989.

[12] 胡岳岷. 推销术 [M]. 延吉：延边大学出版社，1989.

[13] 李长禄. 现代推销行为导引 [M]. 哈尔滨：黑龙江科学技术出版社，1989.

[14] 商达. 购销人际交往 [M]. 北京：中国经济出版社，1989.

[15] 林庆玲. 冠军推销员——销售额倍增的推销技巧 [M]. 北京：书泉出版社，1990.

[16] [日] 二见道夫. 推销秘诀 101 招 [M]. 叶子明，译. 北京：书泉出版社，1990.

[17] 李小平，钟阳. 实用商业心理学 [M]. 北京：中国商业出版社，1990.

[18] [美] Rodney Young. 从容应付 [M]. 徐永胜，刘波，李玮，译. 上海：复旦大学出版社，1990.

[19] 李敏慎，周俊卿. 公共关系学简明教程 [M]. 西安：陕西旅游出版社，1990.

[20] [美] 格哈特·格施万施纳. 推销艺术 [M]. 刘亚东，译. 北京：中国工人出版社，1991.

[21] 周宜人，宋晓伶，等. 实用销售经商术 [M]. 北京：中国广播电视出版社，1991.

[22] [美] 马克·H. 麦克科迈克. 哈佛学不到 [M]. 周莉，张谦，周红，李伟，译. 北京：中国审计出版社，1992.

[23] 陶婷芳，邓永成，陶竹安. 实用推销术 [M]. 北京：中国对外经济贸易出版社，1992.

[24] [美] 吉姆·史耐德. 最棒的推销术 [M]. 王殿松，杨军，段安，史璞，译. 北京：中国经济出版社，1992.

[25] 万后芬，卫平，欧阳桌飞. 现代推销学 [M]. 北京：经济科学出版社，1992.

[26] 胡正明. 推销技术学 [M]. 北京：高等教育出版社，1993.

[27] 冯东升. 推销技巧与方法 [M]. 北京：北京出版社，1993.

[28] 李桂荣. 现代推销学（第一版）[M]. 广州：中山大学出版社，1993.

[29] 李桂荣. 现代推销学（第二版）[M]. 广州：中山大学出版社，1994.

[30] 张照禄，曾国安．谈判与推销技巧［M］．成都：西南财经大学出版社，1994.

[31] ［美］奥格·曼狄仁诺．世界上最伟大的推销员［M］．深圳：海天出版社，1996.

[32] 张雍，见明．推销胜算 166［M］．北京：中国经济出版社，1997.

[33] 沈小静．销售费用管理［M］．北京：经济科学出版社，1998.

[34] ［美］威廉姆·J. 斯坦顿，罗珊·斯潘茹．销售队伍管理［M］．北京：北京大学出版社，2002.

[35] ［英］朱利安·柯明斯．促销［M］．陈然，译．北京：北京大学出版社，2003.

[36] ［美］菲利普·科特勒．营销管理［M］．梅清豪，译．上海：上海人民出版社，2003.

[37] 孙奇．推销学全书［M］．北京：长安出版社，2003.

[38] 李桂荣．现代推销学（第三版）［M］．北京：中国人民大学出版社，2003.

[39] 一分钟情景销售技巧中心．电话销售［M］．北京：中华工商联合出版社，2004.

[40] 王红，陈新武．现代推销技巧［M］．武汉：武汉大学出版社，2004.

[41] ［美］理·博安．成功的电话推销［M］．张燕，译．北京：中国商业出版社，2005.

[42] 王克勤，姚月娟．人力资源管理［M］．大连：东北财经大学出版社，2006.

[43] 金正昆．经理人礼仪［M］．北京：中国人民大学出版社，2006.

[44] 杨东辉，肖传亮．企业人力资源开发与管理［M］．大连：大连理工大学出版社，2006.

[45] 于虹．企业培训［M］．北京：中国发展出版社，2006.

[46] 刘顺利．枕边励志书［M］．乌鲁木齐：远方出版社，2007.

[47] 孙路弘．看电影学销售［M］．北京：中国人民大学出版社，2007.

[48] 张晓青，高红梅．推销实务［M］．大连：大连理工大学出版社，2007.

[49] 李桂荣．现代推销学（第四版）［M］．北京：中国人民大学出版社，2008.

[50] 李文国．推销实训［M］．大连：东北财经大学出版社，2008.

[51] 王淑荣，李晓燕．推销技能训练［M］．北京：科学出版社，2008.

[52] 万锦虹，李英．商务与社交礼仪［M］．北京：北京师范大学出版社，2008.

[53] 龙平．企业新进销售员工的十大军规［M］．北京：机械工业出版社，2009.

[54] 李世宗．现代推销技术［M］．北京：北京师范大学出版社，2009.

[55] 曲孝民，郗亚坤．员工培训与开发［M］．大连：东北财经大学出版社，2009.

[56] 王红，等．现代推销技巧［M］．武汉：武汉大学出版社，2009.

[57] 谢宗云．销售业务实务［M］．大连：东北财经大学出版社，2009.

[58] 钟立群．现代推销技术［M］．北京：电子工业出版社，2009.

[59] 金延平．人员培训与开发［M］．大连：东北财经大学出版社，2010.

[60] 冯学东，等．简明销售学［M］．北京：中国人民大学出版社，2010.

[61] 平怡．推销理论与实务［M］．北京：北京理工大学出版社，2010.

[62] 梁红波．现代推销实务［M］．北京：人民邮电出版社，2010.

[63] 孔祥法．现代推销实务［M］．北京：北京师范大学出版社集团，2010.

[64] 高红梅．推销实训教程［M］．北京：清华大学出版社，2010.

[65] 潘琦华．人力资源管理新教程［M］．北京：北京师范大学出版社，2010.

[66] 王富祥．推销理论与实务［M］．大连：大连理工大学出版社，2010.

[67] 葛玉辉．员工培训与开发［M］．北京：清华大学出版社，2010.

[68] 刘敏．薪酬与激励［M］．北京：企业管理出版社，2010.

[69] 张津平．金牌推销员实战训练营 [M]．北京：北京工业大学出版社，2011.

[70] 杨捷，陈瑛．推销与谈判技巧 [M]．北京：科学出版社，2011.

[71] 赵敬明．连锁门店促销技巧 [M]．大连：大连理工大学出版社，2011.

[72] 赵欣然，王霖琳．推销原理与技巧 [M]．北京：北京大学出版社，2011.

[73] 田玉来．现代推销技术 [M]．北京：人民邮电出版社，2011.

[74] 蔡瑞林．销售管理实务 [M]．北京：人民邮电出版社，2011.

[75] 李俊杰，蔡涛涛．销售管理 [M]．北京：企业管理出版社，2011.

[76] 李冬芹，张幸花．推销与商务谈判 [M]．大连：大连理工大学出版社，2010.